U0203773

计算机技术开发与应用丛书

自然语言处理
原理、方法与应用

王志立　雷鹏斌　吴宇凡 ◎ 编著

清華大学出版社
北京

内容简介

本书系统阐述自然语言处理的基础知识，以及自然语言处理高级模型应用等高级知识。

全书共 11 章：第 1～5 章为自然语言处理的基础知识，第 6～11 章将自然语言处理知识应用于实战。书中主要内容包括预训练模型、文本分类、机器阅读理解、命名实体识别、文本生成、模型蒸馏与剪枝及损失函数等知识。

书中包含大量应用示例，读者不仅可以学会理论知识还可以灵活应用。书中示例基于 Linux 与 PyTorch 环境开发，读者在学习自然语言处理知识的同时还可学会 PyTorch 框架技术，内容完整、步骤清晰，提供了工程化的解决方案。

本书可作为有一定深度学习基础的读者的入门书，也可作为从事自然语言处理算法工作的技术人员及培训机构的参考书。

图书在版编目(CIP)数据

自然语言处理：原理、方法与应用/王志立，雷鹏斌，吴宇凡编著. —北京：清华大学出版社，2023.1（2023.11重印）

（计算机技术开发与应用丛书）

ISBN 978-7-302-61774-7

Ⅰ. ①自… Ⅱ. ①王… ②雷… ③吴… Ⅲ. ①自然语言处理－研究 Ⅳ. ①TP391

中国版本图书馆 CIP 数据核字(2022)第 161855 号

责任编辑：赵佳霓
封面设计：吴 刚
责任校对：焦丽丽
责任印制：曹婉颖

出版发行：清华大学出版社
网　　址：http://www.tup.com.cn，http://www.wqbook.com
地　　址：北京清华大学学研大厦 A 座　　**邮　　编**：100084
社 总 机：010-83470000　　**邮　　购**：010-62786544
投稿与读者服务：010-62776969，c-service@tup.tsinghua.edu.cn
质量反馈：010-62772015，zhiliang@tup.tsinghua.edu.cn
课件下载：http://www.tup.com.cn，010-83470236
印 装 者：三河市天利华印刷装订有限公司
经　　销：全国新华书店
开　　本：186mm×240mm　　**印　　张**：14.75　　**字　　数**：330 千字
版　　次：2023 年 3 月第 1 版　　**印　　次**：2023 年11月第 2 次印刷
印　　数：2001～2800
定　　价：59.00 元

产品编号：089906-01

前言

FOREWORD

笔者在这短短一年多的时间里经历了人生中很多大事，在编写本书的同时，人工智能自然语言处理领域的发展也经历了很多大事件，有预测蛋白质结构的 alpha-fold 模型、有 1750 亿参数量的超大无比 GPT3 屠榜自然语言处理各个任务的榜单，也有实现增量推理与分布式推理的盘古预训练模型。总体来讲，自 2018 年底谷歌公司发布 BERT 预训练模型后，自然语言处理领域呈现井喷式发展，但是，无论当前自然语言处理模型如何发展，其仍旧基于深度神经网络，无非是网络的结构、神经元的数目及使用的硬件资源不同罢了。

信息时代的来临，人类从信息匮乏的年代走向信息爆炸的年代，现在的学习资料多如牛毛，但量大并不代表质优，因此，如何将杂乱无章的知识点整理成高效可拓展的知识路线，是笔者在编写本书时无时无刻不在思考的问题。本书从一个人工智能算法工程师的角度并依据笔者多个国家级竞赛的获奖经验编写，目的是让每个读者都能够从流程化的算法中掌握一条符合自己的学习路线。

因此，本书将搭建一个自然语言处理的学习框架，以帮助读者用最低的学习成本掌握自然语言处理任务。这不仅可以帮助读者构建属于自己的自然语言处理知识宇宙，同时也方便读者可以基于自己的知识体系进行二次拓展，加深对自然语言处理的理解。本书的内容涉及自然语言处理领域的算法流程、无监督学习、预训练模型、文本分类、智能问答、命名实体识别、文本生成、模型的蒸馏与剪枝等。

本书是笔者在清华大学出版社出版的第二本书。不得不说，完成一本书的过程非常艰辛但十分有意义，笔者将其当成另一种形式的创业，也是对自己思考方式另一个维度的锤炼，同时也是向这个世界每个学习自然语言处理的读者分享有益的知识。

另外，感谢深圳大学信息中心和电子与信息工程学院提供的软硬件支持，感谢我的导师秦斌及实验室为本书内容与代码做出贡献的每位同学，感谢在背后支持我的父母、亲人、朋友。笔者很高兴能为浩如烟海的人工智能领域知识库提交一份有用的学习材料。

由于笔者水平与精力有限，书中难免存在某些疏漏，衷心欢迎读者指正批评！

王志立

2022年10月

目录

CONTENTS

本书源代码

第1章 导 论

自然语言处理是文本挖掘的研究领域之一，是人工智能和语言学领域的分支学科，是研究人与计算机交互的学科，是处理及运用自然语言的新兴技术。随着现代化技术的不断发展，当前自然语言处理已经逐渐迈向了人机交互的问题探索：如何保证人与计算机更高效地通信。

13min

自然语言处理主要分为4个阶段：缜密的数学形式化模型表征人类的自然语言；数学化模型转换成能在计算机上表示的算法模型；根据所定义的计算机算法模型，编写计算机语言程序，使模型得以应用化实现；对所得到的自然语言处理模型优化改进，应用于更多领域，然而，人机交互的情况非常复杂。究其原因，除了计算机性能因素外，更重要的原因在于自然语言的复杂性。人类自然语言除了字、词、句、篇等结构划分外，还涉及音、形、义。同一语句，可能因为语调不同而意义完全不同。美国学者Daniel将复杂的语言行为总结为6方面的知识：语音学与音系学、形态学、句法学、语义学、语用学和话语学。这6方面的复杂性为计算机处理自然语言带来了极大的障碍。

1.1 基于深度学习的自然语言处理

目前，深度学习是人工智能领域中的热门研究方向。深度学习的迅速发展受到了学术界和工业界的广泛关注。由于深度学习优秀的特征选择和提取能力，其在自然语言处理、计算机视觉、语音识别等领域得到广泛应用，因此自然语言处理是人工智能皇冠上的一颗明珠。

人们在自然语言处理领域长期以来的追求便是如何保证自然语言与计算机之间的有效通信，然而自然语言是高度抽象的符号化系统，文本间存在数据离散、稀疏及一词多义等问题，因此，当前自然语言处理的研究热点和难点是如何使用深度学习技术推动自然语言处理中各个任务的发展。

Hinton在2006年提出深度学习的概念：深度学习是一种从海量数据中自动提取多层特征表示的技术。通过数据驱动的方式，深度学习采用不同组合的非线性变换，提取原始数据的低层到高层及具体到抽象等特征。首先，相较传统的浅层学习，深度学习更加强调模型结构的深度，通过增加模型深度，深度学习模型能够获取原始数据中更深层次含义；其次，深度学习明确数据特征表示的重要性，通过逐层特征变换，深度学习模型将原始数据的特征表示空间转换到一个新特征表征空间，从而使模型的预测更容易。

深度学习强大的特征提取和学习能力可以更好地处理高维稀疏数据，在自然语言处理领域的诸多任务中取得了长足发展。深度学习的出现，使文本的表征从离散的整型矩阵转换成了稠密高维的浮点矩阵，浮点矩阵所蕴含的信息更多，而且每个字符表征之间也存在一定的语义关联，因此，本书的核心是基于深度学习的自然语言处理。通过深度学习与自然语言处理的结合，本书能够帮助读者快速掌握当前自然语言处理的热门技术，锻炼实践能力。

1.2 本书章节脉络

全书共 11 章，每个章节联系紧密，并且配套相应的原理与案例。笔者建议初学者按顺序阅读，这样能有效地建立起一套完备的基于深度学习的自然语言处理学习体系。接下来，笔者就图 1.1 所示的学习路线给各位读者介绍一下本书的知识体系。

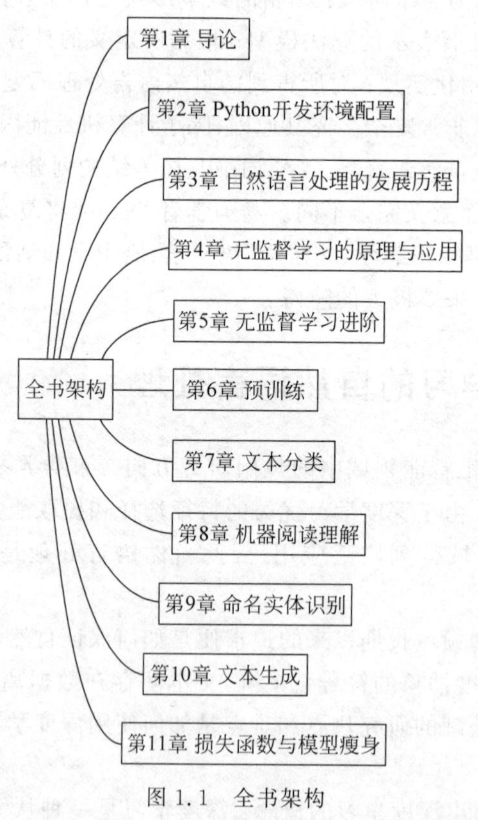

图 1.1 全书架构

第 1 章导论分为 4 部分内容：自然语言处理的定义、基于深度学习的自然语言处理、全书章节脉络及自然语言处理的算法流程。第 1 章是全书的总起章，将会给每位读者重点介绍本书每个章节的核心技术。

第 2 章 Python 开发环境配置介绍了本书使用的操作系统与编程环境，即 Linux 操作系统下的 Python 开发环境搭建。与此同时，第 2 章还介绍了算法开发的常用工具与当前比较流行的 Docker 容器技术的使用。

第 3 章自然语言处理的发展历程按时间顺序介绍自然语言处理领域发展过程中比较经典的模型与思想。第 3 章从最简单的人工规则处理自然语言开始，逐步迈向机器学习处理更加复杂的任务，最后到利用深度学习技术推动当前自然语言处理任务的发展。

第 4 章无监督学习的原理与应用是整本书的精华所在，笔者将会给读者详细介绍自然语言处理领域跨时代的语言预训练模型 BERT，并配套相应的案例，以帮助读者掌握深度学习与自然语言处理相结合的重点。更进一步，笔者以本章为基础，衍生出第 5～11 章，帮助读者更进一步地了解预训练模型 BERT 如何处理当前自然语言处理任务及掌握使用 BERT 模型的实践能力。

第 5 章无监督学习进阶则是基于第 4 章的深入探索，着重介绍生成对抗网络与元学习的知识。读者可以从中体会生成对抗网络中的博弈之美，学习到一个崭新的处理问题的思路，与此同时，也能在元学习的知识中学会如何利用少量样本完成“一次学习”甚至“零次学习”。

第 6 章预训练是 BERT 预训练模型诞生的关键章节，讲解如何生成一个预训练模型，以及如何利用海量的无标注数据甚至脱敏数据生成一个性能优秀的预训练模型。

第 7 章文本分类是当前业界研究的重点，其对舆情分析、新闻分类与情感倾向分析等应用场景都有着至关重要的影响。预训练模型很大程度地提升了自然语言处理模型的泛化能力与准确性。本章将以分类任务为切入点，讲解如何利用预训练模型构建自然语言处理分类模型技术。另外，本书后续章节的自然语言处理下游任务的案例代码将基于第 7 章的案例代码进行改写，案例代码具有很强的复用性与解耦性，学习成本非常低，力图帮助每位读者快速提升自然语言处理技术的实践能力，并基于当前的代码框架进行二次拓展，完善自然语言处理的知识体系。

第 8 章机器阅读理解是一种计算机理解自然语言语义并回答人类一系列问题的相关技术。该任务通常被用来衡量机器自然语言理解能力，可以帮助人类从大量文本中快速聚焦相关信息，降低人工信息获取成本，在文本问答、信息抽取、对话系统等领域具有极强的应用价值。随着深度学习的发展，机器阅读理解各项任务的性能显著提升，受到工业界和学术界的广泛关注。同时，第 8 章配备了相应的机器阅读理解代码案例，帮助读者掌握如何从海量文档中抽取出符合问题的答案片段的技术。

第 9 章命名实体识别是一种识别文本中预先定义好类别的实体技术。命名实体识别技术在文本搜索、文本推荐、知识图谱构建及机器智能问答等领域都起着至关重要的作用。近年来，随着深度学习的快速发展，命名实体识别技术的准确性也得到了很大的提升，因此，第 9 章配备了相应的命名实体识别实践，以帮助读者掌握该热门技术。

第 10 章文本生成是一种可以利用既定信息与文本生成模型生成满足特定目标的文本

序列的技术，其主要应用场景有生成式阅读理解、人机对话或智能写作等。当前深度学习的快速发展同样推动了该项技术的蓬勃发展，越来越多可用的文本生成模型诞生，提高了自然语言处理领域的效率，服务智能化社会。第10章同样配备了文本生成的相应实践，以帮助读者更好地理解该项技术，并使用它来完成相应的任务。

第11章损失函数与模型瘦身是基于模型优化的重点章节。损失函数可以为神经网络提供很多实用的灵活性，它定义了网络输出与网络其余部分的连接方式，也决定着模型设计各项参数的收敛速度，甚至在特殊的数据分布下，如样本不均衡的长尾分布、训练样本少的冷启动问题，以及数据集在脏、乱、差的带噪学习中，特殊的损失函数能发挥出让人意想不到的作用。另外，随着深度学习的模型层次结构越来越深，模型含有的神经元常常数以亿计，这给模型线上部署的高响应要求带来了极大的阻碍。为此，本章将介绍相应的模型压缩技术，以满足模型线上部署高响应且性能消耗较小的要求。

1.3 自然语言处理算法流程

本书的自然语言算法以 Python 为基础，采用开源的深度学习预训练模型，并基于 Facebook 开源的 PyTorch 深度学习框架，构建自然语言处理模型。整体算法流程如图1.2所示。数据集切分为测试集、训练集和验证集。测试集用于模型的预测；训练集用于训练深度学习模型；验证集用于评估模型结果，进而辅助模型调参。一般而言，测试集、训练集与验证集的比例为1∶7∶2。

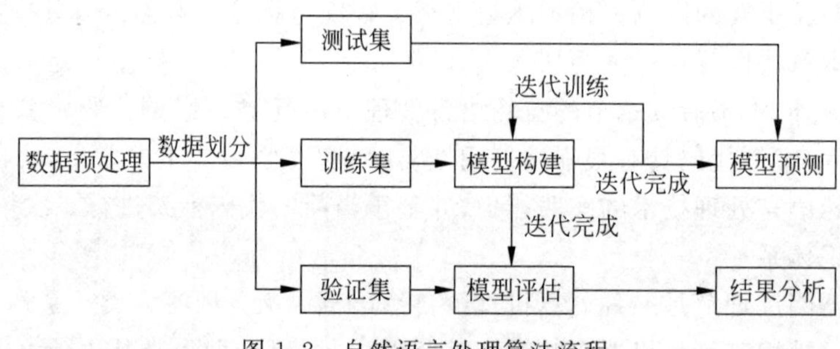

图1.2 自然语言处理算法流程

1. 数据预处理

数据预处理模块的主要工作是将文本与实体标签转换成计算机能够处理的格式。与此同时，数据预处理模块还包含数据清洗与数据增强两部分，数据清洗的目的是让模型在学习过程中排除噪声的干扰，如 HTML 字符、表情字符等，避免影响模型的性能；数据增强的目的是让模型在学习过程中能够多维度地接触有用信息，如过长文本的处理方法，从而提升模型的性能。本书对于过长文本的处理，首先设定文本的切割长度阈值，并利用正则表达式清洗过长文本中的 HTML 标签噪声等；其次，对清洗后的数据按照句子切割，利用 Python 的列表进行装载；最后，对列表里的句子按顺序组装，当文本长度大于512时，停止组装，将当前句子用作新数据的首句，一直循环至当前列表的最后一个句子。通过按句切割的方式，算法最大程度地保证了文本的信息不丢失，如图 1.3 所示。

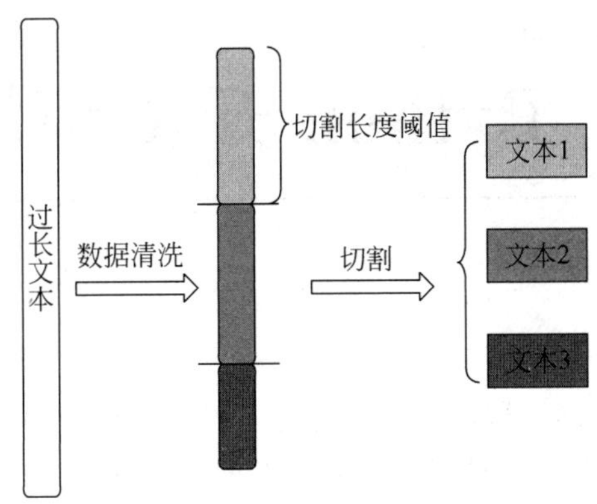

图 1.3　过长文本预处理示意图

2. 模型构建

模型构建模块采用开源的预训练模型 NEZHA，并结合深度学习方法中相应的自然语言处理模型。由于自然语言处理的每个任务都有所不同，所以笔者对该模块只做宏观的概括，读者可以翻阅后续章节了解相关技术的细节。

3. 模型预测

模型预测模块主要涉及超参数的设置及调优。超参数的设置与调优基于当前任务数据的特性（如文本长度等）与硬件设备资源（如 16GB 内存的 Tesla 显卡等）。类似地，读者可以翻阅后续章节的实践案例了解相应的超参数细节。

4. 模型评估

模型评估模块设计评价指标评估模型的性能。模型评估指标有很多种，因此根据问题去选择合适的评估指标是衡量结果好坏的重要方法，所以算法开发人员需要知道评估指标的定义，从而选择正确的模型评估方式，这样才能知道模型的问题所在，进而对模型进行参数调优。自然语言处理任务的评估指标仍然基于当前任务特性来设计，包括但不限于正确率、精确率、召回率、F1 分数、ROUGE 分数及 BLEU 分数等，这些指标都会在后续章节进行详细介绍。

1.4　小结

本章的内容并不多，总体是为了介绍自然语言处理的定义、整本书的学习路线及自然语言处理算法的整体流程，以帮助读者对自然语言处理有个全局的认识。

自然语言处理技术是一项非常重要的计算机技术，其在各个领域发挥着无可替代的作用。随着计算机自然语言处理技术的日趋成熟，自然语言处理模型会在社会的各个领域解决问题，为人们提供便利，从而在人类的智能社会中担任至关重要的角色。

第 2 章

Python 开发环境配置

35min

工欲善其事，必先利其器。搭建开发环境是学习本书原理与实践必不可少的环节。本章主要向读者介绍一些大型开发软件的使用，如 MobaXterm 与集成开发环境（Integrated Development Environment，IDE）软件，以及如何给 Linux 服务器部署开发环境。与此同时，本章还将讲述如何安装和使用 Docker 容器技术，帮助读者减少配置环境带来的烦恼。

2.1 Linux 服务器

算法程序开发人员的代码开发环境几乎离不开 Linux 操作系统，而当今世界的服务器也基本是以 Linux 操作系统为主，不外乎两个原因：免费、易用。为此，本书的代码都将基于 Linux 服务器进行开发。接下来，笔者将介绍几款帮助读者提升开发效率的软件。

2.1.1 MobaXterm

MobaXterm 是一款 Windows 操作系统的软件，它是 IT 人员在 Windows 平台上远程连接 Linux 服务器的终极工具箱。在单个 Windows 应用程序中，它为程序员、网站管理员、IT 管理员及绝大多数需要以更简单的方式处理远程作业的用户提供了量身定制的功能。

MobaXterm 提供了所有重要的远程网络工具（SSH、X11、RDP、VNC、FTP 和 MOSH），从 UNIX 命令（bash、ls、cat、sed、grep、awk 和 rsync 等）到 Windows 桌面都可以在一个可移植的 exe 文件中使用，该文件可以直接使用。MobaXterm 软件是开源且免费的。

2.1.2 使用 MobaXterm 连接远程服务器

创建 Session 连接远程服务器，如图 2.1 所示。

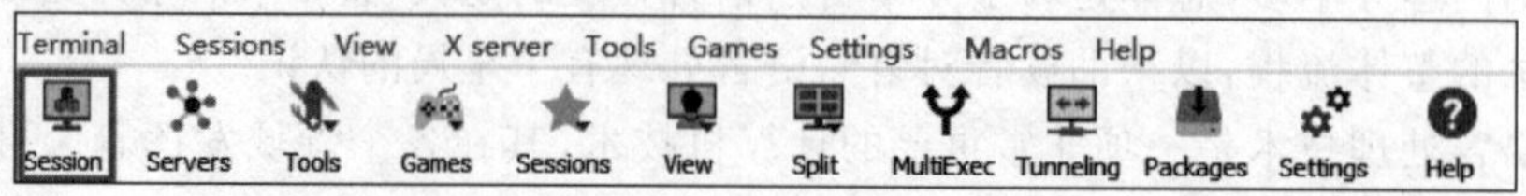

图 2.1 Session

选择 SSH 连接，如图 2.2 所示。

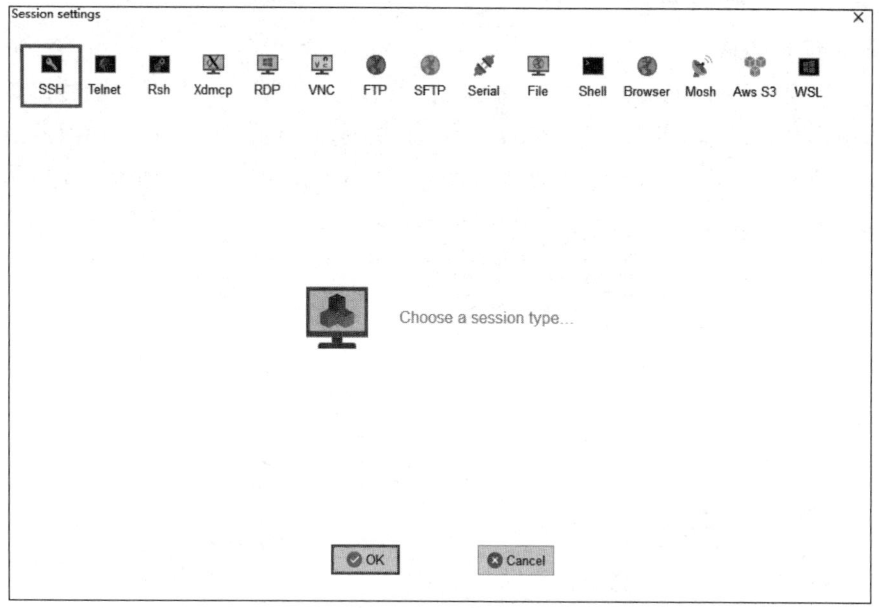

图 2.2　SSH 连接

输入 Linux 服务器 IP 地址与用户名，单击 OK 按钮后，输入服务器密码即可，如图 2.3 所示。

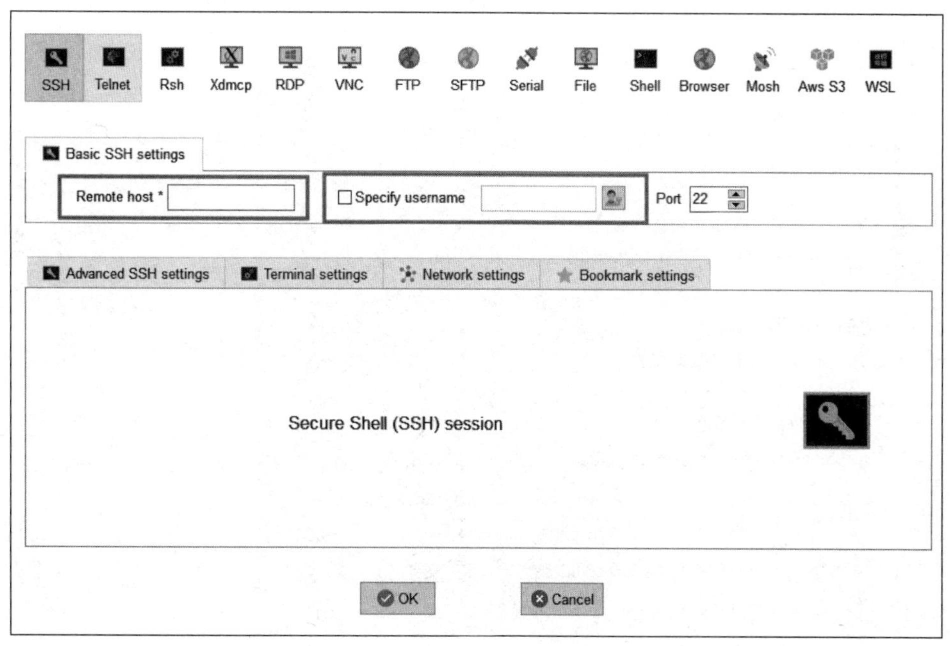

图 2.3　账户与密码

2.1.3 在服务器上安装 Python 开发环境

Anaconda 指的是一个开源的 Python 发行版本，包含了 Conda、Python 等 180 多个科学包及其依赖项。Anaconda 3 是 Python 3.x 的意思，选用 Anaconda 是因为能避免 Python 包之间的版本依赖错误，并且从 2020 年开始，官方停止维护 Python 2.x，因此直接下载 Anaconda 3 即可。下载 Linux 版本的 Anaconda，然后上传至服务器，如图 2.4 所示。

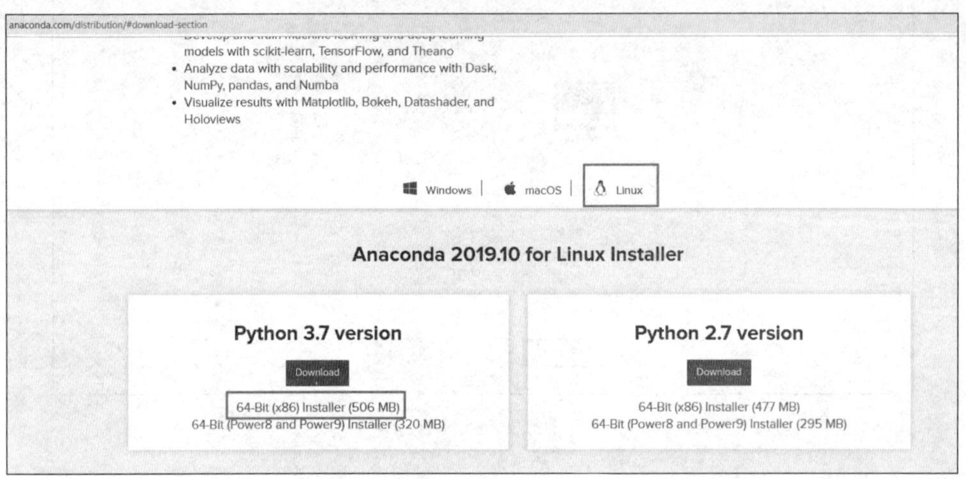

图 2.4 Anaconda 3.7 Linux 版本

代码如下：

```
#chapter2/anaconda_bash.sh
#切换至存放 Anaconda 3 的文件目录
sh Anaconda 文件.sh

#安装 Anaconda 文件后，配置 Anaconda 的系统环境

#在自己的服务器目录下
vim .bashrc #打开.bashrc 文件

#在.bashrc 文件底部添加
#为了避免与其他服务器用户产生命令冲突，可以使用自己的英文名 + Python 替代 python
alias ChilePython = '/home/xxx/Anaconda3/bin/python'

#配置 Anaconda 的系统环境，让系统能索引到 Anaconda
export PATH = /home/xxx/Anaconda3/bin:$PATH
```

2.1.4　使用 Anaconda 国内源

Anaconda 的发行版默认采用国外源，因此下载一些 Python 包会比较慢，国内的软件开发人员需要更换成国内的源，一般使用清华源或者中科大源。Linux 用户在 bash 命令行输入更换命令，代码如下：

```
#chapter2/channel.sh
#更换清华源
conda config --add channels https://mirrors.tuna.tsinghua.edu.cn/anaconda/pkgs/free/

conda config --add channels https://mirrors.tuna.tsinghua.edu.cn/anaconda/pkgs/main/

conda config --set show_channel_urls yes
#更换中科大源
conda config --add channels https://mirrors.ustc.edu.cn/Anaconda/pkgs/main/

conda config --add channels https://mirrors.ustc.edu.cn/Anaconda/pkgs/free/

conda config --add channels https://mirrors.ustc.edu.cn/Anaconda/cloud/conda-forge/

conda config --add channels https://mirrors.ustc.edu.cn/Anaconda/cloud/msys2/

conda config --add channels https://mirrors.ustc.edu.cn/Anaconda/cloud/bioconda/

conda config --add channels https://mirrors.ustc.edu.cn/Anaconda/cloud/menpo/

conda config --set show_channel_urls yes
```

2.1.5　pip 设定永久阿里云源

有时 Anaconda 不包含某些 Python 包的链接，导致无法安装这些包，因此，软件开发人员需要用 pip install xxx_package 来安装。同样地，为了下载更迅速，可将 pip 的下载源换成国内的阿里云源。Linux 用户在自己平台的命令行下输入以下更换命令即可，代码如下：

```
pip config set global.index-url https://mirrors.aliyun.com/pypi/simple
```

2.2　Python 虚拟环境

一般来讲，软件开发人员只拥有 Linux 服务器的运行代码权限，也就是说只能用这个服务器运行程序，而不能对服务器进行一些特定的修改。不过有时软件开发人员需要安装一些特定的包来运行软件程序，这时为了不修改当前环境，需要创建一个 Python 虚拟环境。

软件开发人员可以在上面自由安装软件，而不影响当前环境，用完退出虚拟环境即可。

本节使用 Anaconda 的命令来创建虚拟环境。使用 conda create -n your_env_name python=x.x(如 2.7、3.6)命令创建 Python 版本为 x.x 且名字为 your_env_name 的虚拟环境。your_env_name 文件可以在 Anaconda 安装目录 envs 文件下找到，代码如下：

```
#chapter2/create_vir_env.sh
#创建虚拟环境
conda create -n torch_nlp python==3.7

#切换虚拟环境
source activate torch_nlp
```

在虚拟环境中使用命令 conda install your_package 即可将 package 安装到 your_env_name 中。conda 会自动帮用户安装相关的从属包。

```
#虚拟环境的相关命令
source deactivate                                          #退出虚拟环境
conda remove -n your_env_name(虚拟环境名称) --all          #删除虚拟环境
conda remove --name your_env_name package_name             #删除环境中的某个包
```

2.3 PyCharm 远程连接服务器

PyCharm 是一款专业的编程开发软件。读者可以在官网使用校园邮箱注册，在安装过程中使用注册的账号进行登录，这样就可以免费使用 PyCharm 专业版，如图 2.5 所示。

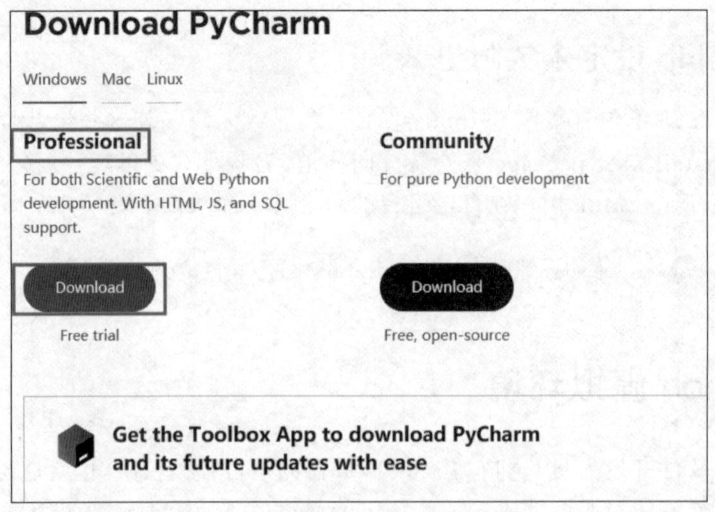

图 2.5 PyCharm 下载页面

选择 File→Settings→Project Interpreter，单击 Add 按钮，如图 2.6 所示，然后选择 SSH Interpreter，输入远程服务器的账户与密码，如图 2.7 所示。

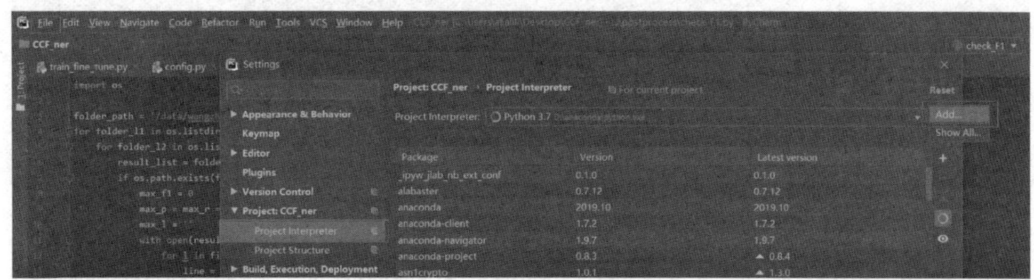

图 2.6　连接虚拟环境

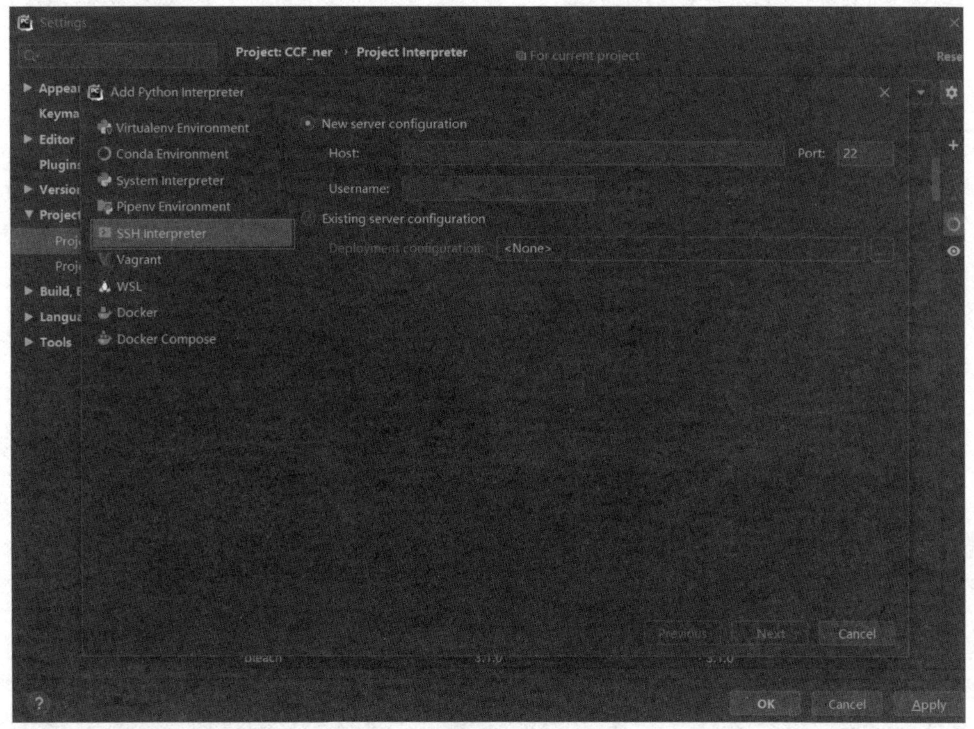

图 2.7　输入账户与密码

正确填写密码，单击 Next 按钮，如图 2.8 所示。

输入密码成功后，选择刚刚创建好的虚拟环境，单击 OK 按钮即可连接虚拟环境，如图 2.9 所示。

配置本地代码与服务器同步目录，选择 Tools→Deployment→Configuration，如图 2.10 所示。

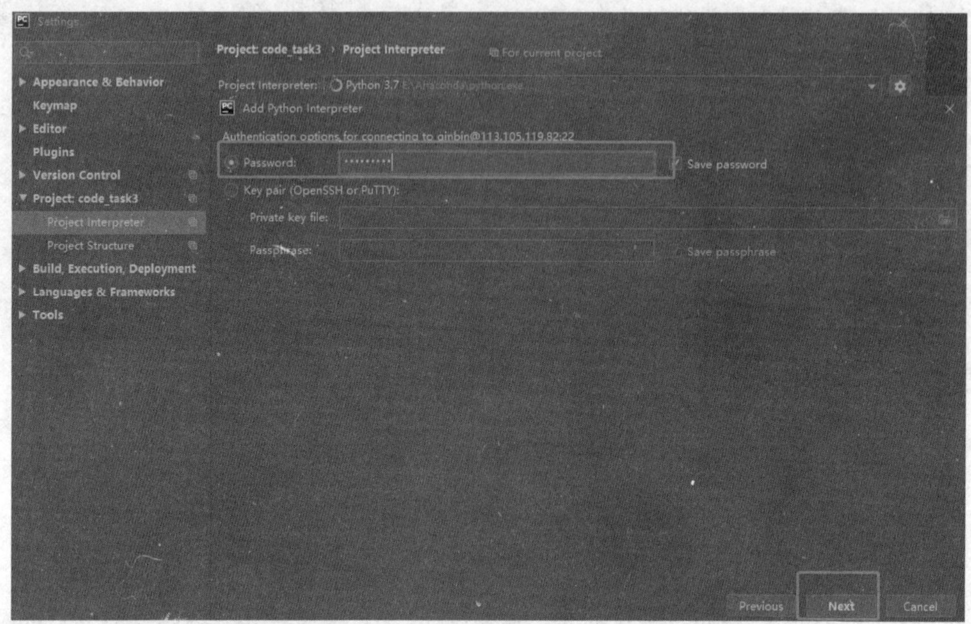

图 2.8　密码填写

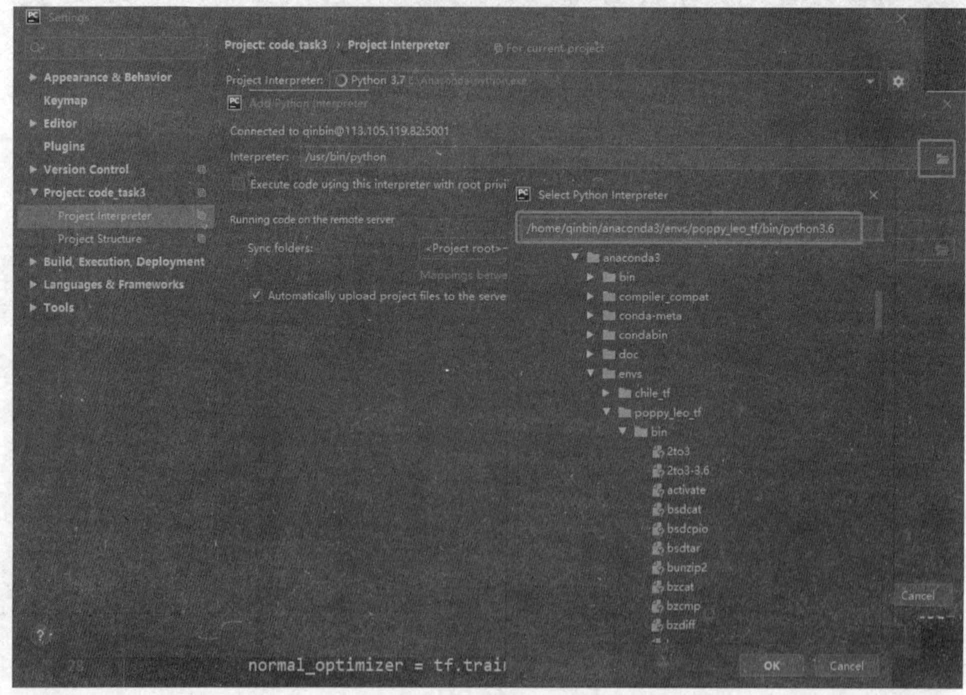

图 2.9　选择虚拟环境

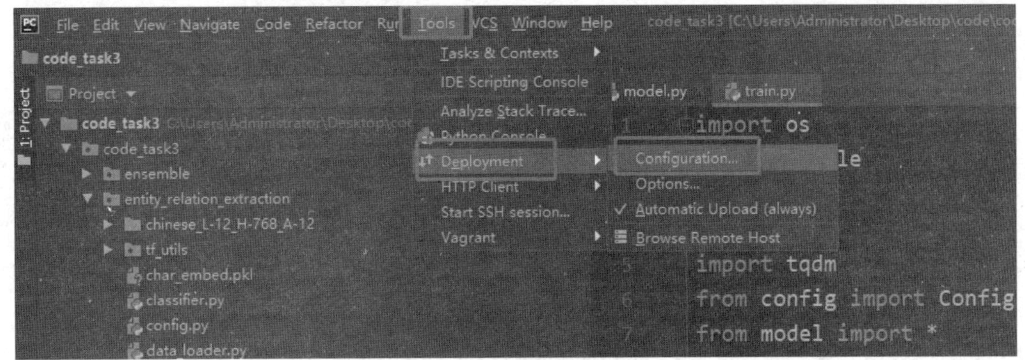

图 2.10　配置代码同步目录

选择刚刚创建好的 SSH Interpreter，并选择服务器同步路径，此时便可同步本地与服务器之间的代码了，如图 2.11 所示。

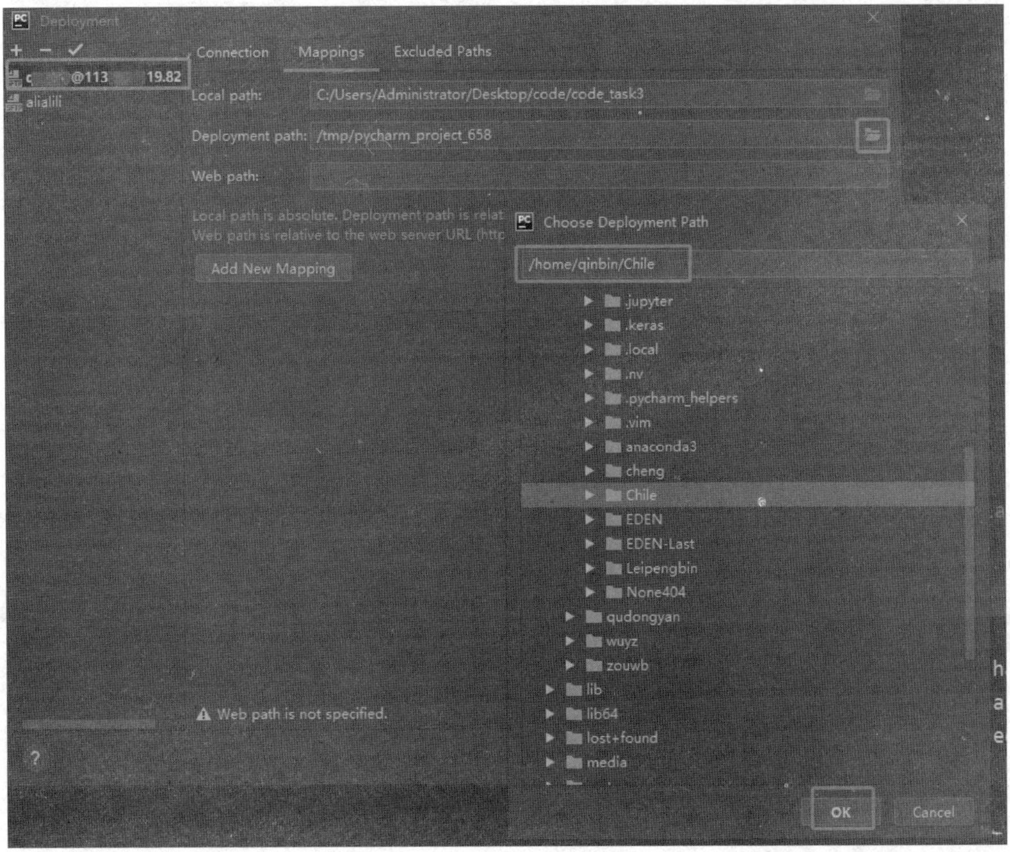

图 2.11　选择 SSH Interpreter

2.4 screen 任务管理

当程序在当前 Linux 窗口运行时间较长时，程序或许会因为网络问题而异常终止。软件开发人员可以使用 screen 来解决本地突然离线的问题，因为 screen 相当于在服务器创建了一个后台窗口，本地连接中断并不会影响正在运行的程序。在命令行输入 screen-ls 命令，效果如图 2.12 所示。

代码如下：

```
#chapter2/screen_bash.sh
#常用的 screen 命令
screen -S name                  #创建一个窗口
screen -ls                      #查看当前已经创建的窗口
screen -d -r name               #回到名字为 name 的窗口
screen -X -S name quit          #关闭名字为 name 的窗口
```

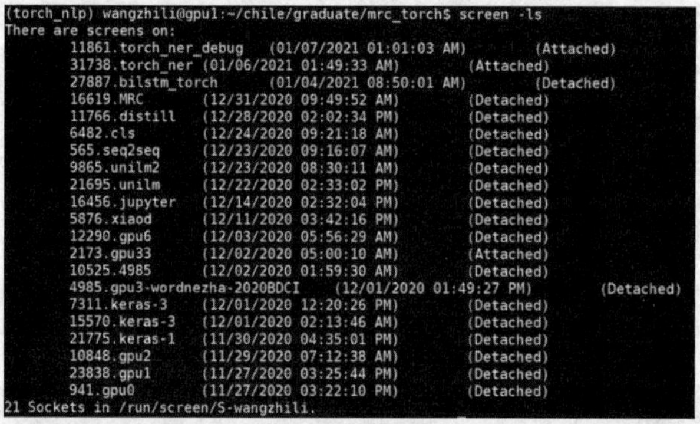

```
(torch_nlp) wangzhili@gpu1:~/chile/graduate/mrc_torch$ screen -ls
There are screens on:
        11861.torch_ner_debug   (01/07/2021 01:01:03 AM)        (Attached)
        31738.torch_ner (01/06/2021 01:49:33 AM)        (Attached)
        27887.bilstm_torch      (01/04/2021 08:50:01 AM)        (Detached)
        16619.MRC       (12/31/2020 09:49:52 AM)        (Detached)
        11766.distill   (12/28/2020 02:02:34 PM)        (Detached)
        6482.cls        (12/24/2020 09:21:18 AM)        (Detached)
        565.seq2seq     (12/23/2020 09:16:07 AM)        (Detached)
        9865.unilm2     (12/23/2020 08:30:11 AM)        (Detached)
        21695.unilm     (12/22/2020 02:33:02 PM)        (Detached)
        16456.jupyter   (12/14/2020 02:32:04 PM)        (Detached)
        5876.xiaod      (12/11/2020 03:42:16 PM)        (Detached)
        12290.gpu6      (12/03/2020 05:56:29 AM)        (Detached)
        2173.gpu33      (12/02/2020 05:00:10 AM)        (Attached)
        10525.4985      (12/02/2020 01:59:30 AM)        (Detached)
        4985.gpu3-wordnezha-2020BDCI    (12/01/2020 01:49:27 PM)        (Detached)
        7311.keras-3    (12/01/2020 12:20:26 PM)        (Detached)
        15570.keras-3   (12/01/2020 02:13:46 AM)        (Detached)
        21775.keras-1   (11/30/2020 04:35:01 PM)        (Detached)
        10848.gpu2      (11/29/2020 07:12:38 AM)        (Detached)
        23838.gpu1      (11/27/2020 03:25:44 PM)        (Detached)
        941.gpu0        (11/27/2020 03:22:10 PM)        (Detached)
21 Sockets in /run/screen/S-wangzhili.
```

图 2.12 输入 screen -ls 命令

最后，读者在使用深度学习框架运行模型时需要指定 GPU，否则程序会把所有的 GPU 都占了，严重影响他人使用 GPU，代码如下：

```
#Python 指定 GPU 代码
gpu_id = 4
os.environ["CUDA_VISIBLE_DEVICES"] = str(gpu_id)
```

2.5 Docker 技术

当前，开发应用程序所需要的不仅是编写代码。在每个项目的生命周期阶段，软件开发人员使用的各种工具存在多种语言、框架、体系结构及不连续的接口，极大地提高了软件开发人员使用代码的复杂性。

2013年,Docker推出了后来成为容器行业标准的产品。容器(Container)是标准化的软件单元,它使开发人员能够将其应用程序与环境隔离,从而解决了"代码在我的机器上运行没问题"的麻烦。

作为一项优秀的容器技术,Docker的出现简化并加速了软件开发人员的工作流程,方便开发人员在无须配置环境的前提下,自由地使用每个项目的工具和应用程序,从而提高生产效率。

Docker技术架构如图2.13所示,读者可以将其理解为它在宿主机的操作系统上建立了一层Docker操作系统。在Docker操作系统上运行的每个容器都是独立的应用程序环境,容器之间相互隔离,但所有容器共享Docker操作系统中的一些公共库。

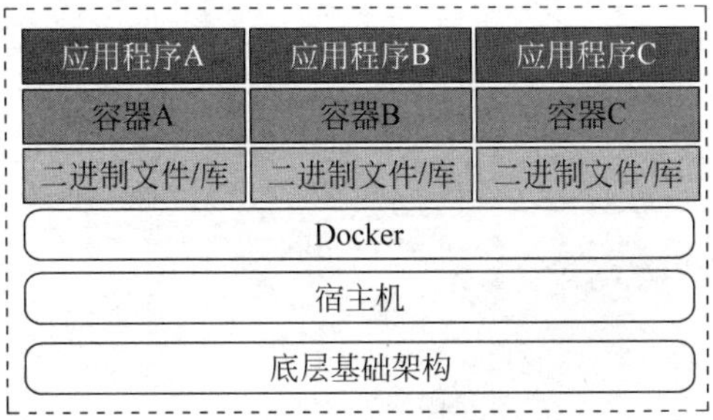

应用程序A	应用程序B	应用程序C
容器A	容器B	容器C
二进制文件/库	二进制文件/库	二进制文件/库
Docker		
宿主机		
底层基础架构		

图2.13 Docker技术架构

众所周知,初始学习一门计算机技能的最大时间成本是代码环境配置,然而Docker技术可以将代码的环境进行打包,使用者只需将打包的镜像拉取到本地,便可使用发布者的代码环境,从而避免配置环境出现的种种问题。

对于本书代码的运行环境,笔者也提供了Docker的选项,帮助读者减少配置环境的烦恼,接下来笔者将通过一系列的命令来讲解Docker的应用。

1. 安装Docker

安装Docker需要sudo权限,而服务器上的用户几乎没有sudo权限,因此,安装Docker这一步需要使用者去咨询服务器的管理员。不过,本书仍然会引导读者学习安装Docker的流程,代码如下:

```
#chapter2/install_docker_bash.sh
sudo apt-get remove docker docker-engine docker.io #卸载旧版本
#添加传输软件包与CA证书
sudo apt-get update
sudo apt-get install apt-transport-https ca-certificates curl \
    gnupg-agent software-properties-common

#添加Docker国内源,加速下载
curl -fsSL https://mirrors.aliyun.com/docker-ce/linux/ubuntu/gpg | sudo apt-key add -
```

```
#在 sources.list 中添加 Docker 软件源
sudo add - apt - repository \
    "deb [arch = amd64] https://mirrors.aliyun.com/docker - ce/linux/ubuntu \
    $ (lsb_release  - cs) stable"

#安装 Docker
sudo apt - get update
sudo apt - get install docker.io

#启动 Docker
sudo systemctl enable docker
sudo systemctl start docker
```

2. 创建 Docker 用户组

同样地，这一步也需要服务器的管理员进行操作。创建 Docker 用户组的目的是避免服务器的普通用户在使用 Docker 过程中使用 sudo 权限，也避免 root 用户使用 Docker 服务时频繁地输入密码，代码如下：

```
#chapter2/creater_docker_user.sh
#建立用户组
sudo groupadd docker
#将当前用户添加到用户组
sudo usermod  - aG docker  $ USER

#更新 Docker 用户组
newgrp docker

#退出远程终端，并测试 Docker
docker run hello - world #自动下载并拉取 hello - world 镜像
```

测试 docker run hello -world 命令，如果输出如图 2.14 所示的信息，则说明 Docker 已经安装成功。

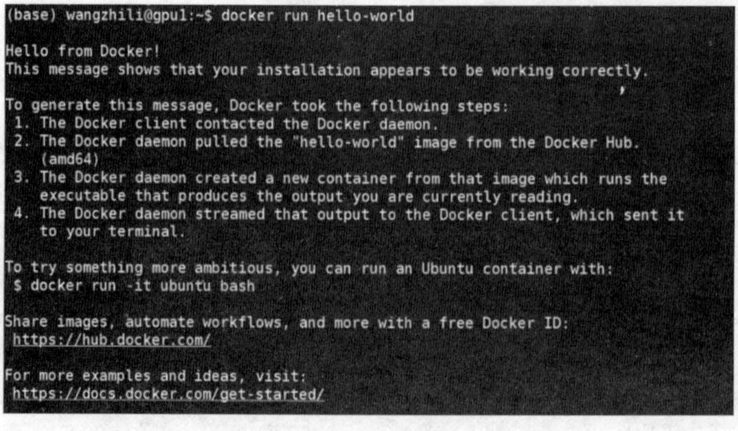

```
(base) wangzhili@gpu1:~$ docker run hello-world

Hello from Docker!
This message shows that your installation appears to be working correctly.

To generate this message, Docker took the following steps:
 1. The Docker client contacted the Docker daemon.
 2. The Docker daemon pulled the "hello-world" image from the Docker Hub.
    (amd64)
 3. The Docker daemon created a new container from that image which runs the
    executable that produces the output you are currently reading.
 4. The Docker daemon streamed that output to the Docker client, which sent it
    to your terminal.

To try something more ambitious, you can run an Ubuntu container with:
 $ docker run -it ubuntu bash

Share images, automate workflows, and more with a free Docker ID:
 https://hub.docker.com/

For more examples and ideas, visit:
 https://docs.docker.com/get-started/
```

图 2.14　Docker 安装成功

3. 拉取与查看镜像

现在，假设需要一个 PyTorch 代码运行环境镜像，则需要先拉取互联网上已经发布的 PyTorch 镜像。

当前，阿里云提供了以下基础镜像源，选择 PyTorch：1.4-CUDA10.1-py3 版本的镜像进行拉取即可，代码如下：

```
#chapter2/docker_mirror.sh
#Python
registry.cn-shanghai.aliyuncs.com/tcc-public/python:3

#PyTorch
registry.cn-shanghai.aliyuncs.com/tcc-public/PyTorch:latest-py3
registry.cn-shanghai.aliyuncs.com/tcc-public/PyTorch:latest-CUDA9.0-py3
registry.cn-shanghai.aliyuncs.com/tcc-public/PyTorch:1.1.0-CUDA10.0-py3
registry.cn-shanghai.aliyuncs.com/tcc-public/PyTorch:1.4-CUDA10.1-py3

#TensorFlow
registry.cn-shanghai.aliyuncs.com/tcc-public/TensorFlow:latest-py3
registry.cn-shanghai.aliyuncs.com/tcc-public/TensorFlow:1.1.0-CUDA8.0-py2
registry.cn-shanghai.aliyuncs.com/tcc-public/TensorFlow:1.12.0-CUDA9.0-py3
registry.cn-shanghai.aliyuncs.com/tcc-public/TensorFlow:latest-CUDA10.0-py3

#Keras
registry.cn-shanghai.aliyuncs.com/tcc-public/Keras:latest-py3
registry.cn-shanghai.aliyuncs.com/tcc-public/Keras:latest-CUDA9.0-py3
registry.cn-shanghai.aliyuncs.com/tcc-public/Keras:latest-CUDA10.0-py3
#拉取 PyTorch 镜像
docker pull registry.cn-shanghai.aliyuncs.com/tcc-public/PyTorch:1.4-CUDA10.1-py3
```

程序运行的结果如图 2.15 所示。

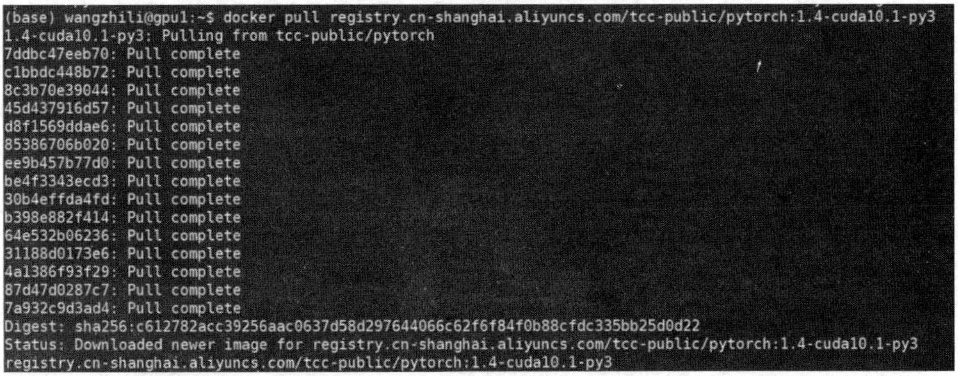

```
(base) wangzhili@gpu1:~$ docker pull registry.cn-shanghai.aliyuncs.com/tcc-public/pytorch:1.4-cuda10.1-py3
1.4-cuda10.1-py3: Pulling from tcc-public/pytorch
7ddbc47eeb70: Pull complete
c1bbdc448b72: Pull complete
8c3b70e39044: Pull complete
45d437916d57: Pull complete
d8f1569ddae6: Pull complete
85386706b020: Pull complete
ee9b457b77d0: Pull complete
be4f3343ecd3: Pull complete
30b4effda4fd: Pull complete
b398e882f414: Pull complete
64e532b06236: Pull complete
31188d0173e6: Pull complete
4a1386f93f29: Pull complete
87d47d0287c7: Pull complete
7a932c9d3ad4: Pull complete
Digest: sha256:c612782acc39256aac0637d58d297644066c62f6f84f0b88cfdc335bb25d0d22
Status: Downloaded newer image for registry.cn-shanghai.aliyuncs.com/tcc-public/pytorch:1.4-cuda10.1-py3
registry.cn-shanghai.aliyuncs.com/tcc-public/pytorch:1.4-cuda10.1-py3
```

图 2.15 拉取镜像

可以看到之前已经拉取下来的 PyTorch 镜像,如图 2.16 所示。

```
(base) wangzhili@gpu1:~$ docker images
REPOSITORY                                           TAG                    IMAGE ID       CREATED          SIZE
nvidia/cuda                                          latest                 539690cdfcd6   2 months ago     4.77GB
registry.cn-shanghai.aliyuncs.com/tcc-public/pytorch 1.4-cuda10.1-py3       76c152fbfd03   12 months ago    7.56GB
hello-world                                          latest                 bf756fb1ae65   12 months ago    13.3kB
tensorflow/tensorflow                                1.15.0-gpu             19ef7f064d1d   14 months ago    3.54GB
registry.cn-shanghai.aliyuncs.com/tcc-public/keras   latest-cuda10.0-py3    116fd65c1d0b   17 months ago    3.5GB
tensorflow/tensorflow                                1.14.0-gpu             481cb7ea8826   18 months ago    3.51GB
airaria/pytorch0.4.1                                 latest                 4d0124d58d99   2 years ago      5.68GB
```

图 2.16　已拉取的镜像

4. 启动容器

软件开发人员可以通过下载好的 PyTorch 镜像启动容器,相当于启动运行 PyTorch 代码的运行环境,代码如下:

```
#chapter2/start_docker.sh
#由于下载好的 PyTorch 镜像名字过长,所以可以将其重命名
#docker image tag [IMAGE ID] [重命名:重命名 TAG]
docker image tag 76c152fbfd03 torch_nlp:1.4 - CUDA10.1 - py3

#启动 PyTorch 容器
#docker run - itd - name [启动的容器名字] [镜像名:镜像 TAG] /bin/bash
docker run - itd -- name torch_ct torch_nlp:1.4 - CUDA10.1 - py3 /bin/bash

#查看容器,可以看到刚刚创建的 torch_ct 容器
docker ps #查看正在运行的容器
docker ps - a #查看所有容器,包含停止的容器
```

5. 进入容器

至此已进入运行 PyTorch 代码的环境,类似于使用 Anaconda 创建的虚拟环境,只不过在这个容器中,软件开发人员拥有 root 权限,代码如下:

```
#进入刚刚创建的 torch_ct 容器
docker exec - it torch_ct /bin/bash
#在容器中创建 data 目录
mkdir data
ls
#退出当前容器
exit
```

6. 数据互传

容器一般与外界隔离,因此,容器与宿主机之间进行数据交互时需要使用 Docker 技术。值得注意的是,容器与宿主机之间的数据交互都是在宿主机上进行的,需要事先退出当前所在的容器,代码如下:

```
#将本地文件复制到容器中
#docker cp 本地文件 容器:容器目录
docker cp local_data torch_ct:/root

#将 Docker 文件复制到本地
#docker cp 容器:容器文件路径 宿主机目录
docker cp torch_ct:/root/container_data /home/wangzhili/docker_test
```

7. 运行程序

容器运行程序有两种方法：

(1) 通过 2.2.4 节介绍的数据互传命令，将数据和代码都上传至容器中，而后进入容器，运行代码。

(2) 无须将数据和代码上传至容器，通过 Docker 挂载命令，借助 Docker 容器运行代码，前提是需要保证本地代码和数据都在同一个本地文件夹下，而程序运行产生的数据文件都保存在宿主机的目录中，软件开发人员只是借助容器进行运算而已，代码如下：

```
#Docker 挂载命令
#docker run -v 本地代码与数据目录:挂载的容器目录 挂载镜像 id 运行挂载容器目录的程序
docker run -v /home/wangzhili/docker_test:/root 76c152fbfd03 python /root/hello_world.py
```

8. 打包容器

有时候，软件开发人员所开发的软件需要被其他人应用。为了减少代码环境配置的时间成本，可以将当前运行的容器进行打包，并输出镜像文件，传给使用者即可，代码如下：

```
#chapter2/unpack_docker_mirror.sh
#打包镜像
#docker commit [CONTANINER ID] [IMAGE NAME:TAG]
#docker commit 的其他参数
# -a :镜像作者名字
# -c :使用 dockerfile 指令创建镜像
# -m :提交说明文字
# -p :暂停容器服务
docker commit 344d077602a2 torch_nlp:1.4-CUDA10.1-py3
#打包镜像
docker save -o torch_nlp.tar torch_nlp        #当前路径下会生成一个 torch_nlp.tar
#将 tar 包生成镜像
docker load < torch_nlp.tar                   #生成的镜像跟之前打包的镜像名称一样
```

9. 其他命令

Docker 还存在很多日常能用到的命令，以下命令都可在宿主机中进行操作。

```
#chapter2/docker_other_bash.sh
#启动/停止容器服务
docker start/stop torch_ct
#删除容器
docker rm [CONTAINER ID]
#删除镜像
#docker rmi [REPOSITORY:TAG]
docker rmi registry.cn-shanghai.aliyuncs.com/tcc-public/PyTorch:1.4-CUDA10.1-py3
#删除下载好的阿里云镜像
```

2.6 小结

本章主要介绍了本书代码开发环境的搭建和常见工具及命令的使用,目的是让读者在学习自然语言处理的原理与应用之前,先掌握操作深度学习的工具,因为人类能力的加成均来源于工具,因此,虽然本章相对烦琐,但读者也需耐心阅读,力求掌握。

本章从如何利用 MobaXterm 来连接远程服务器,到如何在服务器上安装所需要的开发环境,进行了详细讲解。此外笔者还分享了如何利用 Anaconda 国内的一些镜像,例如清华源和中科大源,并且对如何一次性利用这些源或者永久设定相应的源作为自己 Python 依赖包的下载源进行了详细说明。在完成开发环境的基本配置之后,对创建自己的虚拟环境,以及项目的开发工具 PyCharm 的应用也进行了比较通俗易懂的介绍,例如 PyCharm 的安装及如何连接到远程服务器。在本章的最后还介绍了 Docker,它作为一种容器技术,在简化和加速软件开发的工作流程上有非常不错的效果,也得到了广大用户的肯定。

第3章 自然语言处理的发展进程

本章重点介绍自然语言处理的发展历程，以及自然语言发展的趋势：规则→统计→深度学习。笔者就发展趋势方面利用时间轴的方法来介绍这一领域在发展过程中一些比较经典的方法和模型，从最初利用人工规则来处理自然语言的一些任务讲起，之后讲解如何"进化"到利用机器学习的方法来处理社会发展带来的更多复杂的任务，到发展到现在利用深度学习的方法应用在各种领域去处理各式各样的任务。

3.1 人工规则与自然语言处理

俗话说"巧妇难为无米之炊"。在机器学习中，数据和特征便是"米"，模型和算法则是"巧妇"。没有充足的数据、合适的特征，再强大的模型结构也无法得到满意的输出。正如一句业界经典所说，Garbage in，garbage out。对于一个机器学习问题，数据和特征往往决定了结果的上限，而模型、算法的选择及优化则在逐步接近这个上限，可见特征工程的重要性。在1970年以前，自然语言处理的研究主要分为两大阵营：一个是基于规则方法的符号派；另一个是采用概率方法的随机派。这一时期，虽然两种方法都取得了长足的发展，但由于当时多数学者注重研究推理和逻辑问题，所以可以说在当时基于规则的方法用来处理任务的比例更高。例如早在20世纪50年代初，Kleene就研究了有限自动机和正则表达式。1956年，Chomsky又提出了上下文无关语法，并把它运用到了自然语言处理中，而且随着社会的发展，基于规则解决自然语言处理的问题也有长足的发展，例如词频、聚合度、自由度、编辑距离、主题和特征转换。下面就使用频率较高的特征处理方法(如词频、聚合度、自由度和编辑距离)做一个简要的介绍。

1. 词频

词频是多用于中文常用词分词的一种统计方法，这种方法旨在统计某个常用词在某个语境下或者某个数据集中出现的次数，从而判断这个词本身是否可以有独立成词的条件，即单独拿出这个词是否具有一定的含义。从人类语言学的角度来讲，能够具备成为词的要求的词语，一般在数据上会比较聚集地出现多次。

2. 聚合度

词频并不能作为判断是否具备独立成词条件的唯一标准，下面用一个例子引出更多元化的标准来评估一个词语是否具备独立成词条件。例如，在一篇文章中用“电影院”成词这个例子来讲聚合度，笔者统计了在整个2400万字的数据中“电影”一词出现了2774次，出现的概率为0.000 113，“院”字出现了4797次，出现的概率为0.000 196 9，如果两者间真的毫无关系，则它们拼接在一起P(电影院)的概率为P(电影)$\times P$(院)/2，但其实“电影院”一共出现175次，要远远高于两个词的概率的乘积，是P(电影)$\times P$(院)/2的600多倍，还统计了“的”字出现的概率为0.0166，并且文章中出现的“的电影”的真实概率P(的电影)与P(的)$\times P$(电影)/2很接近，所以表明“电影院”更可能是一个有意义的搭配，而“的电影”则更像是“的”和“电影”两个成分偶然拼接到一起的。通过这样的方式找到成词称为聚合度。计算过程及其举例如下：

(1) 计算当前词语S的在词语库中的出现概率$P(S)$。

(2) 对词语S进行二分切法，切分出若干组词语组(SL,SR)，并分别计算每个词语的出现概率$P(SL)$和$P(SR)$。

(3) 对于切分出来的词语组计算聚合度$\log\left(\frac{P(S)}{P(SL)\cdot P(SR)}\right)$，取最小值作为词语$S$的聚合度。其中，对得出的结果取对数是为了防止概率过低导致计算结果溢出，并把值域映射到了更加平滑的区间。

例如，“天气预报说周五会下雨”，使用dop表示聚合度，并令单字的聚合度为0，则dop(天)=0。

dop(天气)=P(天)$\times P$(气)

dop(天气预)=P(天)$\times P$(气预)$+P$(天气)$\times P$(预)

dop(天气预报)=P(天)$\times P$(气预报)$+P$(天气)$\times P$(预报)$+P$(天气预)$\times P$(报)

dop(天气预报说)=P(天)$\times P$(气预报说)$+P$(天气)$\times P$(预报说)$+P$(天气预)$\times$
P(报说)$+P$(天气预报)$\times P$(说)

……

对词进行二切分，然后计算切分后的概率乘积，在这里除了每个二切分的概率乘积的和，其实也可以用另一种方法计算聚合度：“电影院”的聚合度则是P(电影院)分别除以P(电)$\times P$(影院)和P(电影)$\times P$(院)所得的商的较小值，这样处理甚至会有更好的效果，因为用最小值来代表这个词的聚合度，更能有力地证明该词的成词性，如果该词的聚合度在最小的情况下都成词，则这个词肯定成词。

3. 自由度

只看文本片段的聚合度是不够的，还需要从整体看它在外部的表现。考虑“被子”，可以说“这被子”，“被子”是一个词语而且该词语的聚合度很高，而“这被子”并不是一个人类直观认为有意义的词语，但“这被子”的聚合度也很高，此时成词的标准就受到了挑战。

为此笔者引入自由度来解决此类问题，自由度的思想来源于信息熵，信息熵是一个定义事情信息量大小的单位。信息熵越高，含有的信息量越小，这件事情的不确定性也就越高；相反，信息熵越低，含有的信息量也就越大，则这件事情的确定性也就越高。算法人员可以用信息熵来衡量一个文本片段的左邻字集合和右邻字集合有多随机。自由度的计算过程如下：

(1) 计算当前词语 S 的出现次数 N，则词语 S 的左边总共出现 N 个汉字。

(2) 对 N 个汉字的出现次数进行统计，计算词语 S 的左边每个字出现的概率。

(3) 根据信息熵公式计算左邻熵，同理计算右邻熵。其中，P_i 为词语 S 的左边每个字出现的概率。

(4) 信息熵越小对应着自由度越低，则该词语越稳定，因此选择信息熵最小的作为词语 S 的自由度。

$$E = -\sum_i P_i \log(P_i) \tag{3.1}$$

考虑这么一句话“吃葡萄不吐葡萄皮不吃葡萄倒吐葡萄皮”“葡萄”一词出现了4次，其中左邻字分别为{吃，吐，吃，吐}，右邻字分别为{不，皮，倒，皮}。根据式(3.1)，“葡萄”一词的左邻字的信息熵为$-(1/2)\times\log(1/2)-(1/2)\times\log(1/2)\approx 0.693$，它的右邻字的信息熵则为 $-(1/2)\times\log(1/2)-(1/4)\times\log(1/4)-(1/4)\times\log(1/4)\approx 1.04$。由此可见，在这个句子中，“葡萄”一词的右邻字更加丰富一些。

4. 编辑距离

编辑距离又称 Levenshtein 距离(莱文斯坦距离也叫作 Edit Distance)，指两个字符串之间，由一个转换成另一个所需的最少编辑操作次数，它们的编辑距离越大，字符串越不同。许可的编辑操作包括将一个字符替换成另一个字符，插入一个字符和删除一个字符。这个概念是由俄罗斯科学家 Vladimir Levenshtein 在1965年提出来的。它可以用来做 DNA 分析、拼字检测和抄袭识别等。总之，算法人员可以考虑使用编辑距离比较文本段的相似度。编辑操作只有3种：插入、删除和替换。例如有两个字符串，将其中一个字符串经过这3种操作之后，得到两个完全相同的字符串付出的代价是什么，是当前要讨论和计算的。

例如，有两个字符串 kitten 和 sitting，现在要将 kitten 转换成 sitting 可以进行如下一些操作：

kitten→sitten 将 k 替换成 s；

sitten→sittin 将 e 替换成 i；

sittin →sitting 添加 g。

在这里算法设置每经过一次编辑，也就是变化(插入、删除或替换)，花费的代价都是1。

3.2 机器学习与自热语言处理

在机器学习中，利用一些规则，算法人员可以很好地使数据特征更加明显，使机器学习起来更加“轻松”，就如同有了很好的食材，或者说经过处理后的食材，可以被更好地处理成最好吃的食物，但是再好的食材如果厨师的厨艺很差，仍然会造成食材的浪费。模型和算法的应用对促进完成一些任务有很好的效果，可以说模型可以使数据的价值最大化。3.1 节介绍了人们利用一些规则去处理数据，本节主要介绍一些传统算法的发展和应用。

3.2.1 词袋模型

词袋(BoW)模型是一种使用机器学习算法，也是数学中最简单的文本表示形式。该方法非常简单和灵活，可用于从文档中提取各种功能的各种方法。词袋是描述文档中单词出现的文本的一种表示形式。因为文档中的单词是以没有逻辑的顺序放置的，所以称为单词的"袋子"。该模型只关注文档中是否出现已知的单词，并不关注文档中出现的单词。

例如，以笔者之前看过的一部电影的评论作为例子：

评论 1：This movie is very scary and long

评论 2：This movie is not scary and slow

评论 3：This movie is spooky and good

首先根据以上 3 个评论中所有独特的单词来构建词汇表。词汇表由以下 11 个单词组成：This、movie、is、very、scary、and、long、not、slow、spooky 和 good。

将上述每个单词用 1 和 0 标记在上面的 3 个电影评论中。这将为 3 条评论提供 3 个向量，具体表示如表 3.1 所示。

表 3.1 句子转换为向量的表示

	1 This	2 movie	3 is	4 very	5 scary	6 and	7 long	8 not	9 slow	10 spooky	11 good	评论的 长度(单词数)
评论 1	1	1	1	1	1	1	1	1	0	0	0	7
评论 2	1	1	2	0	0	1	1	0	1	0	0	8
评论 3	1	1	1	0	0	0	1	0	0	1	1	6

评论 1 的向量：[1 1 1 1 1 1 1 1 0 0 0 0]

评论 2 的向量：[1 1 2 0 0 1 1 0 1 0 0]

评论 3 的向量：[1 1 1 0 0 0 1 1 0 0 1 1]

这是词袋模型背后的核心思想。使用词袋模型的缺点在于，当前可以有长度为 11 的向量，但是当遇到新句子时就会遇到问题：

第一，如果新句子包含新词，则词汇量将增加，因此向量的长度也将增加；第二，向量也将包含许多 0，从而导致稀疏矩阵(这是要避免的)；第三，不保留有关句子语法或文本中单词顺序的信息。

3.2.2 *n*-gram

在用谷歌或者百度搜索引擎时，输入一个或几个词，搜索框通常会以下拉菜单的形式给出几个备选，这些备选其实是在推测你想要搜索的那个词串。那么，原理是什么呢？也就输入"我们"的时候，后面的"都要好好的""恋爱吧"等这些词语是怎么出来的，怎么排序的？实际上是根据语言模型得出的。假如使用二元语言模型预测下一个单词，则排序的过程如

图 3.1 所示。

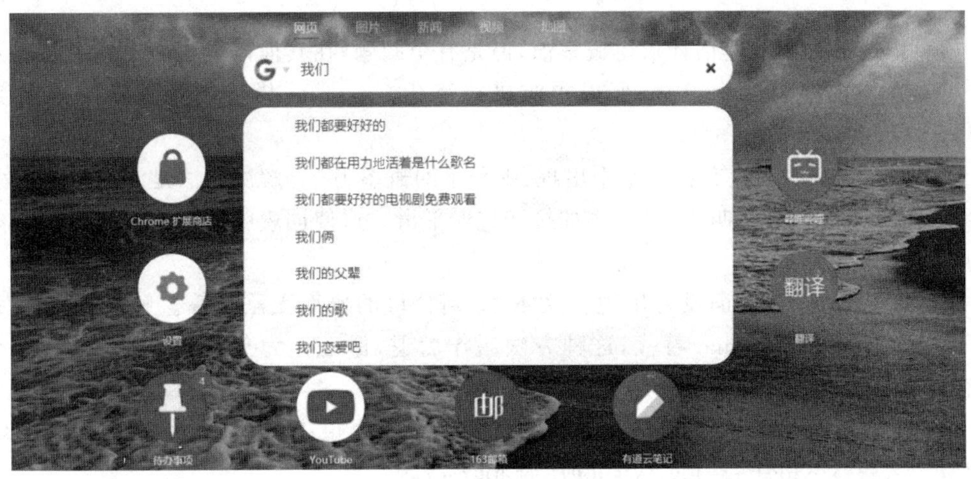

图 3.1 n-gram 应用示例

P(“都要好好的”|“我们”)>P(“都在用力地活着是什么歌名”|“我们”)>P(“都要好好的电视剧免费观看”|“我们”)>……>P(“恋爱吧”|“我们”)，数据的来源可以是用户搜索日志。

到底什么是 n-gram 呢？n-gram 是一个由 n 个连续单词组成的块，它的思想是一个单词出现的概率与它的 $n-1$ 个出现的词有关。也就是每个词依赖于第 $n-1$ 个词。下面是一些常见的术语及示例，可以帮助你更好地理解 n-gram 语言模型。

Unigrams：一元文法，由一个单词组成的 token，例如，the、students、opened 和 their。

Bigrams：二元文法，也叫一元马尔可夫链。由连续两个单词组成的 token，例如，the students、students opened 和 opened their。

Trigrams：三元文法，由连续 3 个单词组成的 token，例如，the students opened 和 students opened their。

4-grams：四元文法，由连续 4 个单词组成的 token，例如，the students opened their。

如何估计这些 n-gram 概率呢？估计概率的一种直观方法叫作最大似然估计（MLE）。可以通过从正态语料库中获取计数，并将计数归一化，使其位于 0～1，从而得到 n-gram 模型参数的最大似然估计。

例如，要计算一个给定前一个单词为 x，后一个单词为 y 的 bigram 概率。计算 bigram $C(xy)$的计数，并通过共享第 1 个单词 x 的所有 bigram 的总和进行标准化。

$$P(X_n \mid X_{n-1}) = \frac{C(X_n X_{n-1})}{\sum XC(X_n X_{n-1})} \tag{3.2}$$

其中，分子为 bigram $C(xy)$在语料库中的计数，分母为前一个词 x，后一个词为任意词的 bigram 计数的总和。为了简单可以写成下面的形式：

$$P(X_n \mid X_{n-1})=\frac{C(X_n X_{n-1})}{C(X_{n-1})} \tag{3.3}$$

这样就可以通过最大似然估计求得概率值，但是有个问题，在其他语料库中出现次数很多的句子可能在当前语料库中没有，所以很难进行泛化。n-gram 模型的稀疏性问题有以下几点。

(1) 如果要求的词没有在文本中出现，则分子的概率为0。解决办法是添加一个很小的值给对应的词，这种方法叫作平滑，例如拉普拉斯平滑。这使词表中的每个单词都至少有很小的概率。

(2) 如果第 $n-1$ 个词没有出现在文本中，则分母的概率无法计算。解决办法是使用 water is so transparent that 替代，这种方法叫作后退，保证作为条件的分母概率值存在。(还有其他平滑技术)

(3) 概率是一个大于0小于1的数，随着相乘会变得很小，所以通常使用 log 的形式：$P_1P_2P_3P_4=\exp(\log P_1+\log P_2+\log P_3+\log P_4)$。

(4) 提高 n 的值会使稀疏性变得更糟糕，还会增加存储量，所以 n-gram 一般不会超过5。

(5) 当 $n>2$ 时，例如 trigram，可能需要在头部添加两个 start-token，读者可自行验证效果。

3.2.3 频率与逆文档频率

TF-IDF 即术语频率-逆文档频率，是一种数字统计，反映单词对集合或语料库中文档的重要性。

术语频率(TF)用于衡量术语 t 在文档 d 中出现的频率：

$$\mathrm{TF}_{t,d}=\frac{n_{t,d}}{\text{文件中的术语数}} \tag{3.4}$$

其中，在分子中，n 是术语 t 出现在文档 d 中的次数，因此，每个文档和术语将具有其自己的 TF 值。笔者将再次使用在词袋模型中构建的相同词汇表来显示如何计算评论2的 TF：

评论2：This movie is not scary and is slow

词汇：This、movie、is、very、scary、and、long、not、slow、spooky 和 good。评论2中的字数=8，单词 This 的 TF =(评论2中出现 This 的次数)/(评论2中的术语数)= 1/8。

同样有

TF(movie)=1/8

TF(is)=2/8=1/4

TF(very)=0/8=0

TF(scary)=1/8

TF(and)=1/8

TF(movie)=0/8

TF(not)=1/8

TF(slow)=1/8

TF(spooky)=0/8=0

TF(good)=0/8=0

所有术语和所有评论的术语频率如表 3.2 所示。

表 3.2 评论术语 TF

术 语	评论 1	评论 2	评论 3	TF(评论 1)	TF(评论 2)	TF(评论 3)
This	1	1	1	1/7	1/8	1/6
movie	1	1	1	1/7	1/8	1/6
is	1	2	1	1/7	1/4	1/6
very	1	0	0	1/7	0	0
scary	1	1	0	1/7	1/8	0
and	1	1	1	1/7	1/8	1/6
long	1	0	0	1/7	0	0
not	0	1	0	0	1/8	0
slow	0	1	0	0	1/8	0
spooky	0	0	1	0	0	1/6
good	0	0	1	0	0	1/6

逆文档频率(IDF)用于衡量一个术语的重要性。算法人员需要 IDF 值,因为仅计算 TF 不足以理解单词的重要性,下面是计算 IDF 的公式:

$$\mathrm{IDF}_t = \log \frac{\text{文档数量}}{\text{包含单词'This'的文档数量}} \tag{3.5}$$

计算评论 2 中所有单词的 IDF 值:

IDF(This)=log(文档数量/包含单词'This'的文档数量)=log(3/3)=log(1)=0

同样:

IDF(movie)=log(3/3)=0

IDF(is)=log(3/3)=0

IDF(not)=log(3/1)=log(3)=0.48

IDF(scary)=log(3/2)=0.18

IDF(and)=log(3/3)=0

IDF(slow)=log(3/1)=0.48

因此,整个词汇表的 IDF 值如表 3.3 所示。

表 3.3 评论术语 IDF

术 语	评 论 1	评 论 2	评 论 3	IDF
This	1	1	1	0.00
movie	1	1	1	0.00

续表

术语	评论 1	评论 2	评论 3	IDF
is	1	2	1	0.00
very	1	0	0	0.48
scary	1	1	0	0.18
and	1	1	1	0.00
long	1	0	0	0.48
not	0	1	0	0.48
slow	0	1	0	0.48
spooky	0	0	1	0.48
good	0	0	1	0.48

因此，读者可以看到像 is、This、and 等词被简化为 0，并且重要性不大，而 scary、long、good 等词更重要，具有较高的价值。

现在，算法可以为语料库中的每个单词计算 TF-IDF 分数。得分较高的单词更重要，得分较低的单词则不太重要：

TF-IDF(This，评论 2)＝TF(This，评论 2)×IDF(This)＝1/8×0＝0

TF-IDF(movie，评论 2)＝1/8×0＝0

TF-IDF(is，评论 2)＝1/4×0＝0

TF-IDF(not，评论 2)＝1/8×0.48＝0.06

TF-IDF(scary，评论 2)＝1/8×0.18＝0.023

TF-IDF(and，评论 2)＝1/8×0＝0

TF-IDF(slow，评论 2)＝1/8×0.48＝0.06

同样，针对所有评论计算所有单词的 TF-IDF 分数，如表 3.4 所示。

表 3.4　评论术语 TF-IDF

术语	评论 1	评论 2	评论 3	IDF	TF-IDF (评论 1)	TF-IDF (评论 2)	TF-IDF (评论 3)
This	1	1	1	0.00	0.000	0.000	0.000
movie	1	1	1	0.00	0.000	0.000	0.000
is	1	2	1	0.00	0.000	0.000	0.000
very	1	0	0	0.48	0.068	0.000	0.000
scary	1	1	0	0.18	0.025	0.022	0.000
and	1	1	1	0.00	0.000	0.000	0.000
long	1	0	0	0.48	0.068	0.000	0.000
not	0	1	0	0.48	0.000	0.060	0.000
slow	0	1	0	0.48	0.000	0.060	0.000
spooky	0	0	1	0.48	0.000	0.000	0.080
good	0	0	1	0.48	0.000	0.000	0.080

总结一下本节所涉及的内容：词袋只创建一组向量，其中包含文档中单词出现的次数(审阅)，而 TF-IDF 模型包含较重要单词和次重要单词的信息。词袋向量易于解释，但是，TF-IDF 通常在机器学习模型中表现更好。对于 n-gram 而言，利用前面的几个词来预测后面最有可能出现的几个词，效果也是很好的，直到今日在各个搜索引擎中的应用广泛。

3.3 深度学习与自然语言处理

深度学习目前虽然处于火热的发展阶段，但是不管是从理论方面来讲还是从实践方面来讲都有许多问题待解决。不过，我们处在一个大数据时代，而且随着计算资源的大幅提升，新模型、新理论的验证周期会更短。人工智能时代的开启必然很大程度地改变这个世界，不管是从交通、医疗、购物、军事等方面，还是涉及每个人生活的方方面面。或许我们处于最好的时代，也或许我们处于最不好的时代，但是未来无法预知，我们要做的是不断学习。本节将介绍在深度学习的发展过程中那些沉淀下来的经典模型，也是后面章节要讲的一些预训练模型的组成部分。

单词嵌入是文档词汇表最流行的表示形式之一。它能够最大程度地捕获文档中单词的上下文、语义及句法相似性，还有与其他单词的关系等。那么单词嵌入底是什么？广义上来讲，它们是特定单词在向量上的表示形式。话虽如此，但如何生成它们？更重要的是，它们如何捕获上下文？

Word2Vec 模型是使用浅层神经网络学习单词嵌入最流行的技术之一，它是由 Tomas Mikolov 于 2013 年开发的。虽然 Word2Vec 是浅层神经网络学习，但它是深度学习极其重要的组成部分，所以把这部分内容放在本节，接下来将介绍 Word2Vec 这一里程碑的模型体系结构和优化程序，它可用于从大型数据集中学习单词嵌入。通过 Word2Vec 学习的嵌入已被证明在各种下游自然语言处理任务上都是成功的。

考虑以下类似的句子：Have a good day 和 Have a great day。它们几乎没有不同的含义。如果构建一个详尽的词汇表(称其为 V)，则其 $V=\{\text{Have},\text{a},\text{good},\text{great},\text{day}\}$。

现在，为 V 中的每个单词创建一个 One-Hot(单词独热编码向量)。单词独热编码向量的长度将等于 V 的大小(5)。除了索引中表示词汇表中相应单词的元素外，算法将有一个零向量。该特定元素将只有一个。下面的编码可以更好地说明这一点。

Have= [1,0,0,0,0]'; a = [0,1,0,0,0]'; good = [0,0,1,0,0]'; great = [0,0,0,1,0]'; day = [0,0,0,0,1]'('代表转置)。

尝试可视化这些编码，可以得到一个五维空间，其中每个单词占据一维，而与其余单词无关。这意味着 good 与 great 一样，这是不正确的。

算法的目标是使上下文相似的单词占据紧密的空间位置。在数学上，此类向量之间的角度的余弦值应接近 1，即角度接近 0，如图 3.2 所示。

这里是生成分布式表示，直观来看，笔者引入了一个单词对另一个单词的某种依赖性。在该词的上下文中的词将在这种依赖性中获得更大的权重。如前面提到的，在一个独热编

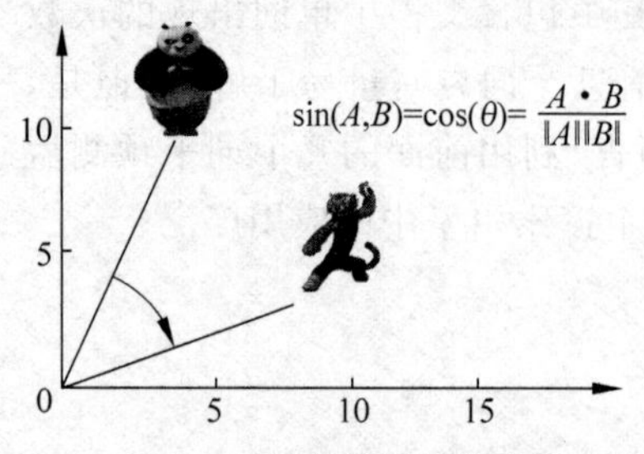

图 3.2 相似单词计算余旋度

码表示中，所有的字都是彼此独立的。

Word2Vec 是一种构造此类嵌入的方法。Word2Vec 的实现可以使用两种方法(都涉及神经网络)来获得：跳过语法(Skip-Gram)和通用单词袋(CBoW)。

CBoW 模型将每个单词的上下文作为输入，并尝试预测与上下文相对应的单词。例如 Have a great day。

假设输入神经网络的词为 great。需要注意，这里笔者尝试使用单个上下文输入单词 great 预测目标单词(day)。更进一步地，笔者使用输入字的一种独热编码，并与目标字的一种独热编码(day)相比，测量输出误差。在预测目标词的过程中，模型学习目标词的向量表示。详细的结构如图 3.3 所示。

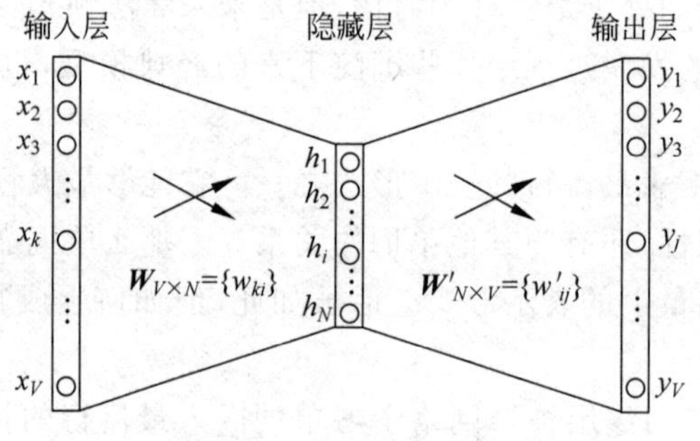

图 3.3 编码结构

其中，输入或上下文词是一个长度为 V 的独热编码向量。隐藏层包含 N 个神经元，输出也是 V 长度向量，其元素为 Softmax 值。隐藏层神经元仅将输入的加权总和复制到下一层。没有像函数 tanh 或 ReLU 这样的激活。唯一的非线性是输出层中的 Softmax 计算，但是，以上模型使用单个上下文词来预测目标。笔者可以使用多个上下文词来做同样的事情，如图 3.4 所示。

图 3.4 所示的模型采用 C 个上下文词。当 $\boldsymbol{W}_{v\times n}$ 用于计算隐藏层输入时，对这些上下文词 C 输入取平均值，因此，读者已经看到了如何使用上下文单词生成单词表示形式，但是，还有另一种方法可以做到这一点：使用目标词(为了生成其表示形式)来预测上下文，并在此过程中生成相应的表示形式。Skip-Gram 模型的变体可以做到这一点。

Skip-Gram 模型如图 3.5 所示。

看起来上下文 CBoW 模型刚刚被翻转，在某种程度上这样理解是对的。算法将目标词输入网络，该模型输出 C 个概率分布。这是什么意思？对于每个上下文位置，算法获得 C 个 V 维度的概率分布，每个单词都有一个。在这两种情况下，网络都使用反向传播进行学习。总体来讲，两者都有自己的优点和缺点。Skip-Gram 可以很好地处理少量数据，并且可以很好地代表稀有单词；CBoW 速度更快，对于更频繁的单词具有更好的表示。

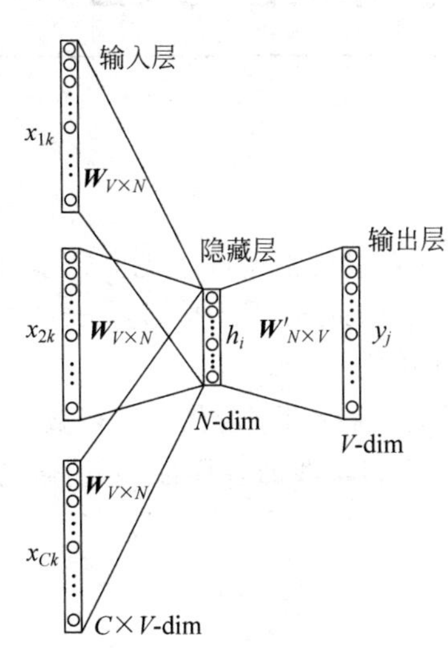

图 3.4　多个上下文词处理的示意图

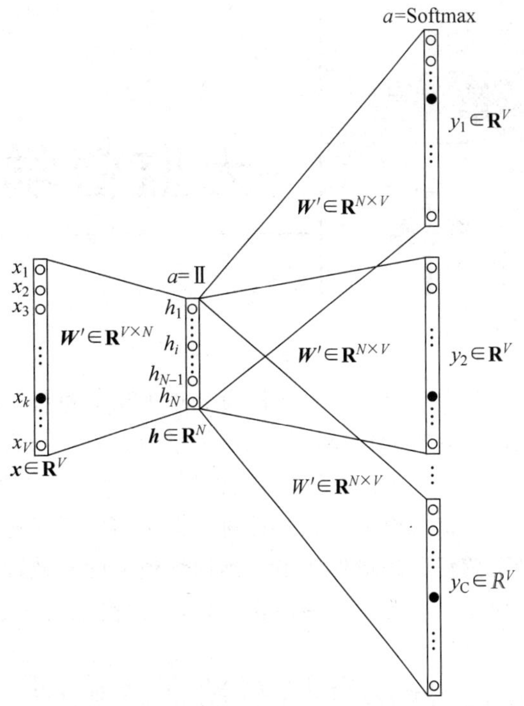

图 3.5　利用 Skip-Gram 生成表示形式结构图

3.4　小结

本章介绍了最初解决自然语言任务时利用的一些简单的规则，例如词频、聚合度、自由度和编辑距离等，发展到后面可以利用一些机器学习方法出色地完成一些相对简单的任务，不过随着社会的发展，算法面临的任务也越来越复杂。如今是大数据时代，机器学习的方法所带来的效果也遇到很多瓶颈，同时在社会快速发展的推动下，现如今的计算力和硬件水平也得到了快速发展，模型的验证周期也更短，这些都是深度学习模型快速发展的"催化剂"，同时本章还介绍了目前流行的浅层深度学习模型。

第4章 无监督学习的原理与应用

30min

第3章介绍了自然语言处理的历史进程，从其整体的发展史上明确了无监督学习对自然语言处理的重要性。无监督学习在自然语言处理(Nature Language Processing，NLP)领域是一种强大的技术，由这种技术训练出来的模型，称为预训练模型。

预训练模型首先要针对数据丰富的任务进行预训练，然后针对下游任务进行微调，以达到下游任务的最佳效果。预训练模型的有效性引起了理论和实践的多样性，人们通过预训练模型与下游任务结构相结合，可以高效地完成各种NLP的实际任务。

4.1 浅层无监督预训练模型

使语言建模和其他学习问题变得困难的一个基本问题是维数的"诅咒"。在人们想要对许多离散的随机变量(例如，句子中的单词或数据挖掘任务中的离散属性)之间的联合分布建模时，这一点尤其明显。

举个例子，假如有10 000个单词的词汇表，算法人员要对它们进行离散表示，用独热编码整个词汇表就需要10 000×10 000的矩阵，而独热编码矩阵存在很多0值，显然浪费了绝大部分的内存空间。为了解决维度"诅咒"带来的问题，人们开始使用低维度的向量空间表示单词，从而减少运算资源的损耗，这也是无监督预训练模型思想的开端。

第3章提及了Word2Vec等浅层无监督模型。浅层无监督模型对NLP任务的处理效果有显著的提升，并且能够利用更长的上下文。对于浅层无监督模型具体的原理，第3章已经进行了详细讲解，在此不再赘述。

4.2 深层无监督预训练模型

4.2.1 BERT

在2018年，什么震惊了NLP学术界？毫无疑问是Jacob Devlin等[1]提出的预训练模型(Bidirectional Encoder Representations from Transformers，BERT)。BERT模型被设计为通过在所有层的双向上下文上共同进行条件化来预训练未标记文本的深层双向表示。算法人员可以在仅使用一个附加输出层的情况下对经过预训练的 BERT 模型进行微调,以创建适用于各种任务(例如,问题解答和语言推断)的最新模型,进而减少对 NLP 任务精心设计特定体系结构的需求。BERT 是第 1 个基于微调的表示模型,可在一系列句子级和字符级任务上实现最高性能,优于许多特定任务的体系结构。

通俗来讲,读者只需把 BERT 模型当成一个深层次的 Word2Vec 预训练模型,对于一些特定的任务,只需要在 BERT 模型之后接一些网络结构就可以出色地完成这些任务。另外,2018 年底提出的 BERT 推动了 11 项 NLP 任务的发展。BERT 模型结构来自 Transformers 模型的编码器(Encoder),Transformers 模型的结构如图 4.1 所示。读者从图 4.1 中可以看到 Transformers 的内部结构都由 Ashish Vaswani 等[2]提出的自注意层(Self-Attention Layer)和层归一化(Layer Normalization)的堆叠而产生。

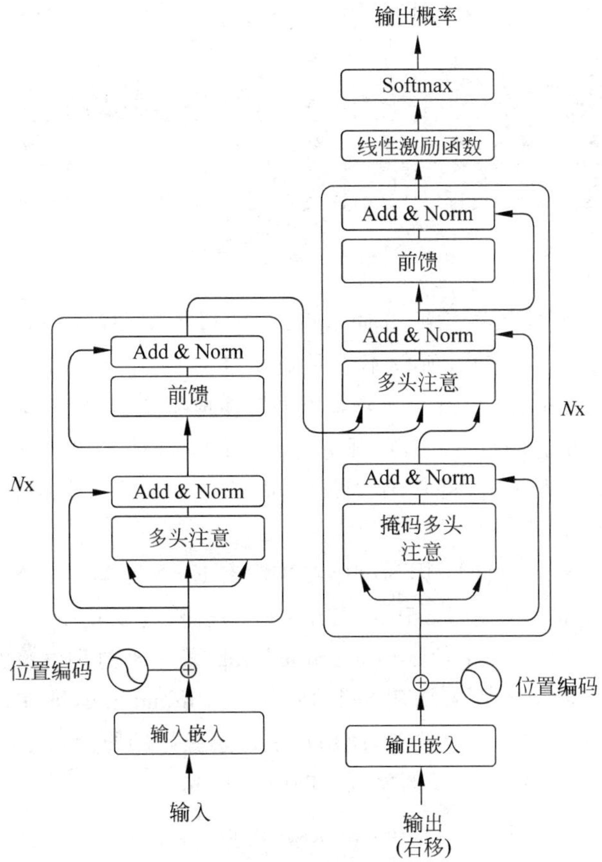

图 4.1 Transformers 结构(左图为编码器,右图为解码器)[2]

4.2.2 Self-Attention Layer 原理

Self-Attention Layer 是为了解决 RNN、LSTM 等常用于处理序列化数据的网络结构无法在 GPU 中并行加速度计算的问题。

如图 4.2 所示，Self-Attention 将输入(Input)转化成 Token Embedding + Segment Embedding +Position Embedding。因为有时训练样本由两句话组成，因此[CLS]用来分类输入的两句话是否有上下文关系，而[SEP]是用来分开两句话的标志符。

其中，因为这里输入的是英文单词，所以在灌入模型之前，需要用 BERT 源码的 Tokenization 工具对每个单词进行分词，分词后的形式如图 4.2 中输入的 playing 转换成 play+##ing。因为英文词汇表是通过词根与词缀的组合来新增单词语义的，所以笔者选择用分词方法减少整体的词汇表长度。

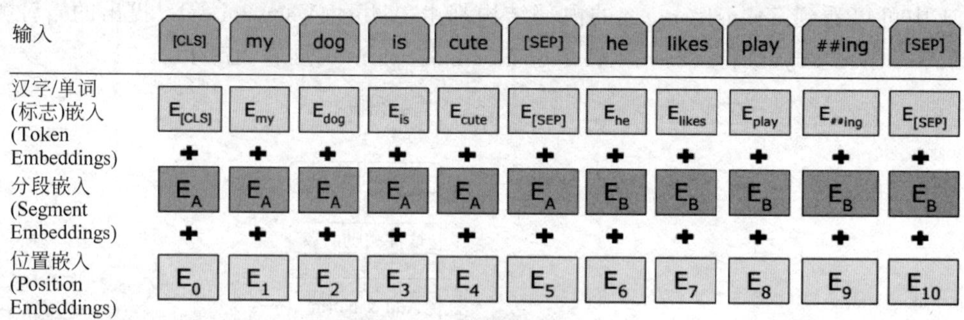

图 4.2 Self-Attention 的输入[1]

如果是中文字符，则输入不需要分词，整段话的每个字用空格隔开即可。值得注意的是，模型是无法处理文本字符的，所以不管是英文还是中文，算法都需要通过预训练模型 BERT 自带的字典 vocab.txt 将每个字或者单词转换成字典索引(id)输入。

Segment Embedding 的目的：有些任务是两句话一起放入输入 X，而 Segment 便是用来区分这两句话的。输入使用[SEP]作为标志符号，[CLS]用来分类输入的两句话是否有上下文关系。

Position Embedding 的目的：因为网络结构没有 RNN 或者 LSTM，所以算法无法得到序列的位置信息，需要构建一个 Position Embedding。构建 Position Embedding 有两种方法：第 1 种是 BERT 初始化一个 Position Embedding，然后通过训练将其学习出来；第 2 种是 Transformers 通过制定规则来构建一个 Position Embedding，即使用正弦函数，位置维度对应曲线，方便序列之间的选对位置，使用正弦比余弦好的原因是可以在训练过程中将原本的序列外拓成比原来序列还要长的序列，如式(4.1)和式(4.2)所示。

$$\mathrm{PE}_{(\mathrm{pos},2i)}=\sin(\mathrm{pos}/10\,000^{2i/d_{\mathrm{model}}}) \tag{4.1}$$

$$\mathrm{PE}_{(\mathrm{pos},2i+1)}=\cos(\mathrm{pos}/10\,000^{2i/d_{\mathrm{model}}}) \tag{4.2}$$

4.2.3 Self-Attention Layer 的内部运算逻辑

首先，将矩阵 $\boldsymbol{Q}$ 与 $\boldsymbol{K}$ 相乘并规模化(为了防止结果过大，除以它们维度的均方根)；其次，将其灌入 Softmax 函数得到概率分布；最后与矩阵 $\mathbf{V}$ 相乘，得到 Self-Attention 的输出，如式(4.3)和式(4.4)所示。其中,($\boldsymbol{Q}$,$\boldsymbol{K}$,$\boldsymbol{V}$)均来自同一输入 $\boldsymbol{X}$,它们是 $\boldsymbol{X}$ 分别乘以 $\boldsymbol{W}_Q$,$\boldsymbol{W}_K$,$\boldsymbol{W}_V$ 初始化权值矩阵所得,而后这 3 个权值矩阵会在训练的过程中确定下来,如图 4.3 所示。

$$\boldsymbol{Q}=\boldsymbol{X}\boldsymbol{W}_Q,\quad \boldsymbol{K}=\boldsymbol{X}\boldsymbol{W}_K,\quad \boldsymbol{V}=\boldsymbol{X}\boldsymbol{W}_V \tag{4.3}$$

$$\text{Attention}(\boldsymbol{Q},\boldsymbol{K},\boldsymbol{V})=\text{softmax}(\boldsymbol{Q}\boldsymbol{K}^{\mathrm{T}}/\sqrt{d_k})\boldsymbol{V} \tag{4.4}$$

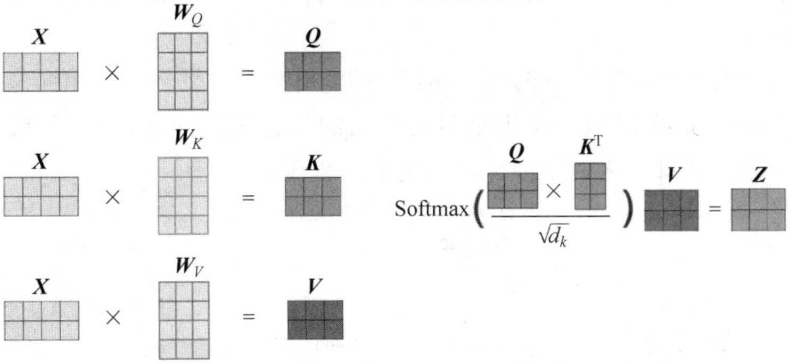

图 4.3　初始化($\boldsymbol{Q}$,$\boldsymbol{K}$,$\boldsymbol{V}$)

4.2.4　Multi-Head Self-Attention

通过线性(Linear)投影来初始化不同的($\boldsymbol{Q}$,$\boldsymbol{K}$,$\boldsymbol{V}$),将多个单头的结果融合会比单头 Self-Attention 的效果好。可以将初始化不同的($\boldsymbol{Q}$,$\boldsymbol{K}$,$\boldsymbol{V}$)理解为单头从不同的方向去观察文本,这样使 Self-Attention 更加具有大局观。整体的运算逻辑是 Multi-Head Self-Attention 将多个不同单头的 Self-Attention 输出成一条,然后经过一个全连接层降维输出,如图 4.4 所示。

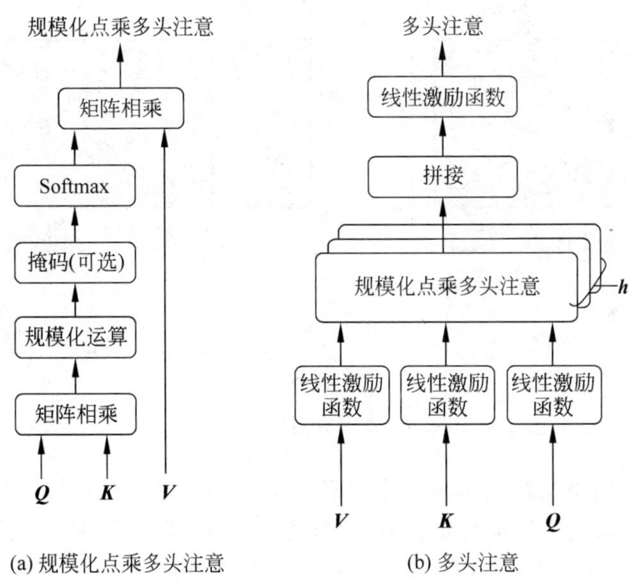

图 4.4　Multi-Head Self-Attention[1]

4.2.5 Layer Normalization

Self-Attention 的输出会经过层归一化，为什么选择层归一化而不是批归一化（Batch Normalization）？此时，应先对模型输入的数据形状有个直观的认识，当一批（Batch）数据输入模型时，形状是长方体，如图 4.5 所示，大小为（batch_size，max_len，embedding），其中 batch_size 为批数，max_len 为每批数据的序列最大长度，embedding 则为每个单词或者字的权重维度大小。

因此，批归一化是对每批数据的每列做归一化，相当于对批数据里相同位置的字或者单词的字向量做归一化；而层归一化则是对批数据的每行做归一化，相当于对每句话的字向量做归一化。显然，层归一化更加符合处理文本的直觉。

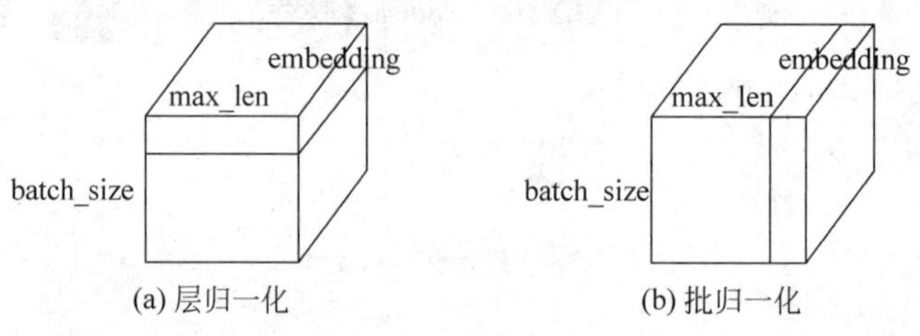

图 4.5 归一化

4.2.6 BERT 预训练

BERT 预训练如图 4.6 所示。预训练过程是生成 BERT 模型的过程。

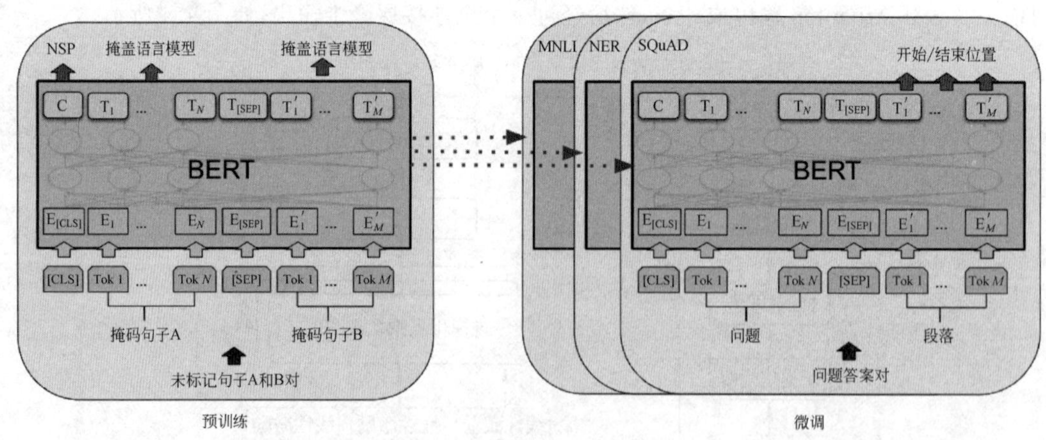

图 4.6 预训练与微调过程[1]

一般来讲，个人用不着自己训练一个 BERT 预训练模型，而是直接调用模型的权重，进行微调（Fine-Tune）以适应当前特定任务，但读者可以了解一下 BERT 是怎么训练出来的。输入 X 是自注意层的输入，利用字典将每个字或者单词用数字表示，并转换成 Token

Embedding＋Segment Embedding＋Position Embedding。序列的长度一般为512或者1024,若不足,则用[PAD]补充。句子开头第1个位置用[CLS]表示,如果输入两句话,则用[SEP]隔开。

(1) MaskLM策略：对于输入X,15%的字或者英文单词采用随机掩盖策略。对于这15%的字或者英文单词,80%的概率用[mask]替换序列中的某个字或者英文单词,10%的概率替换序列中的某个字或者英文单词,10%的概率不做任何变换,模型通过预测被掩盖的字或者英文单词(MaskLM)的方式来获得字符的文本信息。

(2) NSP策略：预测两句话之间是否有顺序关系(Next Sentence Prediction, NSP)。

预训练采用两种预训练方式：MaskLM策略和NSP策略,两者同时进行,并且预训练语料总量为330亿语料。

这里需要补充说明的是,NLP的预训练模型与计算机视觉的预训练模型有些许不同,NLP的预训练方式采用的是无监督学习,即不需要人工打标签,而计算机视觉则需要对图像进行人工分类。因为NLP的预训练正如笔者所说,只是预测被掩盖的字或者英文单词,以及判断两段话是否有顺序关系,这些只需写个小程序就可以轻松得到相应的标签,无须人工进行大量标记。

最后经过大量语料的无监督学习,算法人员得到了BERT预训练模型,BERT自带字典vocab.txt的每个字或者英文单词都被768维度的权重所表示。当算法人员需要完成特定任务时,若对它们的权重进行微调,则能更好地适应任务。

4.2.7 BERT的微调过程

微调过程如图4.6所示。可以选择是否微调,如果不选择微调,则表示简单地使用BERT的权重,把它完全当成文本特征提取器使用；如果使用微调,则相当于在训练过程中微调BERT的权重,以适应当前的任务。文章提及如果选择下面这几个参数进行微调,则任务的完成度会比较好。

(1) Batch Size：16,32；

(2) Learning Rate：5e-5, 3e-5, 2e-5；

(3) Epochs：2, 3, 4。

4.3 其他预训练模型

无监督学习给预训练模型带来了显著提升,但要确定方法的哪些方面贡献最大是具有挑战性的。因为训练在计算上是昂贵的,限制了可以完成的调整量,并且经常使用大小不同的私人训练数据进行,从而限制了测量建模进展影响的能力。为此,很多人针对BERT模型的相关缺陷进行了优化,提出了在某一任务领域优于BERT的预训练模型。

4.3.1 RoBERTa

Liu Yinhan 等[3]认为超参数的选择对最终结果有重大影响,为此他们提出了 BERT 预训练的重复研究,其中包括对超参数调整和训练集大小影响的仔细评估。最终,他们发现了 BERT 预训练的不足,并提出了一种改进的模型来训练 BERT 模型(A Robustly Optimized BERT Pre-training Approach,RoBERTa),该模型可以媲美或超过所有 Post-BERT 的性能,而且对超参数与训练集的修改也很简单,包括:

(1) 训练模型时间更长,批数据的大小更大,数据更多。

(2) 删除下一句预测目标(Next Sentence Prediction)。

(3) 对较长序列的训练。

(4) 动态掩盖应用于训练数据的掩盖模式。在 BERT 源码中,随机掩盖和替换在开始时只执行一次,并在训练期间保存,可以将其看成静态掩盖。BERT 的预训练依赖于随机掩盖和预测被掩盖的字或者单词。为了避免在每个迭代中对每个训练实例使用相同的掩盖,文献[4]的作者将训练数据重复 10 次,以便在 40 个迭代中以 10 种不同的方式对每个序列进行掩码,因此,每个训练序列在训练过程中都会看到 4 次相同的掩盖。他们将静态掩盖与动态掩盖进行了比较,证明了动态掩盖的有效性。

(5) 他们还收集了一个大型新数据集(CC-NEWS),其大小与其他私有数据集相当,以更好地控制训练集的大小。

(6) 使用 Sennrich 等提出的 Byte-Pair Encoding (BPE)字符编码,它是字符级和单词级表示之间的混合体,可以处理自然语言语料库中常见的大词汇,避免训练数据出现更多的[UNK]标记符,影响预训练模型的性能。其中,[UNK]标记符表示当在 BERT 自带字典 vocab. txt 中找不到某个字或者英文单词时用[UNK]表示。

4.3.2 ERNIE

受到 BERT 掩盖策略的启发,Yu Sun 等[5]提出了一种新的语言表示模型 ERNIE (Enhanced Representation through kNowledge IntEgration)。ERNIE 旨在学习通过知识掩盖策略增强模型的性能,其中包括实体级掩盖和短语级掩盖,两者的对比如图 4.7 所示。

句子	Harry	Potter	is	a	series	of	fantasy	novels	written	by	British	author	J.	K.	Rowling
基础级别的掩盖策略 (Basic-level Masking)	[mask]	Potter	is	a	series	[mask]	fantasy	novels	[mask]	by	British	author	J.	[mask]	Rowling
实体级别的掩盖策略 (Enttity-level Masking)	Harry	Potter	is	a	series	[mask]	fantasy	novels	[mask]	by	British	author	[mask]	[mask]	[mask]
短语级别的掩盖策略 (Phrase-level Masking)	Harry	Potter	is	[mask]	[mask]	[mask]	fantasy	novels	[mask]	by	British	author	[mask]	[mask]	[mask]

图 4.7 3 种掩盖策略对比[5]

实体级策略通常可掩盖由多个单词组成的实体。短语级策略可掩盖由几个单词组合成一个概念单元的整个短语。实验结果表明,ERNIE 优于其他基准方法,在 5 种中文自然语言处理上获得了最新的任务,包括自然语言推理、语义相似性、命名实体识别、情感分析和问题解答。他们还证明了 ERNIE 在完形填空测试中具有更强大的知识推理能力。知识掩盖策略如图 4.8 所示。

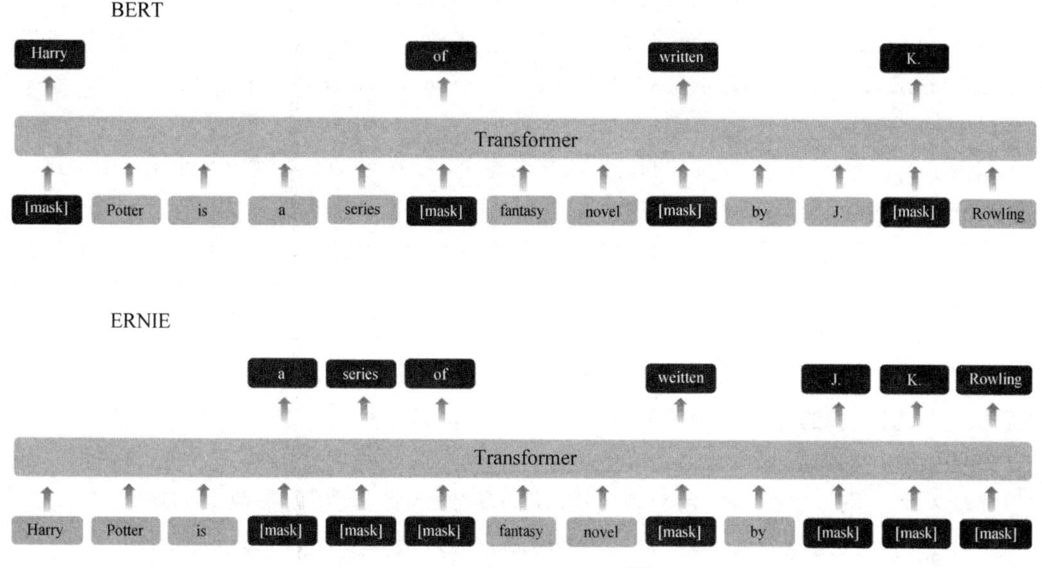

图 4.8　知识掩盖策略[5]

4.3.3　BERT_WWM

BERT 已在各种 NLP 任务中进行改进，因此基于 BERT 的改进模型接踵而至，带有全字掩盖(Whole Word Masking，WWM)的 BERT 升级版本 BERT_WWM 便是其中之一，它减轻了预训练过程中掩盖部分 Word Piece 字符的弊端。其中，Word Piece 字符其实是笔者在 4.2.1 节介绍的英文单词分词，在将英文单词输入模型之前，需要将其转换成词根＋词缀的形式，如 Playing 转换成 Play＋＃＃ing。如果使用原生 BERT 的随机掩盖，可能会掩盖 Play 或者＃＃ing 或者同时掩盖两者，但如果使用全字掩盖，则一定掩盖两者。

Cui Yiming 等[6]对中文文本也进行了全字掩码，这会掩盖整个词组，而不是掩盖中文字符。实验结果表明，整个中文词组被掩盖可以带来显著的收益。BERT_WWM 的掩盖策略本质上和 ERNIE 是相同的，所以在此不进行过多分析。BERT_WWM 掩盖策略如图 4.9 所示。

[Original BERT Input]
使 用 语 言 **[MASK] 型** 来 **[MASK] 测** 下 一 个 词 的 **pro [MASK] ##lity** 。
[Whold Word Masking Input]
使 用 语 言 **[MASK] [MASK]** 来 **[MASK] [MASK]** 下 一 个 词 的 **[MASK] [MASK] [MASK]** 。

图 4.9　BERT_WWM 掩盖策略[6]

4.3.4　ALBERT

ALBERT[7]的整体原理与 BERT 的原理差不多。最大的特点是它减少了参数量，并维持了 BERT 的性能，但它只是降低了空间复杂度，把参数量从 108 兆降到了 12 兆，但并没有降低时间复杂度。用 ALBERT 进行预测的速度并没有加快，甚至在同等性能的模型对比中还慢了。也就是说，ALBERT 降低了参数量，但并不减少计算量。

那么，ALBERT 是怎么降低参数量的呢？主要通过矩阵分解（Factorized Embedding Parameterization）和跨层参数共享（Cross-layer Parameter Sharing）两大机制。

1. 矩阵分解

BERT 的权重大小为词汇表的长度 V 乘以每个字/单词权重隐藏层大小 H：$V\times H$。

ALBERT 通过参数 E 来分解这个权重矩阵，让整体权重参数变小，将 $V\times H$ 转换成 $V\times E+E\times H$，当 E 远远小于 H 时，模型所需的参数将大大减少。实验证明参数 $E=128$ 时，效果最佳。

2. 跨层参数共享

通过分析，矩阵分解并不是降低模型参数量的最大贡献者，跨层参数共享是 ALBERT 的重中之重，因为它的存在减少了 BERT 模型的绝大部分参数。

跨层参数共享的机制非常简单，单独用一个自注意层循环 12 次，每层的参数都一样。这样算法就可以用 1 层的参数量来表示 12 层的参数，为此，模型的参数大大降低。

为什么这个机制能有效？笔者曾经给 BERT 的每层参数做了分析，发现每层的参数基本相似，因此将它们直接共享了。在保持模型性能下降不太厉害的同时，选择所有层次参数共享，降低的参数量是最多的，所以，ALBERT 默认所有层次参数共享。

很多 BERT 类的模型在预训练的过程中放弃了 NSP 任务，因为 NSP 任务不仅没给下游任务的效果带来提升，反而降低了整体的性能。为此，ALBERT 同样也放弃了 NSP 任务，改用 SOP(Sentence Order Prediction)任务作为预训练任务。

SOP 任务也很简单，它的正例和 NSP 任务一致（判断两句话是否有顺序关系），反例则是判断两句话是否为反序关系。

举个例子。

正例：1.朱元璋建立的明朝。2.朱元璋处决了蓝玉。

反例：1.朱元璋处决了蓝玉。2.朱元璋建立的明朝。

虽然 ALBERT 降低了参数量，但它并没有提高预测速度。出现这种情况的原因很简单，BERT 由 12 个自注意层堆叠而成，ALBERT 同样也由 12 个自注意层堆叠而成，在预测时，张量（Tensor）都需要经过 12 个自注意层，所以速度并没有提升。

4.3.5 Electra

Electra[8]采用的预训练方式是 GAN 思想主导的预训练，BERT 直接采用 15% 的[MASK]掩盖某些字符（Token），让模型在预训练过程中预测被掩盖的字符。

而 Electra 则将这个思想用在 GAN 的生成器中，先随机掩盖一些字符，然后用一个生成器（Generator）对被掩盖的字符生成相应的伪字符（Fake Token），而判别器（Discriminator，也就是 Electra）用来判断哪些字符被更换过，文献[8]的作者将这个预训练任务称为 RTD(Replaced Token Detection),如图 4.10 所示。

文献[8]的主要贡献是提出了一种最新的 BERT 类模型的预训练方式——RTD。关键思想是训练文本判别器,以区分输入令牌与由小型生成器网络产生的高质量负样本。与 MLM(Masked Language Modeling,也就是 BERT 的预训练方式)相比,它的预训练目标具有更高的计算效率,并且可以在下游任务上实现更高的性能。即使使用相对较少的计算量,也能很好地工作。

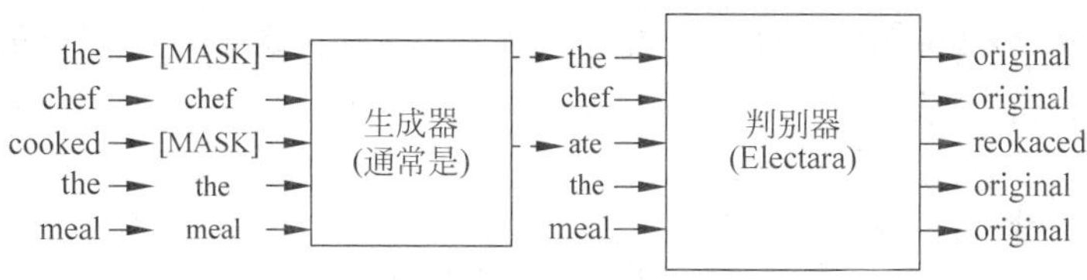

图 4.10 Electra 网络结构

4.3.6 NEZHA

预训练语言模型由于具有通过对大型语料库进行预训练来捕获文本中深层上下文信息的能力,因此在各种自然语言理解(Nature Language Understanding,NLU)任务中均取得了巨大成功,然而,当前中文预训练模型 BERT 仍然存在很大的优化空间。

为此,在中文语料库上进行预训练的语言模型 NEZHA[9](NEural contextualiZed representation for cHinese lAnguage understanding)针对 BERT 在中文数据集上的不足进行了优化。其中包括作为有效位置编码方案的功能相对位置编码、全字掩盖策略、混合精度训练及用于训练模型的 LAMB 优化器。

1. 相对位置编码

BERT 中的多头注意力机制是只换不变的,因为 BERT 对词序信息并不敏感,因此,BERT 的 Position Embedding 直接被合并进了 Token Embedding 中,相当于直接弱化了 BERT 对序列数据位置信息的注意力。

NEZHA 通过修改式(4.3)与式(4.4),得到式(4.5)~式(4.8),进而补充相对位置信息。

$$e_{ij}=\boldsymbol{QK}^{\mathrm{T}}/\sqrt{d_k} \tag{4.5}$$

$$a_{ij}=\mathrm{Softmax}(e_{ij}) \tag{4.6}$$

$$\boldsymbol{V}=\sum_{j=1}^{n}a_{ij}(XW_{\boldsymbol{V}}+a_{ij}^{\boldsymbol{V}}) \tag{4.7}$$

$$\mathrm{Attention}(\boldsymbol{Q},\boldsymbol{K},\boldsymbol{V})=\mathrm{Softmax}\left(\frac{\boldsymbol{Q}K^{\mathrm{T}}+\boldsymbol{Q}a_{ij}^{\mathrm{KT}}}{\sqrt{d_k}}\right)\boldsymbol{V} \tag{4.8}$$

其中,a_{ij}^{V} 和 a_{ij}^{KT} 分别是位置 i 与位置 j 的相对位置编码,由式(4.9)与式(4.10)所定义,d 为权重的维度大小。

$$a_{ij}[2k]=\sin\left(\frac{j-i}{10000^{\frac{2k}{d}}}\right) \tag{4.9}$$

$$a_{ij}[2k+1]=\cos\left(\frac{j-i}{10000^{\frac{2k}{d}}}\right) \tag{4.10}$$

2. 全字掩盖策略

在 BERT 中，每个标记或汉字都被随机屏蔽，然而，实验发现全字掩盖策略比随机掩盖策略更加有效。在 WWM 中，一旦一个汉字被掩盖，则与其属于同一词组的其他字符都被一起掩盖，如图 4.11 所示。

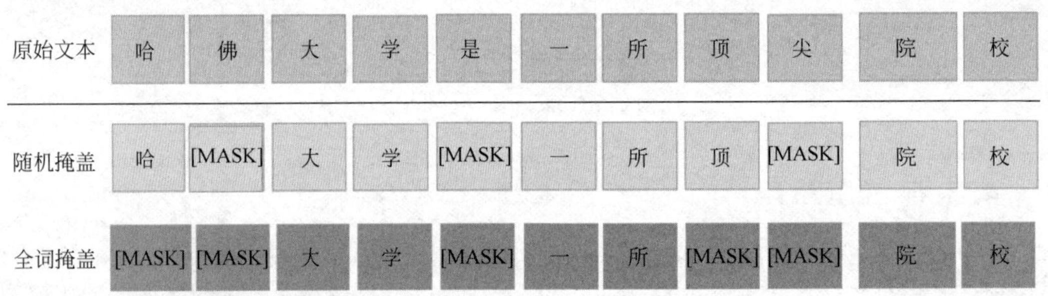

图 4.11　BERT 随机掩盖策略与 NEZHA 全词掩盖对比

3. 混合精度训练

混合精度训练是指在训练中采用混合精度。混合精度训练技术可以将训练速度提高 2～3 倍，还可以减少模型的空间消耗，从而使用更大的批数据进行训练，而按照惯例，深度神经网络的训练使用参与训练的 FP32 精度。

具体来讲，混合精度训练在模型中维护权重的单精度副本。在每次训练迭代中，它将主权重四舍五入为 FP16，并以 FP16 格式存储权重，激活和渐变执行前向和后向传递，最后将渐变转换为 FP32 格式并使用 FP32 梯度更新主权重。

4. LAMB 优化器

LAMB 优化器专为深度神经元网络的大批量同步分布训练而设计。使用大型迷你批次训练 DNN 是加快训练速度的有效方法，但是，如果不仔细调整学习率的时间表，则当批次大小超过特定阈值时，性能可能会受到很大影响。

LAMB 优化器不是手动调整学习速率，而是采用通用的适应策略，同时通过理论分析提供对收敛的洞察。优化程序通过非常大的批大小来加快 BERT 的训练，不会造成性能损失，甚至在许多任务中获得了高性能。很明显地，使用该优化器，BERT 的训练时间从 3 天减少到 76 分钟。

实验结果表明，NEZHA 在微调几个具有代表性的中文任务时达到了非常高的性能，包括命名实体识别（人民日报 NER）、句子匹配（LCQMC）、中文情感分类（ChnSenti）和自然语言推断（XNLI）。

因此，本书将使用 NEZHA 作为实验的基准预训练模型。

4.3.7 NLP 预训练模型对比

Word2Vec 等模型已经比不上 BERT 与后续改进的 BERT 的预训练模型了，除非算法对时间与空间复杂度要求非常苛刻，只能用小模型去完成某些特定任务，否则一般考虑用 BERT 之类的大模型来提升整体任务的准确率。

最后值得一提的是，自 BERT 横空出世之后，现在的预训练模型便如雨后春笋般层出不穷。不过，只要掌握 BERT 的核心原理，读者大致就可以快速了解一个新的预训练模型的原理，它们大多是基于 BERT 现有的缺陷进行改进的。

4.4 自然语言处理四大下游任务

正如第 4.3 节所讲，BERT 等预训练模型的提出，简化了对 NLP 任务精心设计特定体系结构的需求，算法人员只需要在 BERT 等预训练模型之后接一些网络结构，便可以出色地完成特定任务。原因也非常简单，BERT 等预训练模型通过大量语料的无监督学习，已经将语料中的知识迁移进预训练模型的权重中，为此只需要再针对特定任务增加结构进行微调，便可以适应当前任务，这也是迁移学习的魔力所在。BERT 在概念上很简单，在经验上也很丰富。它推动了 11 项自然语言处理任务的最新技术成果，而这 11 项自然语言处理任务可分类为四大自然语言处理下游任务。为此，笔者将以 BERT 预训练模型为例，对自然语言处理的四大下游任务进行介绍。

4.4.1 句子对分类任务

Williams 等[10]提出的多体自然语言推理(Multi-Genre Natural Language Inference)是一项大规模的分类任务。给定一对句子，目标是预测第 2 个句子相对于第 1 个句子是包含、矛盾还是中立的。

Chen 等[11]提出的 Quora Question Pairs 是一个二分类任务，目标是确定在 Quora 上询问的两个问题在语义上是否等效。

Wang 等[12] 出的 Question Natural Language Inference 是 Stanford Question Answering 数据集[24]的一个版本，该数据集已转换为二分类任务。正例是{问题，句子}，它们确实包含正确答案，而负例是同一段中的{问题，句子}，不包含答案。

Cer 等[13]提出的语义文本相似性基准(The Semantic Textual Similarity Benchmark)是从新闻头条和其他来源提取的句子对的集合。用分数 1～5 标注，表示这两个句子在语义上有多相似。

Dolan 等[14]提出的 Microsoft Research Paraphrase Corpus 由自动从在线新闻源中提取的句子对组成，并带有人工标注，以说明句子对中的句子在语义上是否等效。

Bentivogli 等[15]提出的识别文本蕴含(Recognizing Textual Entailment)是类似于

MNLI 的二进制蕴含任务，但是训练数据少得多。

Zellers 等[16]提出的对抗生成的情境(Situations with Adversarial Generations)数据集包含 113 000 个句子对完整示例，用于评估扎实的常识推理。给定一个句子，在 4 个选项中选择最合理的连续性。其中，在 SWAG 数据集上进行微调时，算法人员根据如下操作构造训练数据：每个输入序列都包含给定句子(句子 A)和可能的延续词(句子 B)的串联。

如图 4.12(a)所示，对于分类任务首先需要将两个句子用[SEP]连接起来，并输入模型，然后给预训练模型添加一个简单的分类层，这样便可以在下游任务上共同对所有参数进行微调了。具体的运算逻辑是引入唯一特定于任务的参数分类层权重矩阵$[\boldsymbol{W}]_{K\times H}$，并取 BERT 的第 1 个输入标记[CLS]对应的最后一层向量$[\boldsymbol{C}]_H$。通过式(4.11)计算分类损失 loss，这样算法就可以进行梯度下降的训练了。

$$\text{loss}=\log(\text{Softmax}([\boldsymbol{C}]_H[\boldsymbol{W}]_{K\times H}^{\mathrm{T}})) \tag{4.11}$$

其中，K 为标签种类，H 为每个字或者英文单词的隐藏层维度(768)。

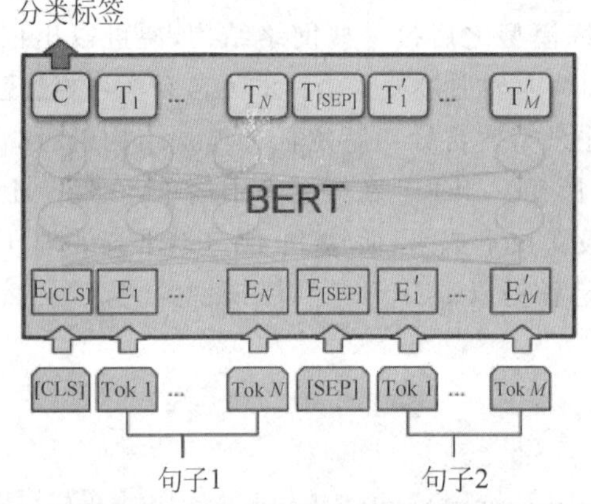

(a) 句子对分类任务：MNLI，QQP，QNLI，STS-B，MRPC，RTE，SWAG

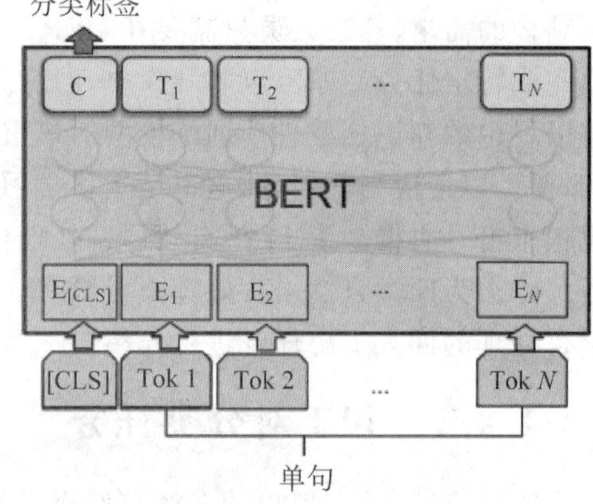

(b) 单句分类任务：SST-2，CoLA

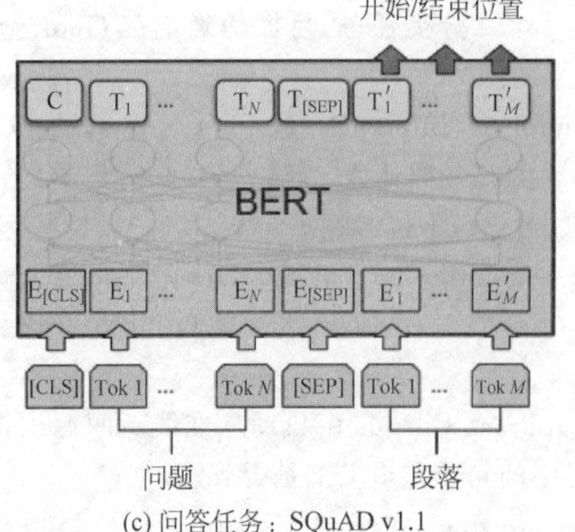

(c) 问答任务：SQuAD v1.1

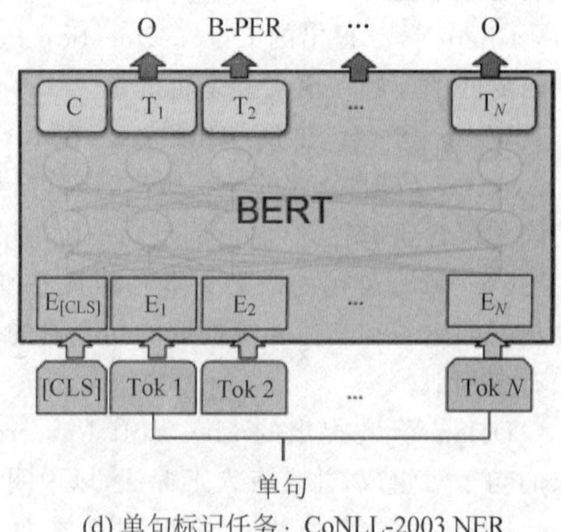

(d) 单句标记任务：CoNLL-2003 NER

图 4.12 NLP 四大下游任务微调插图[1]

4.4.2 单句子分类任务

Socher 等[17]提出的斯坦福情感树库(Stanford Sentiment Treebank)是一种单句二分类任务,包括从电影评论中提取的句子及带有其情绪的人类标注。

Warstadt 等[18]提出的语言可接受性语料库(Corpus of Linguistic Acceptability)也是一个单句二分类任务,目标是预测英语句子在语言上是否“可以接受”。

如图 4.12(b)所示,单句子分类任务可以直接在预训练模型中添加一个简单的分类层,而后便可在下游任务上共同对所有参数进行微调了。具体运算逻辑如式(4.11)所示。

4.4.3 问答任务

Rajpurkar 等[19]提出的斯坦福问答数据集(Stanford Question Answering Dataset,SQuAD)是 10 万个问题/答案对的集合。给定一个问题及维基百科中包含答案的段落,便可预测段落中的答案文本范围(start,end)。

到目前为止,所有提出的 BERT 微调方法都是在预训练模型中添加了一个简单的分类层,并且在下游任务上共同对所有参数进行了微调,然而,并非所有任务都可以轻松地由 BERT 体系结构表示,因此需要添加特定于任务的模型体系结构。如图 4.12(c)所示,阅读理解任务首先需要将问题和文本用[SEP]连接起来,并输入模型,然后再将 BERT 最后一层向量$[\boldsymbol{C}]_{L\times H}$输入输出层。具体的运算逻辑是初始化输出层的权重矩阵$[\boldsymbol{W}]_{K\times H}$,并通过式(4.12)计算答案指针概率向量 $\boldsymbol{logit}$。

$$\boldsymbol{logit}=[\boldsymbol{C}]_{L\times H}[\boldsymbol{W}]_{K\times H}^{\mathrm{T}} \tag{4.12}$$

其中,H 为隐藏层维度(768),L 为序列的长度,K 为 2,表示 $\boldsymbol{logit}$ 是个 L 行 2 列的矩阵,第 1 列为答案开头(start)的指针概率向量,第 2 列为答案结尾(end)的指针概率向量。

因为 K 为 2,所以能分别抽出答案的开头 start_logit 和答案的结尾 end_logit,并根据两者与真实答案对(start, end)之间的差值计算 start_loss 和 end_loss,最后求出总的 loss,如式(4.13)所示,这样算法便可以进行梯度下降训练了。

$$\text{loss}=\frac{\text{start\_loss}+\text{end\_loss}}{2} \tag{4.13}$$

4.4.4 单句子标注任务

单句子标注任务也叫命名实体识别任务(Named Entity Recognition,NER),常见的 NER 数据集有 CoNLL-2003 NER[20]等。该任务用于识别文本中具有特定意义的实体,主要包括人名、地名、机构名、专有名词等,以及时间、数量、货币、比例数值等文字。举个例子,“明朝建立于 1368 年,开国皇帝是朱元璋。介绍完毕!”那么算法人员可以从这句话中提取出的实体为

(1) 机构:明朝。

(2) 时间:1368 年。

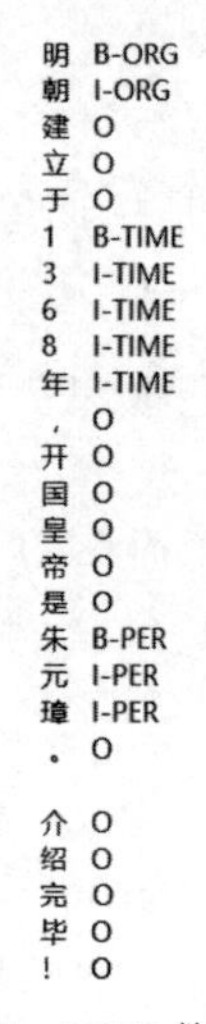

图 4.13 NER 数据格式

(3) 人名：朱元璋。

同样地，BERT 在 NER 任务上也不能通过添加简单的分类层进行微调，因此需要添加特定的体系结构来完成 NER 任务。不过，在此之前，读者需先了解一下数据集的格式，如图 4.13 所示。它的每行由一个字及其对应的标注组成，标注采用 BIO(B 表示实体开头，I 表示在实体内部，O 表示非实体)，句子之间用一个空行隔开。当然了，如果算法人员处理的文本含有英文，则标注需采用 BIOX，X 用于标注英文单词分词之后的非首单词，例如 Playing 在输入 BERT 模型前会被 BERT 自带的标志工具分词为 Play 和 ##ing，此时 Play 被标注为 O，多余出来的 ##ing 被标注为 X。

了解了整体的数据格式后，读者就可以开始了解整体的 NER 任务是如何通过 BERT 训练的。如图 4.12(d)所示，将 BERT 最后一层向量$[\boldsymbol{C}]_{L\times H}$输入输出层。具体运算逻辑是初始化输出层的权重矩阵$[\boldsymbol{W}]_{K\times H}$，此时 K 为 1。通过式(4.12)得到句子的概率向量 ***logit***，进而知道了每个字或者英文单词的标注概率，这样模型就可以直接通过计算 ***logit*** 与真实标签之间的差值得到 loss，从而开始梯度下降训练。

算法人员也可以将 ***logit*** 输入 Bi-LSTM 进行学习，因为 Bi-LSTM 能更好地学习文本的上下文关系，最后接一个 CRF(Conditional Random Field)层拟合真实标签进行梯度下降训练。

至于为何要加入 CRF 层，主要是 CRF 层可以在训练过程中学习到标签的约束条件。例如，B-ORG I-ORG 是正确的，而 B-PER I-ORG 则是错误的；I-PER I-ORG 是错误的，因为命名实体的开头应该是 B-而不是 I-，并且两个 I-在同一个实体中应该一致。有了这些有用的约束，模型预测的错误序列将会大大减少。

4.5 小结

本章介绍了无监督学习在自然语言处理领域的重要应用——预训练模型。预训练模型的出现，简化了以往为了完成某项任务精心设计的网络结构，这其中掺杂着太多人为主观因素，预训练模型的出现不仅提高了模型的泛化能力，也极大地提高了模型的准确度。

自 BERT 诞生以来，还有很多基于 BERT 的改进模型也随之诞生，如 Yang Zhilin 等[21]提出的 XLNET 和 Diao Shizhe 等[22]提出的 ZEN 等。从本章介绍的预训练模型可以知道，大多数模型只是基于 BERT 当前的一些缺点(如掩盖策略或者超参数设置)进行改进，本质上不算特别大的创新，相信读者碰到新的预训练模型时，自己也能看出它们是基于 BERT 的哪些不足进行了改善。加之当前数据仍然是改进 BERT 模型最重要的原料，数据的补充比修改模型本身更加迫切，因此，本章未对所有的预训练模型进行一一分析。

最后，当前 NLP 的发展并没有计算机视觉迅速，究其原因还是人类的语言过于复杂，而人类训练的 NLP 模型并不像人类的思维一般,可以联想学习。人类输入的数据决定了神经元的权重,它们只是一群基于数据的弱人工智能。当然,计算机视觉模型也是弱人工智能,不过图像相较于语言还是简单一点,因此计算机视觉的落地应用会多一些。现在越来越多从事自然语言处理的研究人员也在研究计算机视觉,逐渐成为一种趋势,其目的是将计算机视觉的思想转化到 NLP 领域,进而加快 NLP 技术的发展。笔者相信总有一天,通过全世界人工智能研究人员的努力,能让人工智能技术突破弱人工智能的天花板,从而实现真正意义上的智能,进而推动整个人工智能的发展进程,造福人类社会。

第5章 无监督学习进阶

第4章介绍了无监督学习的原理与应用,预训练模型的出现,简化了以往为了完成某项任务精心设计的网络结构,不仅提高了模型的泛化能力,也极大地提高了模型的准确度。同时,算法人员只需针对特定任务增加结构进行微调,便可以适应当前任务。为此,笔者也对自然语言处理的四大下游任务进行了探讨。

本章将进一步对无监督学习的内容进行深入讲解,首先生成式对抗网络(Generative Adversarial Networks,GAN),GAN是近年来大热的深度学习模型,它的提出者Ian Goodfellow提出了一个想法——让两个神经网络互相竞争,一个神经网络试图生成接近真实的数据,而另一个神经网络试图区分真实的数据及由生成网络生成的数据。这个简单的想法碰撞出了绚丽的火花,在深度学习领域掀起了一场革命性的突破。

接下来,读者将走进元学习(Meta Learning)的世界,所谓元学习,即让机器学会如何学习,即一开始用很多任务的数据对模型进行粗训练,再对当前想要完成的特定任务数据进行精训练,让模型快速迭代至适应当前急需解决任务的权重。

5.1 生成式对抗网络

在2014年的一个晚上,GAN之父Ian Goodfellow在酒吧为即将博士毕业的师兄庆祝,一群工程师聚在一起,探讨如何让计算机自动生成图片。当时的研究者们尝试对构成图片的元素进行统计分析,从而帮助计算机生成图像,但Goodfellow立刻便在脑海中否决了这一想法,他边喝酒边思考,突然灵光乍现:“为何不让两个神经网络相互对抗呢?”

他带着这些想法,不顾伙伴们的劝阻,转身回家开始埋头苦想,恐怕连他本人也没想到,在第一次测试中,网络便取得了意想不到的效果,一夜之间,GAN便引发了深度学习领域的革命性突破。

GAN最为强大之处是它的学习性质是无监督的。GAN也不需要标记数据,这使GAN功能强大,因为数据标记的工作非常枯燥,因此,GAN吸引了非常多行业的注意力,围绕GAN的研究也越来越丰富,接下来的内容将着重对其原理进行介绍。

以图片生成为例对GAN的基本原理进行说明。首先,假定有两个网络:一个是生成器(Generator);另一个是判别器(Discriminator)。生成器G是一个生成图片的网络,接收一

个随机的噪声 z，并通过这个噪声生成图片，记作 $G(z)$。判别器 D 将判定一张图片是否“真实”。它的输入参数是 x，代表一张图片，输出 $D(x)$ 代表 x 为真实图片的概率，如果概率为 1，则代表该图片 100％是真实的；如果输出为 0，则代表该图片并非真实的。生成式对抗网络的基本架构如图 5.1 所示。

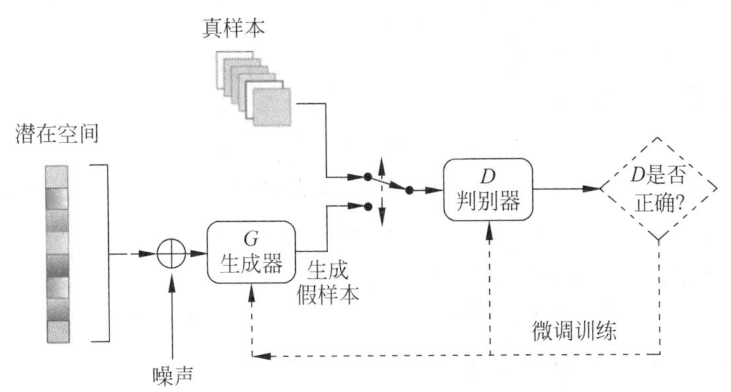

图 5.1　生成式对抗网络(GAN)的基本架构

在整个训练的环节中，生成器的最终目的是生成无限逼近真实图片效果的图片去伪装欺骗判别器，而判别器的目的是尽可能地将生成器所生成的图片与真实图片区别开。这样，生成器与判别器便构成了一个动态的博弈过程。

最终，在最为理想的情况下，生成器将会生成足以以假乱真的图片 $G(z)$，而对于判别器来讲，它将无法辨别出生成的图片究竟是否真实，所以此时 $D(G(z))=0.5$。

GAN 的目标函数如式(5.1)所示。其中，$D(x)$代表判别器推断 x 为真实样本的概率，所以，$1-D(G(z))$则是判别器推断样本为假的概率，同时对两边取对数并相加。

在训练 GAN 的过程中，判别器的目的是使目标函数最大化，即使判别器推断真实样本为“真”，判断合成样本为“假”的概率最大化。而对于生成器而言，它的最终目标是使该目标函数最小化，即降低判别器得到正确结果的概率。这是一个互相博弈、互相对抗的“游戏”，因为在“游戏”过程中生成器与判别器的目标是迥然相反的，这也是 GAN 名字中“对抗”的由来。通过对抗训练方式，生成器与判别器交替优化，最终成为势均力敌的对立方。

$$\min_G \max_D V(D,G)=E_{x\sim p_{\text{data}}(x)}[\log D(x)]+E_{z\sim p_z(z)}[\log(1-D(G(z)))] \tag{5.1}$$

训练采取的方法为梯度下降法，求取最小值的环节与传统的梯度下降法异曲同工，而在求取最大值的环节中，则应当将符号进行反转。由于该过程是一个博弈过程，所以常见的梯度下降法并不能被完全套用。此外，虽然生成器能够生成出连续的数据分布，但对于真实数据集而言，其分布一定是离散的。考虑到以上因素，GAN 的提出者在其论文中给出了如下训练办法：

(1) 初始化生成器 G 与判别器 D 两个网络的初始参数。

(2) 先训练 k 次判别器 D，再训练一次生成器 G。训练判别器时会在训练集抽取的 n 个样本及生成器利用定义的噪声分布生成的 n 个样本中进行采样，而训练生成器仅在生成器部分采样。这个过程不断重复,对抗过程从直观描述生成器,训练判别器,使其尽可能区分真假。

(3) 多次更新迭代后,在理想状态下,最终达到的效果便是判别器 D 无法区分图片到底是来自真实的训练样本集合,还是来自生成器 G 生成的样本,此时辨别的概率为 0.5,至此训练完成。

5.2 元学习

元学习也被称为 Learn to Learn,而后者更能清楚地说明这一概念,也就是学习如何学习。简单来讲,一开始用很多任务的数据对模型进行粗(预)训练,然后用当前想要完成的特定任务数据进行精训练,让模型快速迭代至适应当前急需解决任务的权重。

人类擅长在学习极少数样本后便获得识别该类样本的能力,例如在孩童时期,小孩子在启蒙书本上看到老虎和狮子的照片,便能够快速地在未来对两者进行分类。

在人类这种快速学习能力的启发下,算法人员希望元学习模型也能够快速掌握一个先验知识,帮助以后任务的学习,模型需要学习很多与之相类似的任务,然后用在这些任务上学到的先验知识,使其面对一个新问题时可以学习得又快又好,而这一要求的提出使目前的元学习和少样本学习(Few-Shot Learning)紧密结合在一起。

接下来,将介绍关于元学习的模型及方法。

5.2.1 Metric-Based Method

如果尝试用以往的思路,在少样本学习的任务中引入基于交叉熵(Cross-Entropy)的损失函数进行神经网络分类器的训练,则结果大概率是过拟合的,因为当中涉及的参数量相对于样本数量来讲显得过于庞大。

相反,换一种思路,选择许多非参数化的方法,例如 K 近邻、K 均值等模式,这类方法不需要过多地优化参数,因此算法人员可以在元学习的框架下构建一种能够实现端到端训练的少样本分类器,而该方法采取的基本思路为对样本之间的距离分布进行建模,使相同类别的样本之间更加靠近,使不同类别的样本之间更加远离。下面介绍相关的方法。

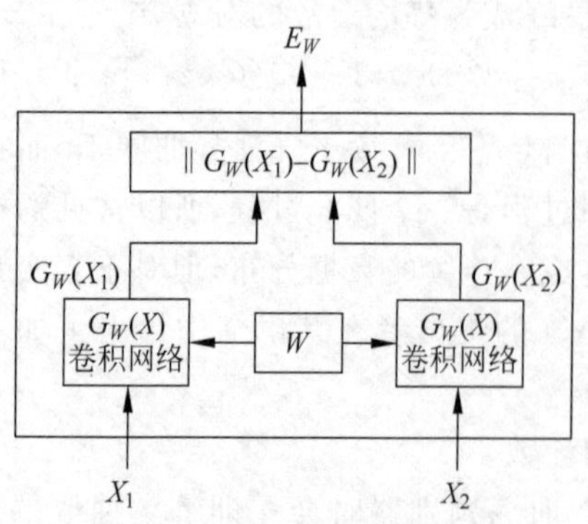

图 5.2 孪生网络的基本架构

1. 孪生网络

Siam 是古代泰国的英文称呼,在中文里又被翻译为暹罗。在 19 世纪的泰国,一对连体婴儿出生了,由于他们的种种事迹,自此 Siamese Twins 便成为连体人的代名词,而所要介绍的孪生网络(Siamese Network),其基本含义便是"连体的网络"。换言之,该神经网络最大的特征便是其权值是共享的,基本的网络结构如图 5.2 所示。

在该网络结构中有两个输入，分别为 X_1 和 X_2。模型为 G_W，其中 W 表示模型的参数，G_W 的作用是将输入数据分别输入两个神经网络中，进而映射到新的空间，转换为两组特征向量。E_W 是距离，其作用为衡量两组特征向量之间的距离，进而评判两个输入之间的相似度。

孪生网络背后的思想是该网络能够通过学习相关的数据描述符，进而可以在各个子网中对输入进行比较，所以该网络的输入信息可以是数值、图像（以 CNN 为子网络）或者序列（以 RNN 为子网络）。

通常来讲，孪生网络适合执行二分类任务，对两个输入进行判断，推断其属于同一类的概率大小。最常用的损失函数如式(5.2)所示。

$$L = -y\log p + (1-y)\log(1-p) \tag{5.2}$$

其中，y 为类别标签 0 或 1；p 是网络预测的概率大小，为了不断训练该网络区别同类与不同类对象之间的关系，可以提供正例与反例，并对其进行相加，具体如式(5.3)所示。

$$L = L_+ + L_- \tag{5.3}$$

此外，也可使用 Triplet Loss 损失函数，如式(5.4)所示。

$$L = \max(d(a,p) - d(a,n) + m, 0) \tag{5.4}$$

其中，d 为距离函数，如 L_1、L_2 距离；a 是数据集中的一个样本；m 为阈值；p 是一个随机正样本；n 是一个负样本。通过最小化该函数，a 与 p 之间的距离将会逼近 0，而 a 与 n 之间的距离则会大于 $d(a,p)+\text{margin}$。当网络能够较好地区分负样本时，上述函数值将接近于 0。

2. 匹配网络

匹配网络（Match Network）的原理图如图 5.3 所示，相比孪生网络，它的特点是加入了基于存储器和注意力的网络结构，进而在不改变网络结构的前提下便能快速地构建未知类别的标签。

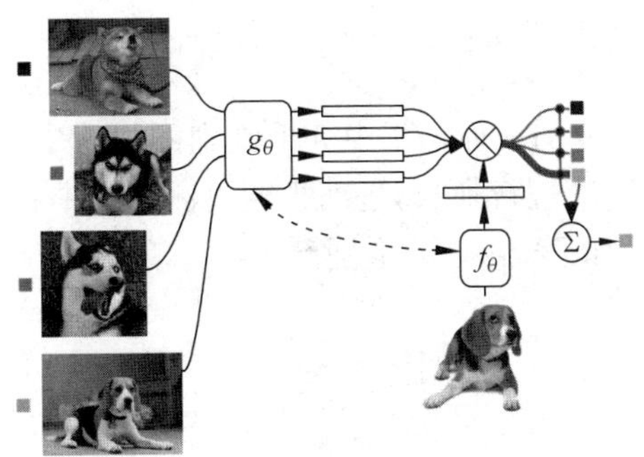

图 5.3 匹配网络的原理图

匹配网络把训练集的输入与标签进行加权，它定义了一个基于训练集 $S=\{(x_i, y_i)\}_{i=1}^{|S|}$ 的分类器，对于一个新的数据 $\hat{x}$ 而言，网络区分该数据的概率由 $\hat{x}$ 与训练集 S 间的距离度量而来，该距离具体表示如式(5.5)所示。

$$\hat{y}=\sum_{i=1}^{k}a(\hat{x},x_i)y_i \tag{5.5}$$

其中，y_i 是每个类别的标签；a 是基于距离度量的注意力分值，详情如式(5.6)所示。该网络将会通过注意力机制把每个类别的得分进行线性加权。如果样本 $\hat{x}$ 与 x_i 较为相似，则该注意力分值就会比较大。

$$a(\hat{x},x_i)=\frac{\mathrm{e}^{c(f(\hat{x}),g(x_i))}}{\sum_{j=1}^{k}\mathrm{e}^{c(f(\hat{x}),g(x_j))}} \tag{5.6}$$

总体来讲，匹配网络相较于孪生网络而言，把整个分析过程都简化到了注意力机制的计算过程中，一旦某个类别的注意力得分较高，其实也就大概率意味着该测试样本属于这个类别的概率较高。

3. 原型网络

原型网络(Prototype Network)的思想较为简单，对于少样本学习来讲，是将训练集每个类别中的样本进行加权，进而求出训练集在权重空间中的均值，并将该均值作为这一类别的原型，然后分类问题就变成了寻找权重空间的最近邻，该网络的原理图如图 5.4 所示。

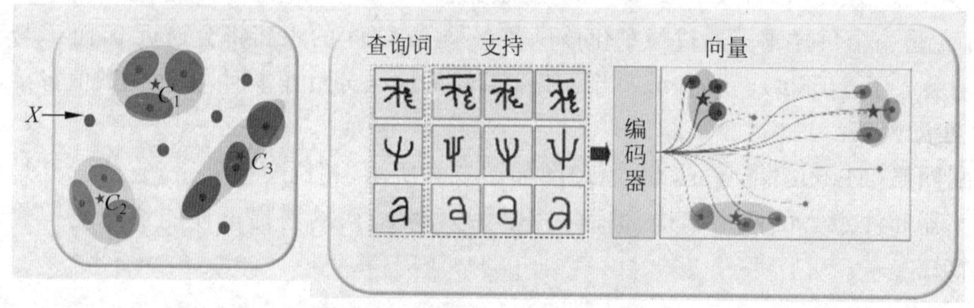

图 5.4 原型网络的原理图

在图 5.4 中，C_1、C_2、C_3 分别是训练集中 3 个类别的均值中心(称为原型)，当引入测试样本 X 时，首先对测试样本 X 进行加权，进而再通过测试样本在权重空间中的值与 3 个中心值进行距离度量，区别出测试样本 X 的类别。详细计算公式可表示为式(5.7)和式(5.8)。求平均值作为原型。

$$C_k=\frac{1}{|S_k|}\sum_{(x_i,y_i)\in S_k}f_\phi(X_i) \tag{5.7}$$

首先，对于式(5.7)来讲，是针对每个类别求平均值作为原型。

$$p_\phi(y=k \mid X)=\frac{\exp(-d(f_\phi(X),C_k))}{\sum_{k'}\exp(-d(f_\phi(X),C_{k'}))} \tag{5.8}$$

而对于式(5.8)而言，总的训练样本数为 N，总类别数为 K，根据由训练集中计算而得的原型，在测试集上计算损失，这个损失实际上便是样例的负对数似然概率平均值。

4. 关系网络

孪生网络与原型网络在分析样本关系的过程中都需要通过加权后的特征向量距离进行关系区分的判断，进而对测试样本进行分类，而关系网络(Relation Network)的基本思路则是通过构建神经网络来计算两个样本之间的距离进而区别出样本间的匹配程度。因此，对于孪生网络和原型网络而言，距离度量只是一种线性的关系分类器，而对于关系网络来讲，该网络可以视作一个能够不断学习的非线性分类器，该网络的原理图如图 5.5 所示。

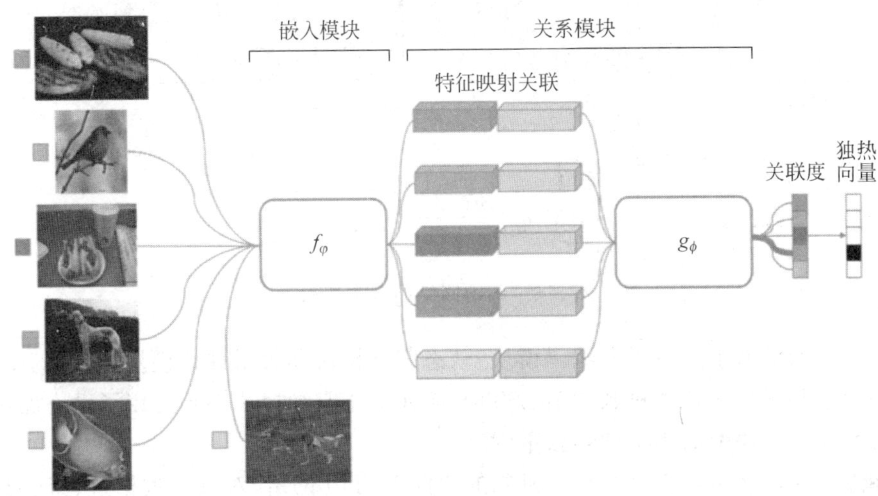

图 5.5　关系网络的原理图

在图 5.5 中，以少样本学习中的分类问题作为案例探讨关于关系网络的应用。首先算法人员将会随机对训练集与样本集的数据进行抽取，进而进行加权，处理后便可获得特征图，然后将两个特征图拼接在一起，最后让关系网络进行处理，计算关系得分。在该任务中，算法人员将得到 5 个得分，每个得分对应着测试集样本分别可能属于这 5 个分类的概率大小，详情可用式(5.9)表示。

$$r_{i,j}=g_{\phi}(C(f_{\phi}(x_i),f_{\phi}(x_j))),\quad i=1,2,\cdots,5 \tag{5.9}$$

其中，f 表示权重网络，C 表示拼接操作，g 表示关系网络。

总体而言，基本步骤是将训练集中各个类别的样本与测试集中样本的特征向量拼接，进而将其输入神经网络中，通过神经网络计算出它们之间的匹配情况。

5. 归纳网络

在自然语言任务中，由于人们的语言习惯并非完全一致，因此对于同类别事物含义的表达往往会出现多种不同的表达方式，如果对这些迥然不同的表达方式进行直接的加和与平均，将会引入许多无关的干扰内容。

顾名思义，归纳网络(Induction Network)即是培养机器对于同一类别在不同表达间的归纳能力，忽略和分类无关的细节，从样本级别多种多样的语言表述中总结出类别的语义表示，归纳网络的基本网络结构如图 5.6 所示。

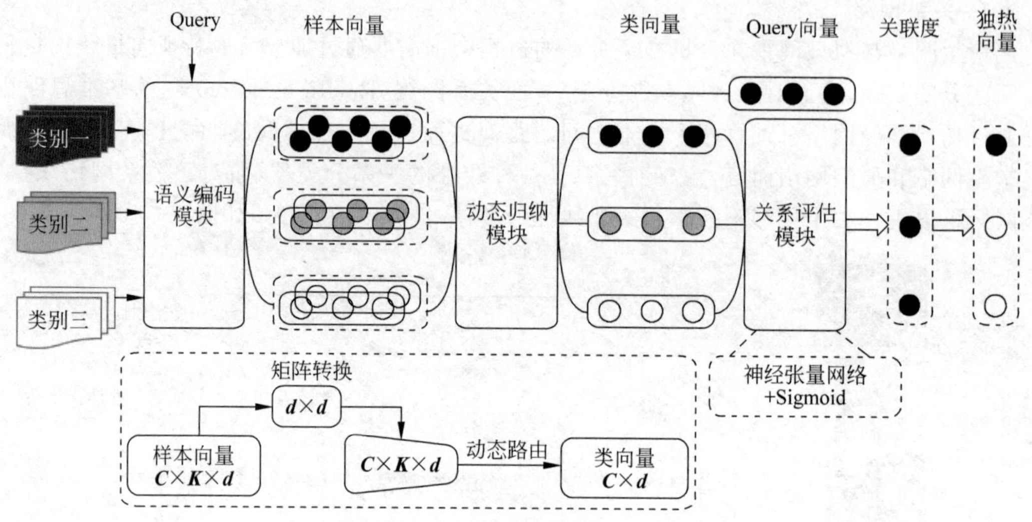

图 5.6 归纳网络的基本架构

归纳网络的模型主要由语义编码模块、动态归纳模块和关系评估模块构成，其中语义编码模块采用了基于自注意力机制的 BiLSTM，而在动态归纳模块中则使用了动态路由算法，最后在关系评估模块中应用了神经张量网络。

语义编码模块使用基于自注意力机制的双向 LSTM 网络，对输入数据进行词向量矩阵的构建，进而得到输入数据的语义表示。

对于动态归纳模块，具体来讲，分为以下几个步骤。

该模块首先对训练集中的每个样本进行编码，并将其归纳为类向量，如式(5.10)所示。

$$\{e_{ij}^{s} \in R^{2u}\}_{i=1,\cdots,C,j=1,\cdots,K} \mapsto \{c_i \in R^{2u}\}_{i=1}^{C} \tag{5.10}$$

将样本的表征进行一次转化(Transformation)，为了能够支持不同大小的 C(输入)，使用一个所有类别共享的 W(权重)，详情如式(5.11)所示。

$$\hat{e}_{ij}^{s} = W_s e_{ij}^{s} \tag{5.11}$$

然后对处理后的样本表征进行加权求和，从而得到初始的类别表征，详情如式(5.12)和式(5.13)所示。

$$d_i = \mathrm{Softmax}(b_i) \tag{5.12}$$

$$\hat{c}_i = \sum_j d_{ij} \cdot \hat{e}_{ij}^{s} \tag{5.13}$$

将类别表征进行压缩(Squash)，对耦合系数(Coupling Coefficients)进行更新，详情如式(5.14)和式(5.15)所示。

$$c_i = \frac{\|\hat{c}_i\|^2}{1+\|\hat{c}_i\|^2} \frac{\hat{c}_i}{\|\hat{c}_i\|} \tag{5.14}$$

$$b_{ij} = b_{ij} + \hat{e}_{ij}^{s} \cdot c_i \tag{5.15}$$

关系评估模块通过动态归纳模块已经获取了训练集中每个类别的类向量表征，并通过语义编码模块获取了批数据集合(Batch Set)中每个查询文本(Query)的向量。之后的任务便是通过全连接层计算两者间的相关程度,详情如式(5.16)所示。

$$v(c_i, e^q) = f(c_i^{\mathrm{T}} M^{[1:h]} e^q) \tag{5.16}$$

算法人员利用语义编码模块能够获取每个样本的语义表征,利用动态归纳模块对训练集中的样本语义归纳出类别特征,然后利用关系评估模块来推断测试集与该类别间的关系,从而实现分类。

5.2.2 Model-Based Method

1. 记忆增强网络

LSTM 网络可以利用遗忘门结构选择性地保留一部分之前的样本信息,也能够利用输入门得到目前的样本信息,这种记忆方法是通过不断更新权重值来隐性实现的,但是,模型是否可以通过外部的内存空间,对某些信息进行显性记录呢?答案是肯定的,已经有学者基于少样本学习任务提出了通过外部存储空间实现长期记忆的网络结构。

记忆增强神经网络(Memory-Augmented Neural Networks, MANN)能够在短暂的时间内获取样本中所包含的相关信息,同时利用该类信息对少样本环境做出较为精准的预测。由于当中还应用了外部记忆元件,所以该网络的作者提出了一种能够有效获取外部记忆元件中内容的方法,借鉴了神经图灵机(Neural Turing Machine)的基本思路,应用外部记忆网络对相关的知识进行存储及提取,记忆增强神经网络的基本网络结构如图 5.7 所示。

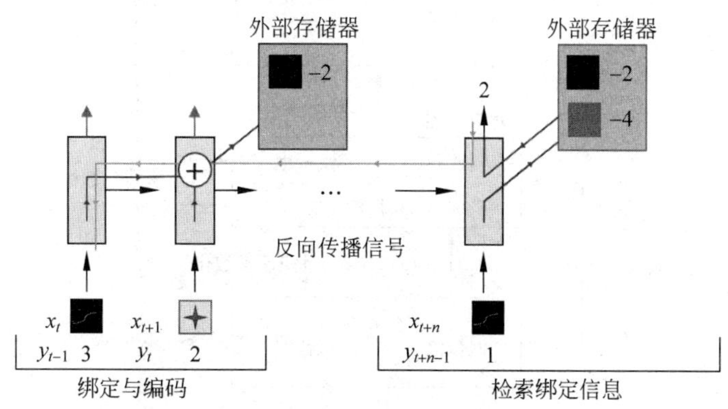

图 5.7 记忆增强神经网络的基本网络结构

整个训练过程被分为多个阶段(Episode),每个 Episode 涵盖了多个样本 x 及与之对应的标签 y,从而将所有的样本组合成一个序列。x_t 指 t 时刻的输入,目的是使网络能够有选择性地记忆先前有用的信息,从而在下次遇到同类样本时计算得到相应的损失。

每个 Episode 之间的样本序列顺序是随机的,这样能够有效防止网络在训练环节中记忆样本的位置信息。此外,该网络的作者还增加了一种能够有效获取外部记忆元件中内容的外部记忆结构,用以存储当前 Episode 中所获取的样本特征。

在前向传播的过程中,多个样本 x 与标签 y 进行绑定后的序列,经过编码后存储在外部记忆元件中。当输入下一样本信息时，网络会在记忆元件中进行内容检索，进而获取相关所需的内容进行预测。所有样本所对应的编码信息与矩阵中每行数据一一对应，对矩阵进行存取的同时也就意味着对该类编码信息进行读写。

总体来讲，该算法巧妙地将神经图灵机应用到了少样本学习任务中，采用外部记忆结构显性地存取样本特征，同时应用元学习的算法对神经图灵机进行读写优化，从而有效地实现少样本分类任务。

2. 元网络

MetaNet 是元网络(Meta Networks)的缩写，而元网络是一系列具备用于跨任务快速泛化学习的网络结构与训练流程。

MetaNet 的基本网络结构如图 5.8 所示。MetaNet 由两部分组成：基础学习器(Base Learner)与具备记忆功能的元学习器(Meta Learner)。基础学习器会向元学习器提供由元信息构成的反馈，用以解释其在当前任务的情况。同时，MetaNet 的权重还涵盖了不同的时间尺度，包括快权值(Fast Weight)与慢权值(Slow Weight)。

在训练环节中，该网络的跨任务快速泛化学习能力主要得力于快权值。一般来讲，神经网络中的参数往往是依据目标函数中的梯度下降进而实现变更的，而这一流程对少样本学习而言显得较为缓慢，因此，更为合适的办法是通过一个神经网络来推断另一个网络的相关参数，从中得出的参数便被称作快权值，而对于常见的基于 SGD 等方式进行优化的参数，被称为慢权值。

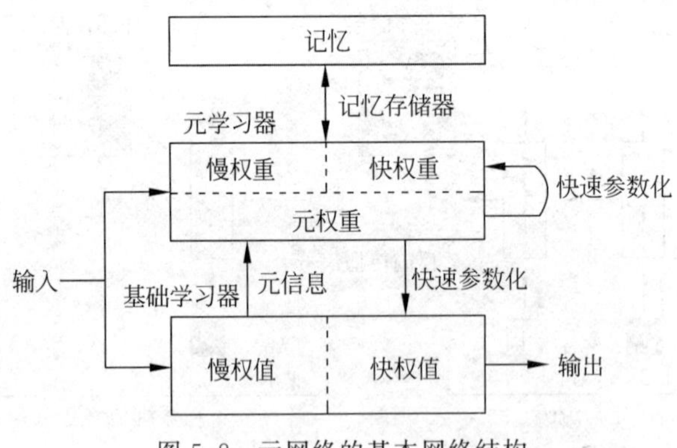

图 5.8 元网络的基本网络结构

MetaNet 的训练过程主体上包含三大部分：首先是元信息(Meta Information)的获取；其次是快权值的获取；最后是慢权值的优化，这些流程都将由基础学习器与元学习器共同执行，详细的训练流程如下。

(1) 从训练集中抽取 T 个样例，使用动态表征学习函数 U(其权重参数为慢权值 Q)。对这 T 个样例进行预测，并计算得到表征损失和梯度(元信息)，详情如式(5.17)和式(5.18)所示。

$$L_i = \mathrm{loss}_{\mathrm{emb}}(u(Q, x'_i), y'_i) \tag{5.17}$$

$$\nabla_i = \nabla_Q L_i \tag{5.18}$$

(2) 根据快权值生成函数 d(其权重参数为 G),进而由上述所得的梯度(元信息)生成任务级别的快权值 Q^*,详情如式(5.19)所示。

$$Q^* = d(G, \{\nabla\}_{i=1}^{\mathrm{T}}) \tag{5.19}$$

(3) 通过基础学习器 b(其权重参数为慢权值 W)对训练集中的全部 N 个样例进行预测,进而算出任务损失和梯度(元信息),详情如式(5.20)和式(5.21)所示。

$$L_i = \text{loss}_{\text{task}}(b(W, x'_i), y'_i) \tag{5.20}$$

$$\nabla_i = \nabla_W L_i \tag{5.21}$$

(4) 根据快权值生成函数 m(其权重参数为 Z),进而由上述所得的梯度(元信息)生成样例级别的快权值 Q^*,详情如式(5.22)所示。

$$W_i^* = m(Z, \nabla_i) \tag{5.22}$$

(5) 之后将每个样例所对应的快权值 W_i^* 保存至外部储存器 M 中,进而通过表征学习函数 u 算得表征 R_i^*,同时将其保存至外部储存器 R 中,详情如式(5.23)所示。

$$r'_i = u(Q, Q^*, x'_i) \tag{5.23}$$

(6) 通过表征学习函数 u 算得训练集中的 L 个样例对应的表征 r_i,详情如式(5.24)所示。

$$r_i = u(Q, Q^*, x_i) \tag{5.24}$$

(7) 计算表征 r_i 与外部储存器 R 中所保存的表征 R_i^* 间的余弦距离,通过 Softmax 函数将其转化为权重,将外部储存器 M 中保存的值加权求和,从而获得当前样例的快权值,详情如式(5.25)和式(5.26)所示。

$$a_i = \text{Attention}(R, r_i) \tag{5.25}$$

$$W_i^* = \text{Softmax}(a_i)^{\mathrm{T}} M \tag{5.26}$$

(8) 通过基础学习器 b 预测训练集中的样例,同时获得损失,最后将所有的损失进行累加,利用梯度下降法更新网络中的参数 $\theta = \{W, Q, Z, G\}$。

总体来讲,该模型利用损失梯度作为元信息计算快权值,能够快速适应不同的新任务,从而优化了在训练样本少的情况下的学习效果。

3. 模型无关元学习网络

孪生网络、原型网络等模型利用训练集作为模型先验知识,通过逐个对比测试样本和训练样本的方式进行分析。模型无关元学习网络(Model-Agnostic Meta-Learning,MAML)从模型的参数初始化为切入点,赋予元学习一种新的探索方向。它的要点是 Learning to Learning,即希望找到一个模型的初始化参数,使模型能够快速地通过少量样本在多个任务上适应,经过多次梯度下降,使模型能够适应快速在新任务中学习。MAML 与其他模型的不同点在于其寻找在不同任务中的平衡点,对于新的任务,模型能够最快获得相应任务的最优参数,非常巧妙地有效缓解小样本中的过拟合问题。

在一般的机器学习术语中,熟知的只有训练集、验证集和测试集,但在元学习领域中,由于需要将每种类别看作不同的任务(Meta-Task),因此这些数据集被重新定义为 Meta-Training Set,Meta-Validation Set 和 Meta-Testing Set。它的整个训练过程被称作 Meta-Training 和 Meta-Testing。针对每个元任务(Meta-Task),都由对应类别的支持集和查询集构成,并通过 N-Way K-Shot 的方式进行数据集的构造与训练。

1) 支持集和查询集

在让 MAML 模型学习前,原始提供的训练和测试数据都需要经过特定处理。支持集(Support Set)和查询集(Query Set)是专门针对每个任务下的定义。在 Meta-Training 和 Meta-Testing 的过程中都会用到两个数据集,即 Support Set(S)和 Query Set(Q),以及 Support Set (S')和 Query Set (Q)$'$,如图 5.9 所示。

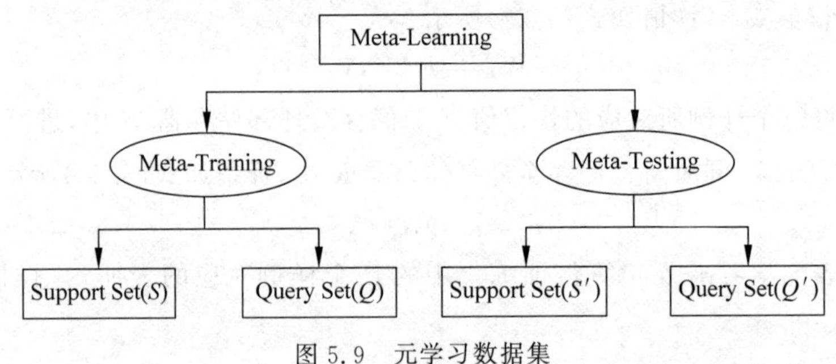

图 5.9 元学习数据集

2) N-Way K-Shot

在学习中,N-Way K-Shot 存在的意义是如何将原始的训练集和测试集处理为支持集 S 和查询集 Q。这里的 N 指的是 Meta-Training 和 Meta-Testing 过程中使用的类别数量,K 指的是构成每类的样本数量。

N-Way K-Shot 作为元学习任务中特有的训练策略,其目标是学习函数 $F(D,S,x)\rightarrow y$。其中 D 是标签数据,分为三部分:D_{train}、D_{valid} 和 D_{test},每个部分具有特定的标签空间。算法使用 D_{train} 优化参数,D_{valid} 选择最佳超参,D_{test} 评估模型。形式化来讲,给定一个训练集 D_{train},从 D_{train} 中随机选择一个标签$\mathcal{L}$,然后从标签$\mathcal{L}$对应的数据中采样出支持集 S 和查询集 Q,最后将 S 和 Q 作为模型的输入并最小化损失,构建为一个元任务。当$\mathcal{L}$包含 N 个不同的类别且每类包含 K 个实例时,将这样的目标问题称为 N-Way K-Shot 问题。

3) MAML

MAML 模型的训练和采样方式遵循 N-Way K-Shot 的方式,该任务也是在 MAML 模型中首次提出。除此之外,它的创新点在于为每个批数据中的 n 个样例计算 n 个梯度 φ_i',如式(5.27)所示。

$$\varphi_i'=\varphi-\alpha\nabla_{\varphi}L(f_{\varphi}) \tag{5.27}$$

如式(5.28)所示,在得到 n 个不同的模型后,利用查询集得到 n 个损失函数的和作为一个批数据的总损失:

$$\mathcal{L}=\sum L(f_{\varphi_i'}) \tag{5.28}$$

最后通过求二次梯度最小化损失找到最优的平衡点，如式(5.29)所示。

$$\varphi_n = \varphi - \beta \nabla_\varphi L \tag{5.29}$$

MAML的优势在于它的目标是学习一个网络在多个任务下的初始化参数，通过梯度下降法，使它可以通过测试集中未知样例的支持集快速学习和微调，因此只需少数实例便可以达到更优的效果。但是MAML在训练阶段需要进行两次梯度计算，因此很多模型针对这个问题进行了改进，一方面可以降低梯度计算次数；另一方面希望对梯度下降的方向进行指导。Reptile模型正是基于这两个方面进行了优化，首先它通过SGD对每个任务的支持集求梯度，使学习率(Learning Rate)同时作为变量通过梯度下降学习。另外，它使用自适应优化算法(ADAM)对梯度下降的方向进行更新，通过对参数的差值求出参数更新的方向，以及自适应学习率更快地逼近最优初始参数，使模型快速收敛。

5.2.3　Pretrain-Based Method

基于预训练方法的小样本学习的整体思路是借助预训练模型进行语义空间的学习，然后在下游结构利用度量学习或元学习模型完成小样本分类任务。2018年，谷歌公司提出的预训练模型BERT的发布成为NLP领域的一个重要里程碑，它标志着NLP新时代的开始。BERT作为一个语言表示模型，在当时刷新了11项自然语言处理任务的最优性能纪录。在该模型发布短短一年间其引用量便势如破竹，基于BERT的相关学术研究层出不穷，小样本学习领域也不例外。Zhang等[1]提出PMAML模型，Han等[2]提出BERT-PAIR模型，这些基于预训练模型的研究为小样本学习研究提供了极高参考价值，以下进行详细介绍。

1. PMAML

PMAML的核心思路是在BERT上进行无监督训练，然后利用BERT做编码器，下接4.2.2节中介绍的MAML模型进行下游的小样本分类任务。该模型思路简洁且有效，实验证明使用预训练模型的无监督训练可以让模型充分学习上下文语义。该模型的训练过程由以下两部分组成。

(1) 基于掩盖词的自编码预训练策略。给定所有训练和测试样本，先利用BERT模型中的Mask LM策略来学习与任务无关的上下文语义特征，这些特征包含一些语义属性，有利于下游的小样本学习任务。

(2) 基于Episode的元训练。将步骤(1)所得的预训练模型作为编码器，在每次迭代中使用MAML进行梯度更新和计算。Episode具体指在训练过程中将支持集作为输入送入模型并更新参数，通过最小化查询集Q的损失完成一轮训练。

最近的一项研究表明，对NLP任务进行微调可以激发模型潜能，助力模型将效果发挥到极致。PMAML模型使用训练集和测试集构造一个无监督训练任务，通过对BERT进行预训练微调，结合MAML模型完成下游任务。

这里对PMAML模型整体的算法流程进行总结归纳，如表5.1所示。

表 5.1 PMAML 算法流程

Algorithm 1 PMAML Calculation Process

Prepare: Train Datasets $\mathcal{D}=\{x^i, y^i\}$

Random a task $\mathcal{T}_i$ with training examples using a support set $\mathcal{S}_k^i$ and a query set example Q^i

Randomly initialize θ

Pre-train $\mathcal{D}$ with BERT

Denote $p(\mathcal{T})$ as distribution over tasks

while not done **do**:

  Sample batch of tasks $\mathcal{T}_i \sim p(\mathcal{T})$:

  for all $\mathcal{T}_i$ **do**:

    Evaluate $\nabla_\theta \mathcal{L}_{\mathcal{T}_i}(f_\theta)$ using $\mathcal{S}_k^i$

    Compute adapted parameters with gradient descent: $\theta_i' = \theta - \alpha \nabla_\theta \mathcal{L}_{\mathcal{T}_i}(f_\theta)$

  Update $\theta \leftarrow \theta - \beta \nabla_\theta \sum_{T_i \sim p(T)} L_{T_i}(f_{\theta_i'})$

  Using each $\mathcal{D}_i'$ from $\mathcal{T}_i$ and $\mathcal{L}_{\mathcal{T}_i}$

2. BERT-PAIR

BERT-PAIR 的主要思路是将每个查询实例和所有支持实例进行配对，然后把每个句子对拼接为一个序列，训练一个基于 BERT 序列的分类模型，以获得两个实例的匹配分数。BERT-PAIR 架构如图 5.10 所示。

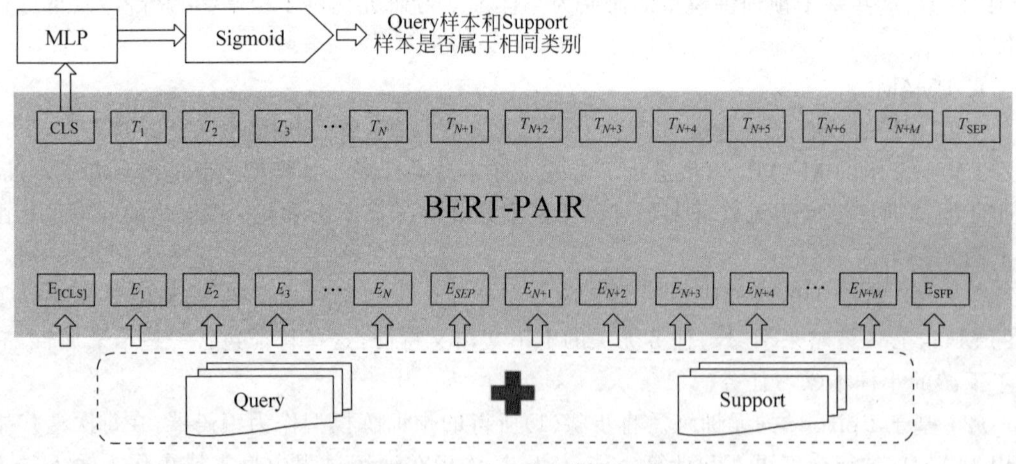

图 5.10 BERT-PAIR 模型结构图

B 代表 BERT 模型，查询实例表示为 x，将配对的支持实例表示为 x_T^i（x^i 表示关系 r 的第 i 个支持实例），由 $B(x, x_T^i)$ 输出双元素向量，分别表示查询实例和配对支持实例里共享相同关系和不共享相同关系的分数。每个关系的概率如式(5.30)所示。

$$p(y=r \mid x)=\frac{\exp(o_r)}{\sum_{r' \in R}\exp(o_{r'})}, \quad r \in R \tag{5.30}$$

其中，y 表示模型预测的标签，$\mathcal{R}=\{r_1,r_2,\cdots,r_N\}$ 表示不同的关系分类，o_r 代表向量平均计算，如式(5.31)所示，最后使用交叉熵计算 loss，这在 FSL 和其他分类任务中是通用的。

$$o_r=\frac{1}{K}\sum_{j=1}^{K}[B(x,x_J^i)]_1 \tag{5.31}$$

BERT-PAIR 的优势显而易见，通过查询实例和每个支持实例配对的方式增加训练样本，同时更好地学习相似语义的表征。但其劣势值得一提，这种方式在增加训练样本量的同时，耗费更多的训练时间和内存，该模型代码中目前利用 PyTorch 的梯度累积和混合精度(FP16)降低浮点精度两种方式进行训练，以降低显存占用、提高运算速度，因此在模型计算方面有待优化。

5.3 小结

本章介绍了无监督学习的进阶内容：生成式对抗网络与元学习。生成式对抗网络是近年来大热的深度学习模型，直至当前，基于 GAN 设计的算法正如雨后春笋般不断涌现，其应用也广泛渗透到了诸如计算机视觉、自然语言处理、医疗人工智能等领域中。通过对 GAN 的介绍，读者可以从一个零和博弈思想中领略到深度学习的绝妙之美，GAN 提供了一个处理问题的崭新思路，把博弈论引入学习过程中。可以预见，这类设计问题的出发点及角度，必将对未来的算法设计产生极为深远的影响。

而对于元学习而言，它往往与少样本学习紧密结合在一起，在人们能够迅速学习的能力的启发之下，未来的深度学习模型必将走向样本需求更少，同时效果又好又快的道路，这是未来人工智能的发展方向，也是激励学者们不断前行的灯塔。

第 6 章 预 训 练

第 4 章详述了预训练模型的原理及下游任务的方式。BERT 作为 NLP 史上具有划时代意义的深度模型，其强大毋庸置疑。一般来讲，算法人员在实际任务中使用 BERT 预训练模型已经能满足大部分场景，但 BERT 不能应对脱敏后的文本、序列任务。

此外，当算法人员获得大量的某个领域的无标签文本却不知道如何利用时，自己预训练一个 BERT 是很好的策略。为此，笔者将通过中国计算机学会举办的 CCF 2020 科技战疫·大数据公益挑战赛·疫情期间网民情绪识别竞赛作为实践，帮助读者掌握预训练 BERT 过程。

6.1 赛题任务

新型冠状病毒(COVID-19)感染的肺炎疫情牵动着全国人民的心，全国同舟共济、众志成城，打响了一场没有硝烟的疫情阻击战。

提供的内容中与新冠肺炎相关的有 230 个主题关键词，时间跨度为 50 天，共计 100 万条微博数据，其链接为 https://www.datafountain.cn/competitions/423/datasets，要求从中训练模型并识别出用户的情感倾向：消极、中立与积极。

1. 数据形式

如表 6.1 所示，比赛方提供的数据为疫情期间微博用户的评论数据，其中包含微博 ID、微博中文内容等信息。

表 6.1 训练集实例

[微博 ID]	4456072029125500
[微博中文内容] 写在年末冬初孩子流感的第 5 天，我们仍然没有忘记热情拥抱这 2020 年的第 1 天。带着一丝迷信，早晨给孩子穿上红色的羽绒服、羽绒裤，祈祷新的一年孩子们身体健康。仍然会有一丝焦虑，焦虑我的孩子为什么会过早地懂事，从两岁多开始关注我的情绪，会深沉地说："妈妈，你终于笑了！"这句话像刀子一样扎入我……展开全文	
[情感倾向]	0

2. 数据规模

如表 6.2 所示，比赛方的数据除了给出训练测试集外还附带了无标签数据。本章所讲的继续预训练便是基于这 90 万条无标签数据。

表 6.2 数据规模

训练集(有标签)	10 万(条)
训练集(无标签)	90 万(条)
测试集	1 万(条)

3. 数据类型

中文自然语言文本。

4. 提交示例

最终结果存储为 CSV 文件，编码采用 UTF8 统一编码，格式如表 6.3 所示。包含测试数据 ID，以及 ID 所属用户的情感级性。

表 6.3 提交示例

测试数据 ID	情感极性
09568	1
37361	0

6.2 环境搭建

为了使代码环境适用于后续章节，本章将参考第 2 章的虚拟环境搭建与 PyCharm 远程同步服务器的方法，配置本书所有代码的运行环境。与此同时，screen 命令管理后台任务也在第 2 章有所介绍，在此不再赘述。

1. 硬件环境

操作系统：Ubuntu 16～18 和 CentOS 7 均可。

硬件配置：内存 128GB、Quadro GP100 16GB、1 个 GPU 卡或以上即可。

2. 软件环境

本书所有深度学习代码均基于 PyTorch 深度学习框架，具有很强的复用性与解耦性。就目前来讲，PyTorch 在学术圈、工业界及竞赛圈发展势头迅猛，已经占据了非常大的深度学习框架市场份额。

相较于 TensorFlow，Torch 代码的简洁、动态张量、活跃的社区及和 NumPy 的任意转换对于学术界有着很大的意义。

本章所配置的虚拟环境与所需要的 Python 安装包将适用于后续所有章节代码的环境。为此，需要每位读者创建好虚拟环境，并在虚拟环境中，利用 requirements.txt 文件进行环境配置。

```
#创建虚拟环境
conda create -n torch_nlp python==3.7

#进入虚拟环境
source activate torch_nlp

#笔者将环境所需要的软件安装包都导出在 requirements.txt 文件中
#进入含有 requirements.txt 文件的目录
pip install -r requirements.txt

###以下是 requirements.txt 文件的部分内容
importlib-metadata==1.6.0
ipyKernel==5.2.1
ipython==7.13.0
ipython-genutils==0.2.0
kiwisolver==1.3.1
lmdb==1.0.0
lsm-db==0.6.4
Markdown==3.2.1
transformers==2.4.1
…
```

3. 任务本质

虽然给出的数据除了文本还有大量图片和视频，但由于给出的非文本数据实在太过“脏乱”，即使尝试使用 OCR 等方法对非文本数据进行建模，也收获甚微。为此，笔者不得不放弃使用非文本数据，所以此道赛题仍属于一个传统的 NLP 多分类问题。

同时，为了使预训练模型更好地表征微博评论形式的文本数据，除了改进 BERT 下游任务的结构之外，还需利用其中的无标签微博语料数据对 BERT 预训练模型进行继续预训练。本章的讲解将聚焦在继续预训练的任务上。

4. 数据分析

针对赛题 90 万条无标签数据集，笔者进行了较为详细的统计和分析。数据集中的文本长度分布如图 6.1 所示，绝大多数文本长度在 256 以内，并且文本长度分布较为均衡。此外，由于数据集为爬取的微博评论数据，因此存在 HTML 文字和特殊字符等噪声现象。

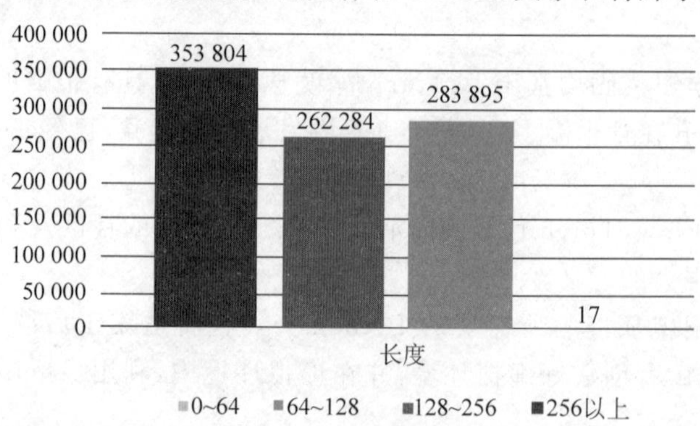

图 6.1　文本长度统计

预训练的实践流程如图 6.2 所示。

图 6.2 实践流程图

6.3 代码框架

(1) chapter6/preprocess.py：对原始无标签数据进行清洗及分析，并生成如图 6.3 所示的数据格式。

(2) chapter6/PyTorch_pretrained_bert/modeling.py：BERT 模型结构（huggingface 社区开源维护）。

(3) chapter6/PyTorch_pretrained_bert/optimization.py：优化器。

(4) chapter6/PyTorch_pretrained_bert/tokenization.py：掩盖语言模型。

(5) chapter6/PyTorch_pretrained_bert/file_utils.py：用于生成 MLM 预训练数据函数。

(6) chapter6/config.py：预训练超参数配置。

(7) chapter6/run_pretraining.py：预训练代码。

是心动啊，糟糕眼神躲不掉。对你莫名地心跳，竟然停不了对你的迷恋感觉要发烧。@namjoohyuk_official 过去的一整年好喜欢你。不过今年不可以啦，毕竟，可不能连自己都不要了。 不过今年不可以啦，毕竟，可不能连自己都不要了。跨年给你打电话，听到听筒里远远传来你男朋友和你嬉笑的声音。 跨年给你打电话，听到听筒里远远传来你男朋友和你嬉笑的声音。想起不久前你和你男朋友冷战时，你坚决地说要和他分手。 想起不久前你和你男朋友冷战时，你坚决地说要和他分手。我站在楼道的窗口前听电话，发烧时周身冷热交替，笑容有多讽刺。 我站在楼道的窗口前听电话，发烧时周身冷热交替，笑容有多讽刺。有人问你粥可温，真好。

图 6.3 预训练文档数据生成实例

6.4 数据分析实践

本节代码将按照图 6.2 所示的顺序进行讲解。

6.4.1 数据预处理

由于本道赛题 99.9%的样本长度小于 256,笔者将预训练模型的最大句子长度设置为 256,尽可能保证句子的完整性。为展示实际场景中长文档的情况,示例图使用了长度为 64 的动态回割。为了方便 NEZHA 预训练 next_sentence_predict 任务数据构建,同一个文档的不同句子以换行符隔开,不同文档之间以空行隔开。

数据清洗及文档构建的代码如下:

```
#chapter6/preprocess.py
#找到训练集和测试集中所有的非中英文的数字符号
additional_chars = set()
for t in list(unlabeled_df['微博中文内容']):
    additional_chars.update(re.findall(u'[^\u4e00-\u9fa5a-zA-Z0-9\*]', str(t)))
print('文中出现的非中英文的数字符号:', additional_chars)

#一些需要保留的符号
extra_chars = set("!#$%&\()*+,-./:;<=>?@[\\]^_`{|}~!#¥%&?«»{}"",:''.()·、;
【】")
print('保留的标点:', extra_chars)
additional_chars = additional_chars.difference(extra_chars)

def stop_words(x):
    try:
        x = x.strip()
    except:
        return ''
    x = re.sub('{IMG:.?.?.?}', '', x)
    x = re.sub('<!--IMG_\d+-->', '', x)
    x = re.sub('<a[^>]*>', '', x).replace("</a>", "")      #过滤 a 标签
    x = re.sub('<P[^>]*>', '', x).replace("</P>", "")      #过滤 P 标签

    #过滤 strong 标签
    x = re.sub('<strong[^>]*>', ',', x).replace("</strong>", "")
    x = re.sub('<br>', ',', x)                             #过滤 br 标签
    x = re.sub('\s', '', x)                                #过滤不可见字符
    x = re.sub('Ⅴ', 'V', x)
    #删除特殊字符
    for wbad in additional_chars:
        x = x.replace(wbad, '')
    return x

#使用函数对文本进行清洗
unlabeled_df['微博中文内容'] = unlabeled_df['微博中文内容'].apply(stop_words)
```

生成预训练所需文档，代码如下：

```
#chapter6/preprocess.py
content_text = unlabeled_df['微博中文内容'].tolist()
corpus_list = []
all_char_list = [] #字表
for doc in tqdm(content_text):
    if len(doc) >= split_len:
        texts_list, _ = split_text(text=doc, maxlen=split_len, greedy=False)
        for text in texts_list:
            all_char_list.extend(text)
            corpus_list.append(text)
    else:
        corpus_list.append(doc)
        all_char_list.extend(doc)           #加入每个字
    corpus_list.append('\n')                #不同文档的分隔符
corpus_list = [corpus + '\n' for corpus in corpus_list]
with open(corpus_path + '{}_corpus.txt'.format(split_len), 'w') as f:
    f.writelines(corpus_list)
```

6.4.2 预训练任务模型构建与数据生成

如图 6.4 所示，谷歌公司提出的 BERT 通过掩盖语言模型（Mask Language Model，Mask LM）和下一句预测（Next Sentence Predict，NSP）两种预训练策略来得到每个标志的表征，但大量预训练实验证明 NSP 任务相较于 Mask LM 任务而言过于简单，对预训练模型的效果起不到正向反馈的作用。

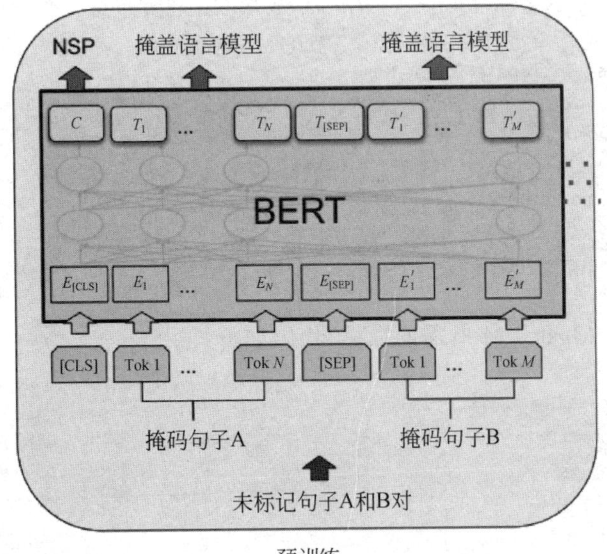

图 6.4　BERT 预训练结构

为此，后续的预训练模型都摒弃了此项任务，如 RoBERTa、NEZHA 等，因此预训练时只使用了 Mask LM 的单任务。

预训练需要构建好对应的模型结构和产生对应的标签。以下代码是预训练模型的构建与数据生成。构建预训练模型只需直接调用 BERT 的模型结构，并下接 Mask LM 的任务即可。

调用 BERT 模型，代码如下：

```
#chapter6/PyTorch_pretrained_bert/modeling.py
#模型构建
class BertForMaskedLM(BertPreTrainedModel):
    """BERT model with the masked language modeling head """
    def __init__(self, config):
        super(BertForMaskedLM, self).__init__(config)
        self.bert = BertModel(config) #通过配置文件修改 BERT 各层 shape
        self.cls = BertOnlyMLMHead(config, self.bert.embeddings.word_embeddings.weight)
        self.apply(self.init_bert_weights)
```

构建预训练 Mask LM 的下接结构，代码如下：

```
#chapter6/PyTorch_pretrained_bert/modeling.py

    def forward(self, input_ids, token_type_ids = None, attention_mask = None, masked_lm_
labels = None):
        sequence_output, _ = self.bert(input_ids, token_type_ids, attention_mask, output_
all_encoded_layers = False)
        prediction_scores = self.cls(sequence_output)

        if masked_lm_labels is not None:
            loss_fct = CrossEntropyLoss(ignore_index = -1)
            masked_lm_loss = loss_fct(prediction_scores.view(-1, self.config.vocab_
size), masked_lm_labels.view(-1))
            return masked_lm_loss
        else:
            return prediction_scores
```

定义函数，生成 Mask LM 所需的数据，代码如下：

```
#chapter6/pretraining_utils.py
def create_examples(data_path, max_seq_length, masked_lm_prob, max_predictions_per_seq,
vocab_list, tokenizer):
    """Creates examples for the training and dev sets."""
    examples = []
    max_num_tokens = max_seq_length - 2
    fr = open(data_path, "r",encoding = 'utf-8')
```

```
    for (i, line) in tqdm(enumerate(fr), desc = "Creating Example"):
        line = line.strip()
        line = line.replace('\u2028', '')
        tokens_a = tokenizer.tokenize(line.strip())[:max_num_tokens]
      """模型输入数据的构造"""
        tokens = ["[CLS]"] + tokens_a + ["[SEP]"]
        segment_ids = [0 for _ in range(len(tokens_a) + 2)]
        #remove too short sample
        if len(tokens_a) <= 10:
            Continue
      """模型标签的构造"""
        tokens, masked_lm_positions, masked_lm_labels = create_masked_lm_predictions(
                            tokens, masked_lm_prob, max_predictions_per_seq, vocab_list)
        example = {
            "tokens": tokens,
            "segment_ids": segment_ids,
            "masked_lm_positions": masked_lm_positions,
            "masked_lm_labels": masked_lm_labels}
        examples.append(example)
fr.close()
return examples
```

6.4.3 模型训练

1. 超参数设置

预训练的超参数设置可分为两部分：模型结构原生参数(bert_config.json)与预训练策略选择参数(chapter6/config.py)。接下来分别对各种参数进行解释,代码如下：

```
#chapter6/config.py

class Config(object):
    def __init__(self):
        # ----------- ARGS ----------------------
        #原始数据路径
        self.source_data_path = '/home/wangzhili/data/ccf_emotion/'
        #预训练数据路径
        self.pretrain_train_path = "/home/data/ccf_emotion/256_corpus.txt"
        #模型保存路径
        self.output_dir = self.source_data_path + "outputs/"
        #Mask LM 任务验证集数据,大多数情况下选择不验证
        #(predict 需要时间,直到验证集只表现当前 Mask LM 任务效果)
        self.pretrain_dev_path = ""

        #预训练模型所在路径(文件夹)为''时从零训练,不为''时继续训练
```

```
self.pretrain_model_path = '/home/pretrained_model/nezha_base/'
#为''时从零训练
self.bert_config_json = self.pretrain_model_path + "bert_config.json"
self.vocab_file = self.pretrain_model_path + "vocab.txt"
self.init_model = self.pretrain_model_path

self.max_seq_length = 256                #文本长度
self.do_train = True
self.do_eval = False
self.do_lower_case = False               #数据是否全变成小写(是否区分大小写)

self.train_batch_size = 24               #根据 GPU 卡而定
self.eval_batch_size = 32
#继续预训练 lr:5e-5,重新预训练:1e-4
self.learning_rate = 5e-5
self.num_train_epochs = 16               #预训练轮次
self.save_epochs = 2                     #e % save_epochs == 0 保存
#前 warmup_proportion 的步伐,慢热学习比例
self.warmup_proportion = 0.1
self.dupe_factor = 1                     #动态掩盖倍数
self.no_CUDA = False                     #是否使用 GPU
self.local_rank = -1                     #分布式训练
self.seed = 42                           #随机种子

#梯度累积(相同显存下能运行更大的 batch_size)为 1 时不使用
self.gradient_accumulation_steps = 1
self.fp16 = False                        #混合精度训练
self.loss_scale = 0.                     #0 时为动态
#BERT Transformer 的参数设置
self.masked_lm_prob = 0.15               #掩盖率
#最大掩盖字符数目
self.max_predictions_per_seq = 20
#冻结 word_embedding 参数
self.frozen = True

#bert_config.json 文件参数解释
"""
{
  "attention_probs_DropOut_prob": 0.1,
  "directionality": "bidi",
  "hidden_act": "gelu",                  #激活函数
  "hidden_DropOut_prob": 0.1,            #隐藏层 DropOut 概率
  "hidden_size": 768,                    #最后输出词向量的维度
  "initializer_range": 0.02,             #初始化范围
  "intermediate_size": 3072,             #升维维度
  "max_position_embeddings": 512,        #最大的位置信息
```

```
    "num_attention_heads": 12,              #总的头数
    #隐藏层数,也是 Transformer 的编码器运行的次数
    "num_hidden_layers": 12,
    "pooler_fc_size": 768,
    "pooler_num_attention_heads": 12,
    "pooler_num_fc_layers": 3,
    "pooler_size_per_head": 128,
    "pooler_type": "first_token_transform",
    "type_vocab_size": 2,                   #segment_ids 类别 [0,1]
    "vocab_size": 21128                     #词典中的词数
  }
  """
```

由于是继续预训练 NEZHA,所以 bert_config.json 文件的配置参数不变。bert_config.json 的大部分参数为 Transformer 中的结构参数,默认为谷歌预训练 BERT Base 版本的参数,但在训练自己的 BERT 时,可根据具体的数据和服务器显卡的情况酌情减少 hidden_size 和隐藏层的层数。

值得注意的是,如果使用自己生成的字典,则在配置 bert_config.json 文件时,参数 vocab_size 需要与新生成的字典长度匹配。

在设置好文件路径后,可以根据服务器的具体资源和任务需求调整 max_len 与 batch_size。当 max_len 设置为 256 和 batch_size 设置为 48 时,模型能占满 16000MB 显存的 GPU。若有多张显卡,则可以使用 huggingface 社区维护的多卡并行训练、分布式训练,以及 NEZHA 模型中使用的混合精度训练,只需要在 config.py 文件中修改参数。

2. 进行预训练

设置好相关参数后,便可以执行 run_pretraining.py 文件进行预训练。模型训练分为两部分:训练与验证,但在大部分预训练情况下,并不需要验证当前的 Mask LM 任务做得怎样,只需关注模型此刻的 loss 查看训练情况。对于这种情况,只需将参数 do_eval 设置成 False。

将数据变成张量,代码如下:

```
#chapter6/run_pretraining.py
#将数据变成张量
train_features = convert_examples_to_features(train_examples, args.max_seq_length,
tokenizer)
all_input_ids = torch.tensor([f.input_ids for f in train_features], dtype=torch.long)
all_input_mask = torch.tensor([f.input_mask for f in train_features], dtype=torch.long)
all_segment_ids = torch.tensor([f.segment_ids for f in train_features], dtype=torch.long)
all_label_ids = torch.tensor([f.label_id for f in train_features], dtype=torch.long)
train_data = TensorDataset(all_input_ids, all_input_mask, all_segment_ids, all_label_ids)

#分布式训练(需要管理员权限)
```

```
if args.local_rank == -1:
    train_sampler = RandomSampler(train_data)
else:
    train_sampler = DistributedSampler(train_data)
train_dataloader = DataLoader(train_data, sampler = train_sampler, batch_size = args.train_
batch_size)
```

训练模型,代码如下:

```
#chapter6/run_pretraining.py
#训练模型
model.train()
nb_tr_steps = 0                                    #总步数
for e in trange(int(args.num_train_epochs), desc = "Epoch"):
    tr_loss = 0
    nb_tr_examples = 0
    for step, batch in enumerate(train_dataloader):
        batch = tuple(t.to(device) for t in batch)
        input_ids, input_mask, segment_ids, label_ids = batch
        #masked_lm_loss
        loss = model(input_ids, segment_ids, input_mask, label_ids)
        #多卡训练
        if n_gpu > 1:
            loss = loss.mean()                   #mean() to average on multi - gpu.
        if args.gradient_accumulation_steps > 1:
            loss = loss / args.gradient_accumulation_steps
        #混合精度训练
        if args.fp16:
            optimizer.backward(loss)
        else:
            loss.backward()
        tr_loss += loss.item()
        nb_tr_examples += input_ids.size(0)
        nb_tr_steps += 1
        if (step + 1) % args.gradient_accumulation_steps == 0:
            if args.fp16:
                lr_this_step = args.learning_rate * warmup_linear(global_step/ num_train_
optimization_steps,args.warmup_proportion)
                for param_group in optimizer.param_groups:
                    param_group['lr'] = lr_this_step
            #梯度传播
            optimizer.step()
            optimizer.zero_grad()
            global_step += 1
        if nb_tr_steps > 0 and nb_tr_steps % 100 == 0:
```

```
            logger.info("==== - epoch %d - train_step %d - train_loss %.4f\n" % (e, nb
_tr_steps, tr_loss / nb_tr_steps))
```

保存模型,代码如下:

```
#chapter6/run_pretraining.py
#根据步数保存模型
        if e > 0 and e % args.save_epochs == 0 and not args.do_eval:
            #Save a trained model, configuration and tokenizer
            model_to_save = model.module if hasattr(model, 'module') else model
            output_model_file = os.path.join(args.output_dir, WEIGHTS_NAME)
            torch.save(model_to_save.state_dict(), output_model_file)
            output_model_file = os.path.join(args.output_dir, WEIGHTS_NAME)
           torch.save(model_to_save.state_dict(), output_model_file)
```

验证模型,代码如下:

```
#chapter6/run_pretraining.py
if nb_tr_steps > 0 and nb_tr_steps % 2000 == 0 and args.do_eval:
    eval_examples = create_examples(data_path = args.pretrain_dev_path,
                                    max_seq_length = args.max_seq_length,
                                    masked_lm_prob = args.masked_lm_prob,
max_predictions_per_seq = (args.max_predictions_per_seq,
                                vocab_list = vocab_list)

    eval_features = convert_examples_to_features(eval_examples, args.max_seq_length,
tokenizer)
    all_input_ids = torch.tensor([f.input_ids for f in eval_features], dtype = torch.long)
    all_input_mask = torch.tensor([f.input_mask for f in eval_features], dtype = torch.long)
    all_segment_ids = torch.tensor([f.segment_ids for f in eval_features], dtype = torch.
long)
    all_label_ids = torch.tensor([f.label_id for f in eval_features], dtype = torch.long)
    eval_data = TensorDataset(all_input_ids, all_input_mask, all_segment_ids, all_label_
ids)
    #Run prediction for full data
    eval_sampler = SequentialSampler(eval_data)
    eval_dataloader = DataLoader(eval_data, sampler = eval_sampler, batch_size = args.eval_
batch_size)
    model.eval()
    eval_loss = 0
    nb_eval_steps = 0
    for input_ids, input_mask, segment_ids, label_ids in tqdm(eval_dataloader, desc = "
Evaluating"):
        input_ids = input_ids.to(device)
        input_mask = input_mask.to(device)
```

```
            segment_ids = segment_ids.to(device)
            label_ids = label_ids.to(device)
            with torch.no_grad():
                loss = model(input_ids, segment_ids, input_mask, label_ids)
                            eval_loss += loss.item()
            nb_eval_steps += 1
        #打印验证集 loss
        eval_loss = eval_loss / nb_eval_steps
        logger.info("========= - epoch %d - train_loss %.4f - eval_loss %.4f\n" % (e, tr_
    loss / nb_tr_steps, eval_loss))
```

至此,模型会按照设置的参数进行预训练,并根据 config.py 文件设置的 save_epochs 进行保存。

另外,在进行下游任务时,只需用保存的模型、bert_config.json 和 vocab.txt 文件替换原本的模型文件,便可以使用模型对当前数据集进行微调了。具体操作可以参考第 7 章。

6.5 小结

本章通过对 90 万条疫情期间无标签的微博评论数据进行继续训练,加强了模型对此类文本数据上下文语义表征。用继续预训练得到预训练模型承接下游分类任务去微调,笔者在比赛中取得了不错的成绩。

预训练一个 BERT 只需三步:产生文档形式的数据、构建预训练模型与预训练数据,以设置好参数进行预训练。

当然,除了在原有的模型上继续预训练外,预训练还可以在脱敏后的文本数据和序列任务中发挥作用,甚至在一些典型机器学习的特征行为任务中,也有选手尝试用 BERT 等模型进行预训练,加强对特征的表征。经过大量无监督数据得到的预训练模型,往往能够在下游任务中取得不错的成绩。

第7章 文本分类

第6章利用大量的无监督数据对现有的NEZHA预训练模型进行再次预训练，目的是得到一个泛化性能好、稳健性能佳的预训练模型，用以提升自然语言处理下游任务的准确性。

45min

作为自然语言处理领域的重要课题，文本分类一直是业界研究的重点，不过其任务的本质较为简单，即构建模型去判断当前文本属于哪一个类别。

如今，预训练模型的出现，大大提高了文本分类模型的准确率。为此，笔者将以文本分类任务为引入点，利用预训练模型构建文本分类任务，帮助读者掌握预训练模型的应用。

另外，本章使用的代码将复用于后续章节。本章将搭建一个自然语言处理代码框架，以帮助读者用最低的学习成本掌握自然语言处理任务。这不仅能够帮助读者构建属于自己的自然语言处理知识体系，还可以方便读者基于自己的知识体系进行二次拓展，加深对自然语言处理的理解。

7.1 数据分析

本章将采用清华大学开源的新闻文本数据集作为文本分类任务的数据。该数据集总共涉及10个类别的标签，分别为“体育”“娱乐”“家居”“房产”“教育”“时尚”“时政”“游戏”“科技”与“财经”，并且每个类别的数据量分布均衡。

为此，算法人员只需统计数据集的文本长度，用于后续的数据预处理，数据集的文本长度分布如图7.1和图7.2所示。

通过图7.1与图7.2，可以看出63%文本的长度大于512，而预训练模型的最大输入长度为512，因此需要对数据进行切分，以保证模型可以正确输入。

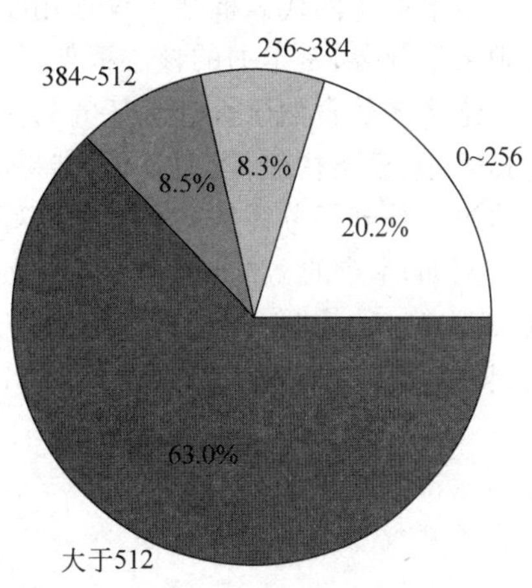

图7.1 原始数据集文本长度分布占比

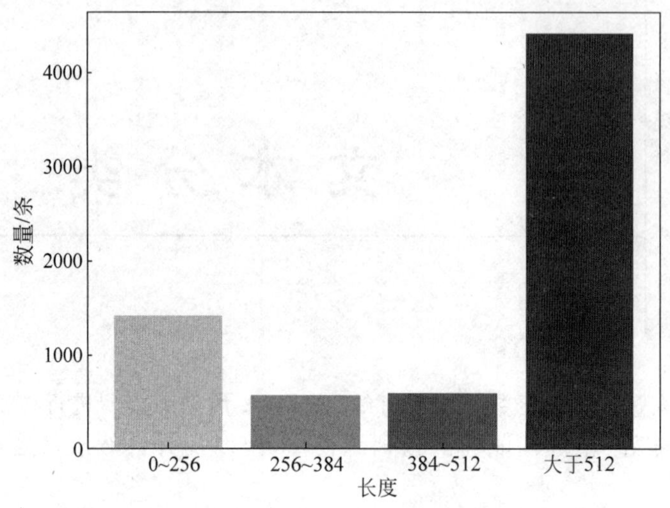

图 7.2　原始数据集文本长度数量分布

一般地，新闻文本的开头与结尾就能把整段文本的信息表征出来。根据这个特点，笔者将文本的前 128 个字与后 382 个字进行拼接，形成新的数据，用以后续的模型输入。

7.2　环境搭建

本章及后续章节的下游任务代码环境与第 6 章搭建的代码环境一致。

7.3　代码框架

本节介绍的代码框架不仅适用于当前的文本分类任务，还适用于后续章节的自然语言处理下游任务，是本书的核心框架。

绝大多数自然语言处理任务的实际流程可通过图 7.3 来表征。流程分为 5 个部分：数据预处理、模型构建、模型评估、结果分析及模型预测。其中，模型评估部分需要根据不同的自然语言处理任务评估当前模型的好坏。

例如，本章的文本分类任务可以使用 Macro-F1 评估指标来评估模型的好坏，如式(7.1)～式(7.3)所示。其中，TP 是真阳例，FP 是假阳例，FN 是假阴例，通过该公式得到该类的 F1 值，将每类 F1 值求平均值，即得到 Macro-F1 值。

$$P=\frac{\mathrm{TP}}{\mathrm{TP}+\mathrm{FP}} \tag{7.1}$$

$$R=\frac{\mathrm{TP}}{\mathrm{TP}+\mathrm{FN}} \tag{7.2}$$

$$\mathrm{F1}=\frac{2\times P\times R}{P+R} \tag{7.3}$$

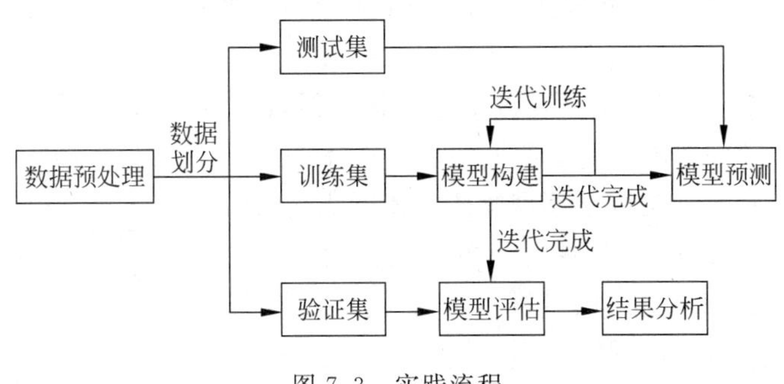

图 7.3 实践流程

自然语言处理代码框架如图 7.4 所示。本书所有的自然语言处理下游任务代码均基于该架构开发，用以降低整体代码的开发成本，因此，该代码框架具有很强的复用性与解耦性。

从图 7.4 可知，整体的代码架构分为 5 个部分：NEZHA、torch_utils、preprocess、postprocess 及核心代码文件。

(1) NEZHA 文件夹：NEZHA 预训练模型是当前泛化性能比较优秀的中文预训练模型。为此，本书将使用 NEZHA 预训练模型作为自然语言处理下游任务的预训练模型，NEZHA 文件夹中存放的是调用 NEZHA 预训练模型所需要的代码。

(2) torch_utils 文件夹：存放一些自然语言处理下游任务所用到的第三方代码文件。

(3) preprocess 文件夹：存放数据预处理的代码文件。

(4) postprocess 文件夹：有时需要对模型预测出来的结果进行后处理，该文件夹用于存放对模型结果进行后处理的代码文件。

(5) 核心代码文件：

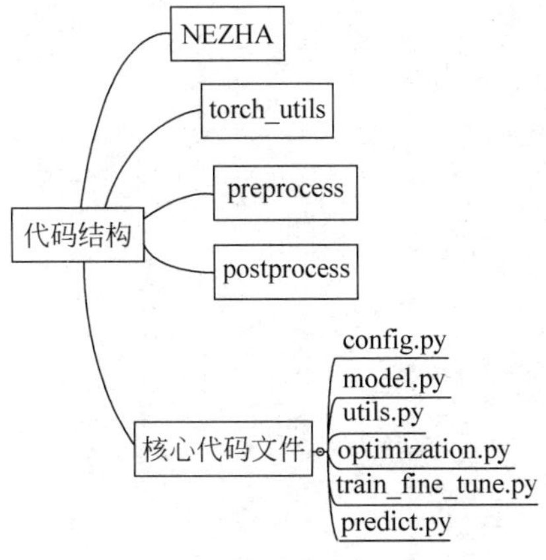

图 7.4 自然语言处理代码框架

- config. py：自然语言处理任务的所有路径与超参数的设置均在此。
- model. py：模型构建的代码文件。
- utils. py：构建模型输入所需要的数据迭代器，通过构建数据迭代器，可以将数据按照批次输入模型，用以模型训练、验证与预测。
- optimization. py：构建模型训练所需要的优化器。
- train_fine_tune. py：模型训练与验证的代码文件。该代码文件通过数据迭代器 utils. py 将训练集输入模型进行训练，并在每轮迭代后，利用验证集与评估指标对当前模型进行评估与保存。
- predict. py：对测试集进行预测。

7.4 文本分类实践

本节代码将按照如图 7.3 所示的顺序进行实践。

7.4.1 数据预处理

根据 7.1 节的内容，笔者将每条文本数据的前 128 个字与后 382 个字进行了拼接，以完成超长文本的信息保存，并抛弃冗余信息。

与此同时，由于深度学习模型无法处理文本信息，数据预处理代码文件还需将原始数据的文本标签映射成数字标签，以便模型进行读取。

超参数与路径配置文件 config. py 的代码如下：

```
#chapter7/config.py

class Config(object):
    def __init__(self):
        #原始数据路径
        self.base_dir = '/home/wangzhili/de_nch/processed_data/'
        self.save_model = self.base_dir + 'Savemodel/' #保存模型路径
        self.result_file = 'result/'
        self.label_list = ['体育', '娱乐', '家居', '房产', '教育', '时尚', '时政', '游戏', '科技',
'财经']

        self.warmup_proportion = 0.05                    #慢热学习比例
        self.use_bert = True

        self.embed_dense = 512
        self.decay_rate = 0.5                            #学习率衰减参数
        self.train_epoch = 20                            #训练迭代次数

        self.learning_rate = 1e-4                        #下接结构学习率
```

```
        self.embed_learning_rate = 5e-5              #预训练模型学习率

        self.pretrainning_model = 'nezha'
        if self.pretrainning_model == 'roberta':
            #中文 roberta-base 预训练模型存放路径
            model = '/home/wangzhili/pre_model_roberta_base/'
        elif self.pretrainning_model == 'nezha':
            #中文 nezha-base 预训练模型存放路径
            model = '/home/wangzhili/pre_model_nezha_base/'
        else:
            raise KeyError('albert nezha roberta bert bert_wwm is need')

        self.cls_num = 10                              #文本分类的总类别
        self.sequence_length = 512                     #模型输入的最大长度
        self.batch_size = 6

        self.model_path = model
        self.bert_file = model + 'PyTorch_model.bin'
        self.bert_config_file = model + 'bert_config.json'
        self.vocab_file = model + 'vocab.txt'

        #'ori':使用原生 BERT, 'dym':使用动态融合 BERT,'weight':初始化 12*1 向量
        self.use_origin_bert = 'weight'

        # pooling 的方式:dym、max、mean 和 weight
        self.is_avg_pool = 'weight'


        #下接结构方式:bilstm 和 bigru
        self.model_type = 'bilstm'

        self.rnn_num = 2
        self.flooding = 0
        self.embed_name = 'bert.embeddings.word_embeddings.weight'      #词
        self.restore_file = None
        self.gradient_accumulation_steps = 1
        #模型预测路径
        self.checkpoint_path = "/home/wangzhili/ Savemodel/runs_2/1611568898/model_0.9720_
0.9720_0.9720_3500.bin"
```

由于中文预训练模型 NEZHA 与 BERT 模型结构相似,为此,本章详细参考了 BERT 论文的超参数设置,并基于当前任务数据的特性与设备资源(16GB 内存的 Tesla 显卡),最终在 config.py 文件中设置了一系列超参数。下面是对 config.py 文件的一些通用超参数介绍,其他基于当前文本分类任务的超参数将跟随实践流程进行介绍。

sequence length 为输入模型的最大文本长度,根据 7.1 节中的数据长度进行设置,而

batch size 则由当前数据的 sequence length 与 16GB 内存的 Tesla 显卡资源共同决定。

warmup proportion 为慢热学习比例，用来保证前面 0.05 训练步的学习率较低，避免模型在训练的开始由于其随机初始化的权重导致训练振荡，而后学习率再缓慢趋向于之前设置的学习率。

decay rate 是下游网络结构的学习率衰减参数，因为网络结构的学习率随着训练进程的衰减有助于模型更好地拟合数据。

learning rate 与 embed learning rate 分别为下游网络结构的学习率与预训练模型网络结构的学习率，采用分层学习率的原因是预训练模型 NEZHA 在本书使用之前经过大规模无监督语料的预训练，需要设置更小的学习率(5e－5)进行精细微调，而下游网络结构的权重是在训练开始时随机初始化的，所以需要相对较大的学习率(1e－4)进行微调。

数据清洗及标签构建，代码如下：

```
#chapter7/preprocess.py

import pandas as pd
from config import Config
#读取超参数与路径配置文件
config = Config()
#读取原始数据集
train_df = pd.read_csv(config.base_dir + 'train.csv', encoding='utf8')
dev_df = pd.read_csv(config.base_dir + 'dev.csv', encoding='utf8')
def cal_text_len(row):
    row_len = len(row)
    if row_len < 256:
        return 256
    elif row_len < 384:
        return 384
    elif row_len < 512:
        return 512
    else:
        return 1024

#统计文本长度
train_df['text_len'] = train_df['text'].apply(cal_text_len)
dev_df['text_len'] = dev_df['text'].apply(cal_text_len)
print(train_df['text_len'].value_counts())
print(dev_df['text_len'].value_counts())
print('--------------------')

def merge_text(text):
    if len(text) < 512:
        return text
    else:
```

```
    return text[:128] + text[-382:]

# 取文本段前128个字与后382个字作为整体的文本
train_df['sentence'] = train_df['text'].apply(merge_text)
dev_df['sentence'] = dev_df['text'].apply(merge_text)

train_df['text_len'] = train_df['sentence'].apply(cal_text_len)
dev_df['text_len'] = dev_df['sentence'].apply(cal_text_len)

#打印文本长度范围
print(train_df['text_len'].value_counts())
print(dev_df['text_len'].value_counts())

label_list = config.label_list
def make_label(label):
    return label_list.index(label)

#制作数字标签
train_df['num_label'] = train_df['label'].apply(make_label)
dev_df['num_label'] = dev_df['label'].apply(make_label)

#保存"干净"的数据
train_df[['text', 'sentence', 'label', 'num_label']].to_csv(config.base_dir + 'train.csv',
encoding='utf-8')

dev_df[['text', 'sentence', 'label', 'num_label']].to_csv(config.base_dir + 'dev.csv',
encoding='utf-8')
```

7.4.2 模型构建

1. 基础分类模型

基础分类模型如图4.12(a)所示，模型的构成由预训练模型的CLS向量与简单的分类层构成。这种分类模型在简单易分类的大数据集中能够起到很好的效果。

2. 预训练模型的改进

随着自然语言处理预训练模型如雨后春笋般接踵而至，越来越多的人对预训练模型的内部结构产生了不小的兴趣。为此，笔者将预训练模型进行了如下改进。

Ganesh Jawahar等[1]通过实验验证，预训练模型的短语表示捕获了较低层的短语级信息，而且，BERT的中间层编码了丰富的语言信息层次结构，表面特征在底部，语法特征在中间，语义特征在顶部。当需要长距离相关性信息时，预训练模型需要更深的层次信息。

因此，预训练模型的每层对文本信息的理解都有所不同。为了更好地利用预训练模型的层次信息，进而挖掘出有益于当前目标的信息，本书改变了以往只用预训练模型的最后一层作为整个文本信息的表征，将其改为用12层的参数进行加权平均，形成一条含有12层信息的向量,用以下接后续任务结构。

具体运算逻辑为预训练模型的每层的表征赋上一个权重,权重最终在训练过程中被确定,初始化权重的公式如式(7.4)所示,并利用权重将每层的表征进行加权平均,最后通过 Dense 层降维输出,如式(7.5)所示。其中,Represent_i 为当前层次的表征,α_i 为预训练模型当前表征的权重。预训练模型层次信息的多维度利用如图 7.5 所示。

$$\alpha_i = \text{Dense}_{\text{unit}=1} \tag{7.4}$$

$$\text{Output} = \text{Dense}_{\text{unit}=512}\left(\sum_{i=1}^{n} \alpha_i \cdot \text{Represent}_i\right) \tag{7.5}$$

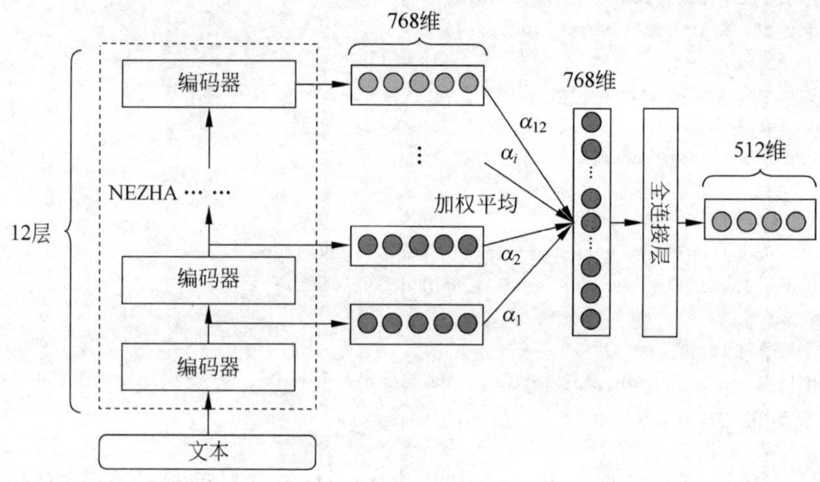

图 7.5　预训练模型层次信息的多维度利用

3. 下游结构

同样地,为分类模型添加下游结构也是让模型获取更多有益于当前分类任务的信息。为此,笔者在 config.py 文件中给分类模型添加了 BiLSTM 与 BiGRU 组件。

因为 BiGRU 是在 BiLSTM 的结构基础上简化而得,所以 BiLSTM 与 BiGRU 的原理基本一致,而 LSTM 则是在 RNN 的结构上精简而得,其原理如下:

由于 RNN 的内部网络结构共享一组权值矩阵,而在反向传播中,由于梯度不断连乘,所以会导致其数值越来越大或者越来越小,从而出现梯度爆炸或者梯度消失的情况。

长短期记忆(Long Short-Term Memory,LSTM)网络模型的提出便是为了缓解梯度爆炸或者梯度消失的情况。LSTM 通过简化 RNN 内部运算逻辑的操作,加强了对有价值信息的记忆能力,并且适时地放弃冗余信息,从而加快模型的学习效率。LSTM 的网络结构如图 7.6 所示。

LSTM 加入了输入门(Input Gate)、输出门(Output Gate)、遗忘门(Forget Gate)和内部记忆单元(Cell)。

输入门用于控制输入与当前计算状态有多少信息能被更新到记忆单元。输入门公式如式(7.6)所示,其中($\boldsymbol{W}_{\text{i}}$,$\boldsymbol{U}_{\text{i}}$,$\boldsymbol{b}_{\text{i}}$)为输入门的权值矩阵。输入门的网络结构如图 7.7 所示。

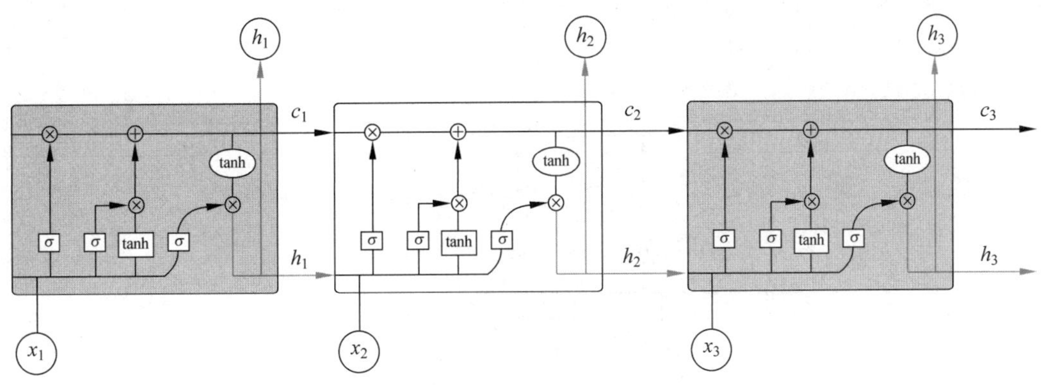

图 7.6　LSTM 网络结构图

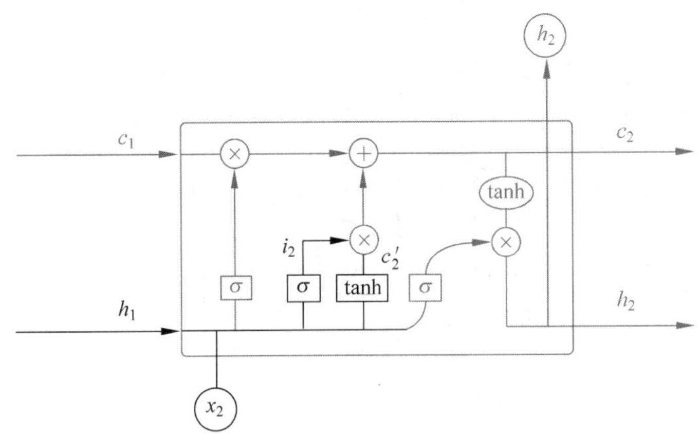

图 7.7　输入门

$$i_t = \sigma(\boldsymbol{W}_{\mathrm{i}} x_t + \boldsymbol{U}_{\mathrm{i}} h_{t-1} + \boldsymbol{b}_{\mathrm{i}}) \tag{7.6}$$

遗忘门用于控制输入与来自上一层隐藏层的输出 h 有多少信息被遗忘。遗忘门公式如式(7.7)所示，其中($\boldsymbol{W}_{\mathrm{f}}$,$\boldsymbol{U}_{\mathrm{f}}$,$\boldsymbol{b}_{\mathrm{f}}$)为遗忘门的权值矩阵。遗忘门的网络结构如图 7.8 所示。

$$f_t = \sigma(\boldsymbol{W}_{\mathrm{f}} x_t + \boldsymbol{U}_{\mathrm{f}} h_{t-1} + \boldsymbol{b}_{\mathrm{f}}) \tag{7.7}$$

内部记忆单元用于存储有价值的信息。内部记忆单元公式如式(7.8)和式(7.9)所示，其中($\boldsymbol{W}_{\mathrm{c}}$,$\boldsymbol{U}_{\mathrm{c}}$)为内部记忆单元的权值矩阵。内部记忆单元的网络结构如图 7.9 所示。

$$c'_t = \tanh(\boldsymbol{W}_{\mathrm{c}} x_t + \boldsymbol{U}_{\mathrm{c}} h_{t-1}) \tag{7.8}$$

$$c_t = f_t c_{t-1} + i_t c'_t \tag{7.9}$$

输出门用于控制输入 X 与当前输出 o 有多少信息来自内部记忆单元。输出门公式如式(7.10)和式(7.11)所示，其中($\boldsymbol{W}_{\mathrm{o}}$,$\boldsymbol{U}_{\mathrm{o}}$,$\boldsymbol{b}_{\mathrm{o}}$)为输出门的权值矩阵。输出门的网络结构如图 7.10 所示。

$$o_t = \sigma(\boldsymbol{W}_{\mathrm{o}} x_t + \boldsymbol{U}_{\mathrm{o}} h_{t-1} + \boldsymbol{b}_{\mathrm{o}}) \tag{7.10}$$

$$h_t = o_t \tanh(c_t) \tag{7.11}$$

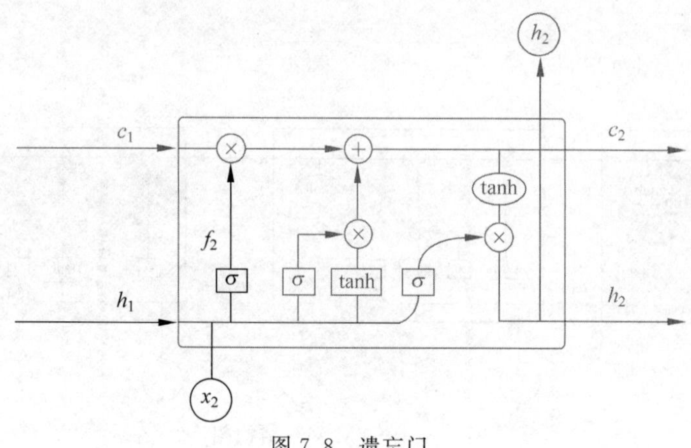

图 7.8　遗忘门

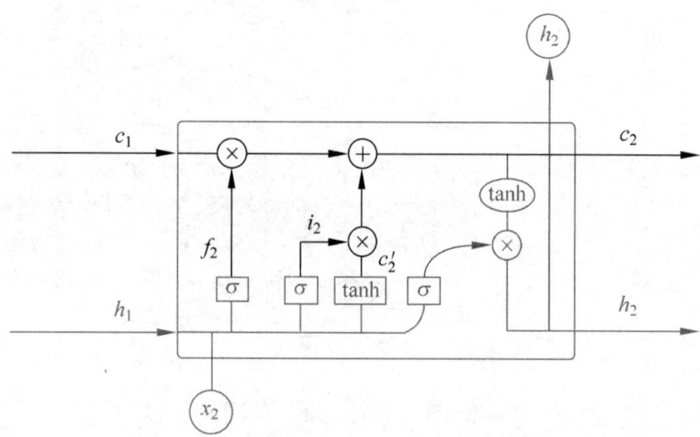

图 7.9　内部记忆单元

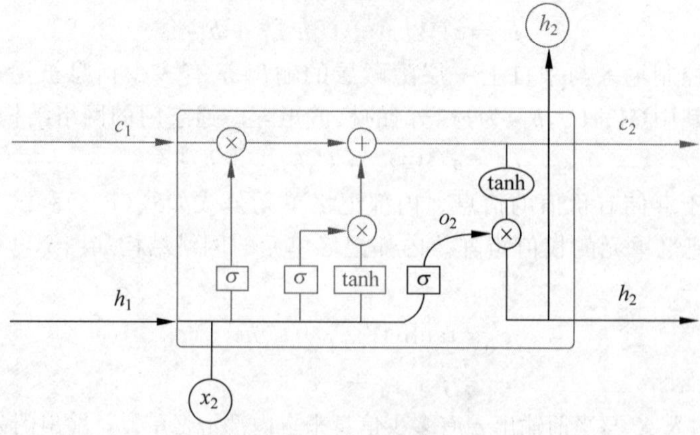

图 7.10　输出门

其中，σ 为 Sigmoid 的激励函数，因为 Sigmoid 函数的值域为(0,1)，可以起到门控作用，而生成候选记忆 C 的激励函数为 tanh 函数，其值域为(−1,1)，符合零中心的特征分布，适用于大多数场景，并且在梯度接近 0 时，tanh 函数的收敛速度比 Sigmoid 函数的收敛速度快。

BiLSTM 则是在 LSTM 的基础上，对序列信息进行前向编码 h_{forward} 与后向编码 h_{backward}，而后对(h_{forward}，h_{backward})拼接(concat)输出，得到序列的前、后方向信息，为分类模型补充更多的信息。

4. 多种 pooling 方式

模型流经下游结构之后，一般需要通过 pooling 的方式降维，以保证模型的输出形状能被后续的分类层所处理。

pooling 的方式通常有 max pooling 与 mean pooling 两种，前者取每个 token(字或者单词)的 768 维向量中的最大值，只关注每个 token 的最大的 embedding 值；后者则将每个 token 的 768 维度的值取平均值。

两种 pooling 方式在分类模型中都能取得较好的结果。为此，笔者初始化一个二维权重，分别对 max pooling 与 mean pooling 进行加权融合，形成 dynamic pooling。因为二维权重是在训练过程中确定的，所以最后确定的权重偏向有益于当前任务的权值。

dynamic pooling 不仅可以从权值中看出哪种 pooling 方式更加适合当前任务，避免了人为设置 pooling 方式过程中出现疏忽，而且在两种 pooling 方式势均力敌的情况下，模型融入了更多信息，能够有效地提升模型的准确率。

最终的模型结构如图 7.11 所示，可以在 config. py 文件中设置相应的超参数(self. use_origin_bert，self. model_type，self. is_avg_pool)，将需要的组件置换到整体的模型结构中，从而构建出不同的文本分类模型。

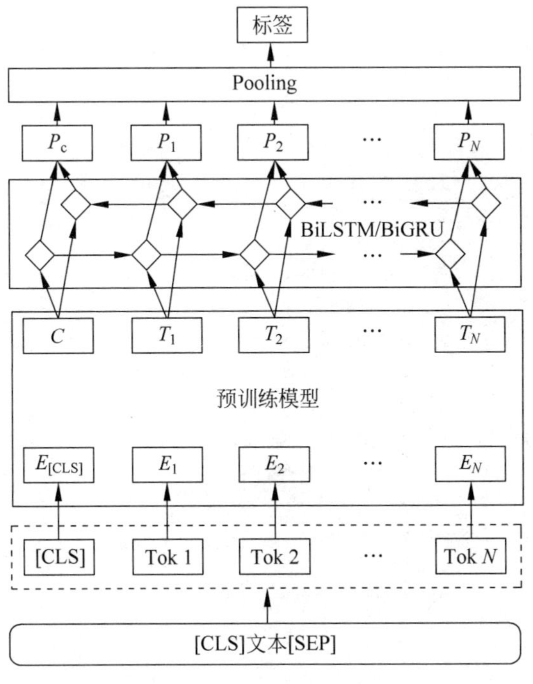

图 7.11　分类模型结构

模型代码如下：

```
#chapter7/model.py
#模型构建
class BertForCLS(BertPreTrainedModel):
    def __init__(self, config, params):
        super().__init__(config)
        self.params = params
        self.config = config
        #预训练模型
        if params.pretrainning_model == 'nezha':
            self.bert = NEZHAModel(config)
        elif params.pretrainning_model == 'albert':
            self.bert = AlbertModel(config)
        else:
            self.bert = RobertaModel(config)

        #动态权重组件
        self.classifier = nn.Linear(config.hidden_size, 1)
        self.dym_pool = nn.Linear(params.embed_dense, 1)
        self.dense_final = nn.Sequential(nn.Linear(config.hidden_size, params.embed_dense),
nn.ReLU(True))
        self.dense_emb_size = nn.Sequential(nn.Linear(config.hidden_size, params.embed_
dense), nn.ReLU(True))
        self.dym_weight = nn.Parameter(torch.ones((config.num_hidden_layers, 1, 1, 1)),
requires_grad=True)
        self.pool_weight = nn.Parameter(torch.ones((params.batch_size, 1, 1, 1)), requires_
grad=True)

        #下游结构组件
        if params.model_type == 'bilstm':
            num_layers = params.rnn_num
            lstm_num = int(self.params.embed_dense / 2)
            self.lstm = nn.LSTM(self.params.embed_dense, lstm_num,
                                num_layers,
                                batch_first=True,       #第一维度是否为 batch_size
                                bidirectional=True)     #双向
        elif params.model_type == 'bigru':
            num_layers = params.rnn_num
            lstm_num = int(self.params.embed_dense / 2)
            self.lstm = nn.GRU(self.params.embed_dense, lstm_num,
                               num_layers,
                               batch_first=True,        #第一维度是否为 batch_size
                               bidirectional=True)      #双向
        #全连接分类组件
        self.cls = nn.Linear(params.embed_dense, params.cls_num)
```

```
        self.DropOut = nn.DropOut(config.hidden_DropOut_prob)
        if params.pretrainning_model == 'nezha':
            self.apply(self.init_bert_weights)
        else:
            self.init_weights()
        self.reset_params()

    def reset_params(self):
        nn.init.xavier_normal_(self.dym_weight)

    def get_dym_layer(self, outputs):
        layer_logits = []
        all_encoder_layers = outputs[1:]
        for i, layer in enumerate(all_encoder_layers):
            layer_logits.append(self.classifier(layer))
        layer_logits = torch.cat(layer_logits, 2)
        layer_dist = torch.nn.functional.Softmax(layer_logits)
        seq_out = torch.cat([torch.unsqueeze(x, 2) for x in all_encoder_layers], dim=2)
        pooled_output = torch.matmul(torch.unsqueeze(layer_dist, 2), seq_out)
        pooled_output = torch.squeeze(pooled_output, 2)
        word_embed = self.dense_final(pooled_output)
        dym_layer = word_embed
        return dym_layer

    def get_weight_layer(self, outputs):
        """
        获取动态权重融合后的 bert output(num_layer 维度)
        :param outputs: origin bert output
        :return: sequence_output: (batch_size, seq_len, hidden_size)
        """
        #(bert_layer, batch_size, sequence_length, hidden_size)
        hidden_stack = torch.stack(outputs[1:], dim=0)

        #(batch_size, seq_len, hidden_size)
        sequence_output = torch.sum(hidden_stack * self.dym_weight,
                                    dim=0)
        return sequence_output

    def forward(self, input_ids, attention_mask=None, token_type_ids=None,
                position_ids=None, head_mask=None,
                cls_label=None):

        #预训练模型
        if self.params.pretrainning_model == 'nezha':
            encoded_layers, ori_pooled_output = self.bert(
                input_ids,
```

```
            attention_mask = attention_mask,
            token_type_ids = token_type_ids,
            output_all_encoded_layers = True
        )
        sequence_output = encoded_layers[-1]
    else:
        sequence_output, ori_pooled_output, encoded_layers,att = self.bert(
            input_ids,
            attention_mask = attention_mask,
            token_type_ids = token_type_ids,
        )

    # 对预训练模型的改进:动态权重融合
    if self.params.use_origin_bert == 'dym':
        sequence_output = self.get_dym_layer(encoded_layers)
    elif self.params.use_origin_bert == 'weight':
        sequence_output = self.get_weight_layer(encoded_layers)
        sequence_output = self.dense_final(sequence_output)
    else:
        sequence_output = self.dense_final(sequence_output)

    #下游结构
    if self.params.model_type in ['bilstm', 'bigru']:
        sequence_output = self.lstm(sequence_output)[0]

    #pooling 方式
    if self.params.is_avg_pool == 'max':
        pooled_output = torch.nn.functional.max_pool1d(sequence_output.transpose(1,2),
        self.params.sequence_length)
        pooled_output = torch.squeeze(pooled_output, -1)

    elif self.params.is_avg_pool == 'mean':
        pooled_output = torch.nn.functional.avg_pool1d(sequence_output.transpose(1,2),
        self.params.sequence_length)
        pooled_output = torch.squeeze(pooled_output, -1)

    elif self.params.is_avg_pool == 'dym':
        maxpooled_output = torch.nn.functional.max_pool1d(sequence_output.transpose(1,2),
        self.params.sequence_length)

        maxpooled_output = torch.squeeze(maxpooled_output, -1)
        meanpooled_output = torch.nn.functional.avg_pool1d(sequence_output.transpose(1,2),
        self.params.sequence_length)
        meanpooled_output = torch.squeeze(meanpooled_output, -1)

        pooled_output = self.dym_pooling1d(meanpooled_output, maxpooled_output)
```

```
    elif self.params.is_avg_pool == 'weight':
        maxpooled_output = torch.nn.functional.max_pool1d(sequence_output.transpose(1,2),
        self.params.sequence_length)

        maxpooled_output = torch.squeeze(maxpooled_output, -1)
        meanpooled_output = torch.nn.functional.avg_pool1d(sequence_output.transpose(1,2),
        self.params.sequence_length)

        meanpooled_output = torch.squeeze(meanpooled_output, -1)
        pooled_output = self.weight_pooling1d(meanpooled_output, maxpooled_output)
    else:
        pooled_output = ori_pooled_output
        pooled_output = self.dense_emb_size(pooled_output)

    #分类
    cls_output = self.DropOut(pooled_output)
    classifier_logits = self.cls(cls_output) #[bacth_size * ]

    if cls_label is not None:                    #训练过程
        class_loss = nn.CrossEntropyLoss()(classifier_logits, cls_label)
        outputs = class_loss, classifier_logits, encoded_layers
    else:                                        #预测过程
        outputs = classifier_logits, encoded_layers
    return outputs

def dym_pooling1d(self, avpooled_out, maxpooled_out):
    pooled_output = [avpooled_out, maxpooled_out]
    pool_logits = []
    for i, layer in enumerate(pooled_output):
        pool_logits.append(self.dym_pool(layer))
    pool_logits = torch.cat(pool_logits, -1)
    pool_dist = torch.nn.functional.Softmax(pool_logits)
    pooled_out = torch.cat([torch.unsqueeze(x, 2) for x in pooled_output], dim=2)
    pooled_out = torch.unsqueeze(pooled_out, 1)
    pool_dist = torch.unsqueeze(pool_dist, 2)
    pool_dist = torch.unsqueeze(pool_dist, 1)
    pooled_output = torch.matmul(pooled_out, pool_dist)
    pooled_output = torch.squeeze(pooled_output)
    return pooled_output

def weight_pooling1d(self, avpooled_out, maxpooled_out):
    outputs = [avpooled_out, maxpooled_out]

    #(batch_size, 1, hidden_size,2)
    hidden_stack = torch.unsqueeze(torch.stack(outputs, dim=-1), dim=1)
```

```
        #(batch_size, seq_len, hidden_size[embedding_dim])
        sequence_output = torch.sum(hidden_stack * self.pool_weight,
                                    dim = -1)
        sequence_output = torch.squeeze(sequence_output)
        return sequence_output
```

7.4.3 数据迭代器

数据迭代器的核心功能是将原始文本与标签转换成一批批数据,并将其输入模型进行迭代训练或者预测。

如图 7.12 所示,数据迭代器内部运算逻辑主要是将文本切分成一个个 token 的形式,并通过预训练模型自带的字典 vocab.txt,将 token 转换成相应的字典数字索引。

与此同时,相应的文本标签也转换成计算机能够理解的数字格式。

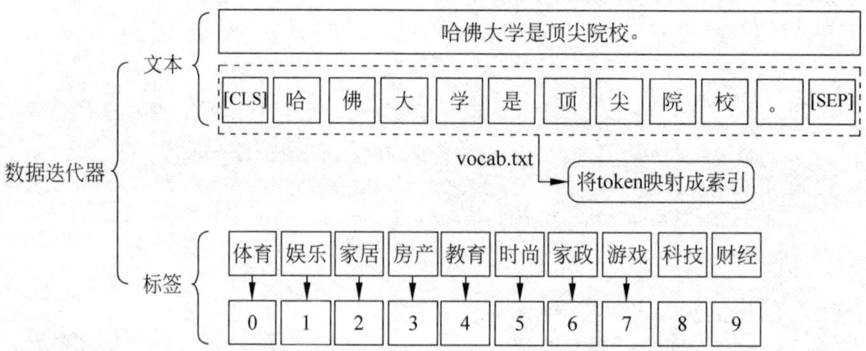

图 7.12 数据迭代器内部运算逻辑

数据迭代器的核心代码如下:

```
#chapter7/utils.py
#数据迭代器
class DataIterator:
    def __init__(self, batch_size, data_file, tokenizer, use_bert = False, seq_length = 100, is
_test = False):
        self.data_file = data_file
        self.data = get_examples(data_file)
        self.batch_size = batch_size
        self.use_bert = use_bert
        self.seq_length = seq_length
        self.num_records = len(self.data)
        self.all_tags = []
        self.idx = 0                                         #数据索引
        self.all_idx = list(range(self.num_records))         #全体数据索引
        self.is_test = is_test
```

```
        if not self.is_test:
            self.shuffle()
        self.tokenizer = tokenizer
        print(self.num_records)

    def convert_single_example(self, example_idx):
        sentence = self.data[example_idx].sentence

        label = self.data[example_idx].label
        """得到 input 的 token----- start-------"""
        q_tokens = []
        ntokens = []
        segment_ids = []
        ntokens.append("[CLS]")
        segment_ids.append(0)
        #得到 text_a 的 token
        for word in sentence:
            token = self.tokenizer.tokenize(word)
            q_tokens.extend(token)
        #把 token 加入所有字的 token 中

        for token in q_tokens:
            ntokens.append(token)
            segment_ids.append(0)
        ntokens.append("[SEP]")
        segment_ids.append(1)

        ntokens = ntokens[:self.seq_length - 1]
        segment_ids = segment_ids[:self.seq_length - 1]

        ntokens.append("[SEP]")
        segment_ids.append(1)
        """得到 input 的 token------- end--------"""

        """token2id--- start---"""
        input_ids = self.tokenizer.convert_tokens_to_ids(ntokens)
        input_mask = [1] * len(input_ids)

        while len(input_ids) < self.seq_length:
            input_ids.append(0)
            input_mask.append(0)
            segment_ids.append(0)
            ntokens.append("**NULL**")

        assert len(input_ids) == self.seq_length
        assert len(input_mask) == self.seq_length
```

```
        assert len(segment_ids) == self.seq_length
        """token2id --- end --- """
        return input_ids, input_mask, segment_ids, label

    def shuffle(self):
        np.random.shuffle(self.all_idx)

    def __iter__(self):
        return self

    def __next__(self):
        #迭代停止条件
        if self.idx >= self.num_records:
            self.idx = 0
            if not self.is_test:
                self.shuffle()
            raise StopIteration

        input_ids_list = []
        input_mask_list = []
        segment_ids_list = []
        label_list = []
        num_tags = 0
        while num_tags < self.batch_size: #每次返回 batch_size 个数据
            idx = self.all_idx[self.idx]
            res = self.convert_single_example(idx)
            if res is None:
                self.idx += 1
                if self.idx >= self.num_records:
                    break
                continue
            input_ids, input_mask, segment_ids, labels = res

            #一个 batch 的输入
            input_ids_list.append(input_ids)
            input_mask_list.append(input_mask)
            segment_ids_list.append(segment_ids)
            label_list.append(labels)
            if self.use_bert:
                num_tags += 1

            self.idx += 1
            if self.idx >= self.num_records:
                break
        return input_ids_list, input_mask_list, segment_ids_list, label_list, self.seq_length
```

7.4.4 模型训练

模型训练的过程分为 3 个部分：设置分层学习率、微调训练、验证与保存。

1. 设置分层学习率

7.4.1 节提到 config.py 文件中的 learning rate 与 embed learning rate 两个超参数，它们是设置分层学习率的关键，如图 7.13 所示。

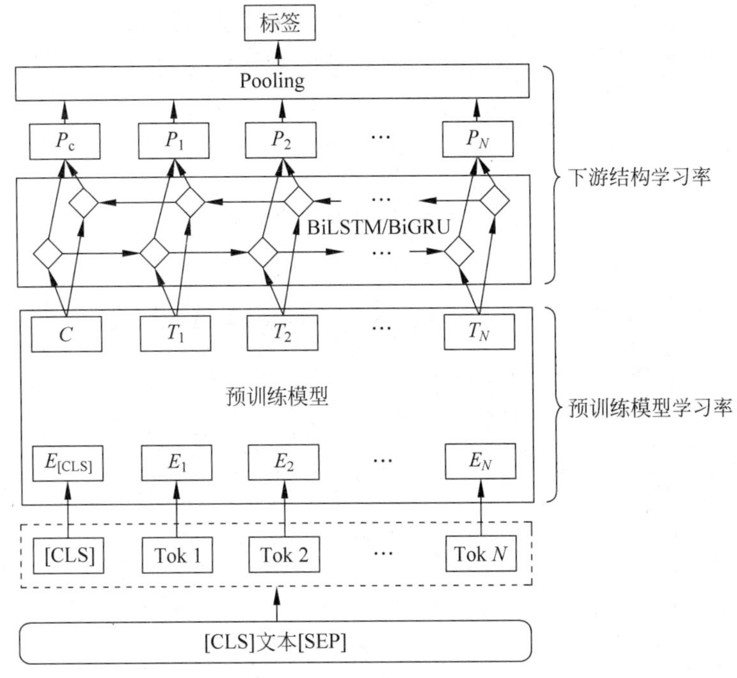

图 7.13 分层学习率设置

2. 微调训练

通过设置分层学习率，模型在不同的学习率中进行迭代训练，最后趋于收敛的过程是微调。

3. 验证与保存

在 train_fine_tune.py 文件中有一个 set_test()函数，其用途是在模型每个 epoch 训练结束之后，对模型的这一轮迭代进行评估，并保存相应的模型。循环反复，直至训练完成，代码如下：

```
#chapter7/train_fine_tune.py
def train(train_iter, test_iter, config):
    if config.pretrainning_model == 'nezha':
        Bert_config = BertConfig.from_json_file(config.bert_config_file)
        model = BertForCLS(config = Bert_config, params = config)
```

```
        nezha_utils.torch_init_model(model, config.bert_file)
    elif config.pretrainning_model == 'albert':
        Bert_config = AlbertConfig.from_pretrained(config.model_path)
        model = BertForCLS.from_pretrained(config.model_path, config=Bert_config)
    else:
        Bert_config = RobertaConfig.from_pretrained(config.bert_config_file, output_hidden_
states=True)
        Bert_config.output_hidden_states = True #获取每层的输出
        Bert_config.output_attentions = True    #获取每层的 attention
        model = BertForCLS.from_pretrained(config=Bert_config, params=config, pretrained_
model_name_or_path=config.model_path)
    if config.restore_file is not None:
        logging.info("Restoring parameters from {}".format(config.restore_file))
        #读取 checkpoint
        model, optimizer = load_checkpoint(config.restore_file)
                                                    model.to(device)

    """多卡训练"""
    if n_gpu > 1:
        model = torch.nn.DataParallel(model)
    #optimizer
    #Prepare optimizer
    #fine-tuning
    #取模型权重
    param_optimizer = list(model.named_parameters())
    #预训练模型参数
    param_pre = [(n, p) for n, p in param_optimizer if 'bert' in n and 'head_weight' not in n]
    #将 NEZHA 命名为 bert
    #下游结构参数
    param_middle = [(n, p) for n, p in param_optimizer if 'bert' not in n and 'head_weight' not in n]
    param_head = [(n, p) for n, p in param_optimizer if 'head_weight' in n]
    #不进行衰减的权重
    no_decay = ['bias', 'LayerNorm', 'dym_weight', 'layer_norm']
    #将权重分组
    optimizer_grouped_parameters = [
        #pretrain model param
        #衰减
        {'params': [p for n, p in param_pre if not any(nd in n for nd in no_decay)],
         'weight_decay': config.decay_rate, 'lr': config.embed_learning_rate
         },
        #不衰减
        {'params': [p for n, p in param_pre if any(nd in n for nd in no_decay)],
         'weight_decay': 0.0, 'lr': config.embed_learning_rate
         },
        #middle model
```

```
        # 衰减
        {'params': [p for n, p in param_middle if not any(nd in n for nd in no_decay)],
         'weight_decay': config.decay_rate, 'lr': config.learning_rate
         },
        # 不衰减
        {'params': [p for n, p in param_middle if any(nd in n for nd in no_decay)],
         'weight_decay': 0.0, 'lr': config.learning_rate
         },
        # head model
        # 衰减
        {'params': [p for n, p in param_head if not any(nd in n for nd in no_decay)],
         'weight_decay': config.decay_rate, 'lr': 1e-1
         },
        # 不衰减
        {'params': [p for n, p in param_head if any(nd in n for nd in no_decay)],
         'weight_decay': 0.0, 'lr': 1e-1
         }
    ]
    num_train_optimization_steps = train_iter.num_records //config.gradient_accumulation_
steps * config.train_epoch
    optimizer = BertAdam(optimizer_grouped_parameters, warmup = config.warmup_proportion,
schedule = "warmup_cosine",
                         t_total = num_train_optimization_steps)

    best_acc = 0.0
    cum_step = 0
    timestamp = str(int(time.time()))
    out_dir = os.path.abspath(
        os.path.join(config.save_model, "runs_" + str(gpu_id), timestamp))
    if not os.path.exists(out_dir):
        os.makedirs(out_dir)
print("Writing to {}\n".format(out_dir))
# 训练
    for i in range(config.train_epoch):
        model.train()
        for input_ids, input_mask, segment_ids, cls_list, seq_length in tqdm(train_iter):
            # 转换成张量
            loss,_,_ = model(input_ids = list2ts2device(input_ids),
                             token_type_ids = list2ts2device(segment_ids),
                             attention_mask = list2ts2device(input_mask),
                             cls_label = list2ts2device(cls_list))
            if n_gpu > 1:
                loss = loss.mean() # mean() to average on multi-gpu.
            # 梯度累加
            if config.gradient_accumulation_steps > 1:
                loss = loss / config.gradient_accumulation_steps
```

```
            if cum_step % 10 == 0:
                format_str = 'step {}, loss {:.4f} lr {:.5f}'
                print(
                    format_str.format(
                        cum_step, loss, config.learning_rate)
                )
            if config.flooding:
                loss = (loss - config.flooding).abs() + config.flooding
            loss.backward() #反向传播,得到正常的 grad
            if (cum_step + 1) % config.gradient_accumulation_steps == 0:
                optimizer.step()
                model.zero_grad()

            cum_step += 1
        F1, P, R = set_test(model, test_iter)
        #lr_scheduler 学习率递减 step
        print('dev set : step_{},F1_{},P_{},R_{}'.format(cum_step, F1, P, R))
        if F1 > best_acc: #保存模型
            #Save a trained model
            best_acc = F1
            model_to_save = model.module if hasattr(model, 'module') else model
            output_model_file = os.path.join(
                os.path.join(out_dir, 'model_{:.4f}_{:.4f}_{:.4f}_{}.bin'.format(F1, P, R, str
(cum_step))))
            torch.save(model_to_save, output_model_file)


def set_test(model, test_iter):
    if not test_iter.is_test:
        test_iter.is_test = True
    model.eval()
    with torch.no_grad():
        true_label = []
        pred_label = []
        for input_ids, input_mask, segment_ids, cls_label, seq_length in tqdm(
                                                                    test_iter):
            input_ids = list2ts2device(input_ids)
            input_mask = list2ts2device(input_mask)
            segment_ids = list2ts2device(segment_ids)
            y_preds,_ = model(input_ids = input_ids, token_type_ids = segment_ids, attention_
mask = input_mask)
            cls_pred = y_preds.detach().cpu()
            cls_probs = Softmax(cls_pred.NumPy())
            cls_pre = np.argmax(cls_probs, axis = -1)
            true_label += list(cls_label)
            pred_label += list(cls_pre)
```

```
        #评估模型
        F1 = f1_score(true_label, pred_label, average = 'micro')
        R = recall_score(true_label, pred_label, average = 'micro')
        P = precision_score(true_label, pred_label, average = 'micro')
        logging.info(classification_report(true_label, pred_label))
        return F1, P, R
```

7.4.5 模型预测

模型预测与 train_fune_tune. py 文件的 set_test()函数差不多，只不过 predict. py 文件读取已保存的模型后预测测试集，而 train_fine_tune. py 文件中的 set_test()函数则直接用训练过程的模型对验证集进行预测，代码如下：

```
#chapter7/predict.py
def set_test(test_iter, model_file):
    model = torch.load(model_file)    #读取保存的模型
    device = torch.device("CUDA" if torch.CUDA.is_available() else "cpu")
    model.to(device)
    logger.info(" ***** Running Prediction ***** ")
    logger.info(" Predict Path = %s", model_file)
    model.eval()
    pred_label_list = []
    for input_ids, input_mask, segment_ids, cls_label, seq_length in tqdm(
                                                                    test_iter):
        input_ids = list2ts2device(input_ids)
        input_mask = list2ts2device(input_mask)
        segment_ids = list2ts2device(segment_ids)
        y_preds,_ = model(input_ids = input_ids, token_type_ids = segment_ids, attention_mask
= input_mask)
        cls_pred = y_preds.detach().cpu()
        cls_probs = Softmax(cls_pred.NumPy())
        cls_pre = np.argmax(cls_probs, axis = -1)
        pred_label_list += list(cls_pre)

    print(len(pred_label_list))
    test_result_pd = pd.read_csv(config.base_dir + 'dev.csv', encoding = 'utf8')
    test_result_pd['pred'] = pred_label_list
    true_list = test_result_pd['num_label'].tolist()
    from sklearn.metrics import f1_score
    F1 = f1_score(true_list, pred_label_list, average = 'micro')
    print('F1:', F1)
    test_result_pd.to_csv(config.base_dir + 'result.csv', index = False, encoding = 'utf-8')
```

7.5 小结

分类问题是自然语言处理领域的一个重要课题。本章利用预训练模型与下游结构网络构造了几种当前业界较为新颖的文本分类模型,它们能有效地提高文本分类的准确性。另外,本章以文本分类任务为切入点,介绍了自然语言处理下游任务的代码框架,在帮助读者掌握文本分类任务的同时,也规划了本书自然语言处理任务的代码学习方法。本章的代码框架为本书的精华所在,其将贯穿本书所有自然语言处理下游任务章节,具有学习成本低、结构解耦性强、代码复用率高的特点。

因此,笔者希望读者力求掌握本章的代码框架,方便后续章节的学习。

第8章 机器阅读理解

机器阅读理解(MRC)是理解自然语言文本语义并解答相关问题的一种技术。该任务通常被用来衡量机器对自然语言的理解能力,可以帮助人类从大量文本中快速聚焦相关信息,降低人工信息获取成本,在文本问答、信息抽取、对话系统等领域具有高的应用价值。随着深度学习的发展,机器阅读理解各项任务的性能提升显著,受到工业界和学术界的广泛关注。基于预训练的阅读理解模型甚至超过了人类的水平,并在众多实际应用中崭露头角,逐渐成为自然语言处理领域的研究热点之一。随着大数据时代的来临,机器阅读理解带来的自动化和智能化将极大地解放劳动力,并在人类社会有着广阔的应用空间和深远的意义。

16min

8.1 机器阅读理解的定义

机器阅读理解利用人工智能技术为计算机赋予了阅读、分析和归纳文本的能力。它通过给定上下文,要求机器根据上下文回答问题,从而测试机器理解自然语言的程度。

根据机器阅读理解的定义,研究人员通常将机器阅读理解形式化为一个关于(文档、问题和答案)三元组的监督学习问题。其明确的定义如式(8.1)所示,给定一个训练数据集,其中 P 是文档集,Q 是问题集,A 是答案集。目标是学习一个函数,要求目标函数对文档深入理解,能实现对问题进行推理与求解。

$$F(P,Q) \rightarrow A \tag{8.1}$$

根据答案的类型,机器阅读理解常见的任务主要分为完形填空、多项选择、片段抽取和自由回答。近年来,随着机器阅读理解研究工作的不断发展,机器阅读理解又出现了新的任务,主要包括基于知识的机器阅读理解、不可答问题的机器阅读理解、多文本机器阅读理解和对话型问题回答。

8.1.1 完形填空

完形填空是最早出现的阅读理解任务,任务设计的灵感来源于测试学生阅读理解能力的完形填空题,通过设计同样的问题旨在测试机器对文本的理解能力。第 4 章中提及的 BERT 预训练策略(Mask LM)即为一个典型的完形填空任务：根据给定的一段文本,模型预测文本中被移除的字或词。

由于填空型阅读理解的任务偏向于早期且应用场景少，国内对此的研究较少，故经典数据集多为英文数据集，如 CNN&Daily[1]、CMailBT[2]、LAMBADA[3]和 Who-did-What[4]等。

随着中文阅读理解研究工作的深入，科大讯飞发布了中文完形填空数据集，如《人民日报》和《儿童童话》数据集[5]，如图 8.1 所示。《人民日报》数据集中的每个样本包含上下文相关的 10 个句子，其中 XXXXX 代表缺少的词语。该任务要求模型在对应的位置预测出正确答案。此外，部分数据的答案还给定了候选集，要求模型从候选集找到最匹配的答案填入。

如图 8.2 所示，清华大学计算机系人工智能研究所发布的 ChID 数据集则是利用 ＃idiom＃标志符对给定文本段的成语进行随机掩盖，要求模型能够从候选的成语中选择一个最适合的答案。

填空类任务能根据随机掩盖的策略获得大量标签，并且对文本深层关系推理要求偏低，因此预训练模型在该任务上的性能表现超过了人类平均水平。然而，完形填空任务的实际应用面偏窄且应用价值低，因而其相关研究逐渐被其他任务所顶替。

DOC	1|||人民网 1 月 1 日讯，据《纽约时报》报道，美国华尔街股市在 2013 后的最后一天继续上涨，和全球股市一样，都以最高纪录或接近最高纪录结束本年的交易。 2|||《纽约时报》报道说，标普 500 指数信今年上升 29.6%，为 1997 年以来的最大涨幅。 3|||道琼斯工业平均指数上升 26.5%。为 1996 年以来的涨幅。 4|||纳斯达克上涨 38.3%。 5|||就 12 月 31 日来说，由于就业前景看好和经济增长明年可能加速，消费者信心上升。 6|||工商协进会报告，12 月消费者信心上升到 78.1，具显高于 11 月的 72。 7|||另据《华尔街日报》报道，2013 年是 1995 年以来美国股市表现最好的一年。 8|||这一年里，投资美国股市的明智做法是追着“傻钱”跑。 9|||所谓的“傻钱”×××××，其实就是买入并持有美国股票这样的普通组合。 10|||这个策略要比对冲基金和其他专业投资者使用的更为复杂的投资方法效果好得多。
Question	所谓的“傻钱”×××××其实就是买入并持有美国股票这样的普通组合。
Answer	策略

图 8.1 完形填空阅读理解(《人民日报》数据集)

Content	世锦赛的整体水平远高于亚洲杯，要如同亚洲杯那样“鱼与熊掌兼得”，就需要各方面密切配合、＃idiom＃。作为主帅的俞觉敏，除了得打破保守思想，敢于破格用人，还得巧于用兵、＃idiom＃，灵活排阵，指挥得当，力争通过比赛推新人、出佳绩、出新的战斗力。
Candidates 1	“凭空捏造”“高头大马”“通力合作”“同舟共济”“和衷共济”“蓬头垢面”“紧锣密鼓”
Answer 1	通力合作
Candidates 2	“叫苦连天”“量体裁衣”“金榜题名”“百战不殆”“知己知彼”“有的放矢”“风流才子”
Answer 2	有的放矢

图 8.2 完形填空阅读理解(ChID 汉语成语完形填空数据集)

8.1.2 多项选择

多项选择是一项具有挑战性的任务。任务定义为给定上下文 C、问题 Q 及候选答案列表$\{a_1,a_2,\cdots,a_n\}$，要求模型从中选择正确的答案 a_i，以最大化条件概率 $P(a_i|C,Q,A)$。它与完形填空的区别是答案不再局限于单词或实体，并且会提供候选答案列表，其典型的数据集有 RACE[6]等，如图 8.3 所示。

Multiple Choice		
RACE [36]	Context:	If you have a cold or flu, you must always deal with used tissues carefully. Do not leave dirty tissues on your desk or on the floor. Someone else must pick these up and viruses could be passed on.
	Question:	Dealing with used tissues properly is important because ____.
	Options:	A. it helps keep your classroom tidy B. people hate picking up dirty tissues C. it prevents the spread of colds and flu D. picking up lots of tissues is hard work
	Answer:	C

图 8.3 完形填空阅读理解案例(RACE 数据)

RACE 数据集来自中国学生的初、高中英语考试，是目前使用最广泛的大规模选择型阅读理解数据集之一。它有以下几个特点：

(1) 所有的问题和候选项都来自于专家，可以被很好地用来测试人类的阅读理解能力。

(2) 候选项可能不出现在问题和文本中，这使该任务更加具有挑战性。

(3) 问题和答案不仅是简单的文本词语重复，很可能是文本词语的复述表达。

(4) 具有多种推理类型，包括细节推理、全局推理、文章总结、态度分析、世界知识等。

显而易见，这类多项选择式的阅读理解题存在着深层次的(如"文章总结"和"态度分析"等)题型，考验模型对文本深层次语义信息的理解能力。随着深度学习网络层次的加深及 BERT 等预训练模型的提出，模型对语义的理解得到了很大提升，如图 8.4 所示。目前该任务的最佳准确率已经达到了 93.1%，离人类的平均水平 94.5%的准确率已经非常接近。虽然此类任务的应用价值不大，但对模型的能力有着很强的校验作用。

8.1.3 片段抽取

尽管完形填空和多项选择可以在一定程度上衡量机器理解自然语言的能力，但这些任务都存在局限性，例如回答提问者提出的问题需要整个句子而非单词或短语实体，而且在很多实际应用情况下并没有给定候选答案。片段抽取可以克服这些弱点。根据给定上下文和问题，片段抽取要求机器从相应的上下文中提取一段文本作为答案。片段抽取是大部分情况下更常见的任务，即抽取式的阅读理解。此任务定义为给定 $C=\{t_1,t_2,\cdots,t_n\}$ 和问题 Q，片段抽取要求模型从下文中抽取连续的子序列 $a=\{t_i,t_{i+1},\cdots,t_{i+k}\}(1\leqslant i\leqslant i+k\leqslant n)$ 作为正确答案以最大化条件概率 $P(a|C,Q)$。如图 8.5 所示，给定一个与疫情相关的政策文件，任务要求模型能够理解文档的语义信息，根据不同的问题抽取不同的答案。

View Accuracy　Edit

RANK	MODEL	ACCURACY	ACCURACY (HIGH)	ACCURACY (MIDDLE)	PAPER	CODE	RESULT	YEAR
1	Megatron-BERT (ensemble)	90.9	93.1	90.0	Megatron-LM: Training Multi-Billion Parameter Language Models Using Model Parallelism			2020
2	ALBERTxxlarge+DUMA (ensemble)	89.8	92.6	88.7	DUMA: Reading Comprehension with Transposition Thinking			2020
3	Megatron-BERT	89.5	91.8	88.6	Megatron-LM: Training Multi-Billion Parameter Language Models Using Model Parallelism			2020
4	DeBERTalarge	86.8			DeBERTa: Decoding-enhanced BERT with Disentangled Attention			2020
5	B10-10-10	85.7	84.4	88.8	Funnel-Transformer: Filtering out Sequential Redundancy for Efficient Language Processing			2020
6	XLNet	85.4	84.0	88.6	XLNet: Generalized Autoregressive Pretraining for Language Understanding			2019
7	RoBERTa	83.2	81.3	86.5	RoBERTa: A Robustly Optimized BERT Pretraining Approach			2019

图 8.4　RACE 数据集榜单

段落

工业和信息化部组织开展负压救护车重点生产企业督导检查。2020 年 2 月 4 日，为做好新型冠状病毒感染的肺炎疫情防控物资保障工作，加强负压救护车生产质量检查工作，工业和信息化部装备工业一司会同国家卫健委、国家药监局相关司局赴北京北铃专用汽车有限公司进行督导检查，重点了解企业生产及检测过程、产品质量和生产一致性保障能力、安全生产工作等情况。与此同时，工业和信息化部装备工业一司委托河南、江苏、山东、天津等省（市）工业和信息化主管部门分别对辖区内生产负压救护车、负压设备等关键零部件的企业开展督导检查，了解并协调解决企业生产过程中遇到的困难和问题，确保产品质量并按时交付，为疫情防控工作做出积极贡献。

问题 1

工业和信息化部到哪家企业进行督导检查？

答案

北京北铃专用汽车有限公司

问题 2

工业和信息化部什么时候去企业进行监督检查？

答案

2020 年 2 月 4 日

图 8.5　片段抽取阅读理解案例（疫情问答助手数据）

此类任务的数据集也常被用来验证预训练模型的能力，如 SQuAD[7]、NewsQA[8]、TriviaQA[9] 和 DuoRC[10] 等。以更权威的 SQuAD 为例，SQuAD 是斯坦福大学于 2016 年推出的抽取式阅读理解数据集：给定一篇文章与相应问题，任务要求模型给出问题的答案。

此数据集选自维基百科，数据量为当今其他数据集的几十倍。该数据集一共有 107 785 个问题，以及配套的 536 篇文章。2018 哈尔滨工业大学发布的 CMRC2018[11] 中文数据集收集了维基百科的多篇文档及高质量的标注，用来衡量中文预训练模型的性能。

与完形填空和多项选择相比，片段抽取在答案的灵活性方面取得了很大的进步，更加适合解决实际中的问题，是近些年大部分学者竞相追逐的热点。

8.1.4 自由回答

自由回答由于常用文本生成的方法来解决，故又被称为生成式阅读理解任务。相较于完形填空、多项选择和片段抽取，自由回答更符合实际的应用，但在现实应用中依旧存在着很大的限制，因为从文本中抽取的答案仍然存在不符合实际的情况。为了回答这些问题，机器需要总结所有文档的信息，并对多段文本进行推理。在这 4 个任务中，自由回答是最复杂的，因为它的回答形式没有限制，但更适合实际应用场景。与其他任务相比，自由回答减少了很多限制，更注重于使用自由形式的自然语言来更好地回答问题。

自由回答给定了多个上下文 C 和问题 Q，正确答案 a 可能并不是所有给定文章集合中的一个子序列。自由回答需要模型能够针对提出的问题预测正确答案以最大化条件概率 $P(a|C,Q)$。

2018 年百度提出了一个大规模的开放域中文机器阅读理解数据集 DuReader[12]，如图 8.6 所示。其中包含搜索引擎用户注释的 20 万个问题。相比其他的 MRC 数据集，DuReader 数据集开放域所有的问题、原文都来源于实际数据（百度搜索引擎数据和百度知道问答社区），答案则由人类回答。此外，该数据集包含大量之前很少研究的是非和观点类的样本。每个问题都对应多个答案，数据集包含 20 万个问题、100 万条原文和 42 万个答案，是目前最大的中文自由回答类的数据集。

	Fact	Opinion
Entity	iPhone 哪天发布 On which day will iPhone be released	2017 年最好看的十部电影 Top 10 movies of 2017
Descruotuib	消防车为什么是红色的 Why are firetrucks red	丰田卡罗拉怎么样 How is Toyota Carola
YesNo	39.5℃算高烧吗 Is 39.5 degree a high fever	学围棋能开发智力吗 Does learning to play go improve intelligence

图 8.6 自由回答阅读理解案例（DuReader 数据集）

近年来，由于更符合人类交互的真实应用场景，自由回答被更多学者所研究，但由于自由回答要求模型对文本的理解更深入，而生成任务中递归式的解码方法让模型在推理任务中的速度受到影响，因此相关模型在性能和效果上都有着一定的进步空间。

8.1.5 其他任务

常见的 MRC 任务用以上 4 种足以概括。根据具体的应用场景和任务中的问题，又衍生出了一些新的任务，如知识库回答、不可回答的机器阅读理解、多文档机器阅读理解及会话式机器阅读理解。

1. 知识库回答

与现实应用中的问题相比，人工生成的问题通常过于简单。在人类阅读理解的过程中，当不能简单地通过了解上下文来回答问题时，人类可以使用常识。外部知识是 MRC 和人类阅读理解之间的最大差距，因此，研究界将外部知识引入机器阅读理解任务中，基于知识库的机器阅读理解应运而生。

知识库回答和传统阅读理解的差异主要体现在输入部分，传统方法的输入是文本和问题，而知识库回答的输入是文本、问题及知识库。如图 8.7 所示的 KBMRC[13] 数据集，无论是人还是模型都无法从上下文中得到树木为什么重要的答案。然而，众所周知，树木很重要是因为它们通过光合作用吸收二氧化碳并产生氧气，而不是因为它们是绿色的。MCScripts[14] 是一个关于人类日常活动的数据集，常用来给模型提供一些超出给定上下文的常识。

MCScripts	
Context:	Before you plant a tree, you must contact the utility company. They will come to your property and mark out utility lines Without doing this, you may dig down and hit a line, which can be lethal! Once you know where to dig, select what type of tree you want. Take things into consideration such as how much sun it gets, what zone you are in, and how quickly you want it to grow. Dig a hole large enough for the tree and roots. Place the tree in the hole and then fill the hole back up with dirt …
Question:	Why are trees important?
Candidate Answers:	A. create O_2 B. because they are green

图 8.7 知识库回答案例(KBMRC 数据集)

2. 不可回答的机器阅读理解

大部分机器阅读理解任务的背后都存在一个潜在的假设，即正确的答案总是存在于给定的上下文中，然而这和实际情况并不符。一篇文章涵盖的知识范围是有限的，因此，根据给定的上下文，一些问题不可避免地没有答案。一个成熟可靠的机器阅读理解模型应该区分那些无法回答的问题。带有不可回答问题的机器阅读理解任务由两个子任务组成，可回答性检测和阅读理解。这个新任务可以定义为给定上下文和问题，即机器首先基于给定的上下文确定是否可以回答，如果问题不能回答，则模型将其标记为不可回答，并放弃回答。

图 8.8 所示的案例取自 SQuAD 2.0 数据集。SQuAD 2.0[15] 基于 SQuAD 数据集，是一个具有代表性的、不可回答的机器阅读理解任务数据集。它有超过 5 万个无法回答的问题。此类任务不仅要求模型给出可回答问题的正确答案，还要检测哪些问题没有答案。在图 8.8 所示的案例中，1937 条约的关键词是存在的，但文中出现的秃鹰保护法是 1940 年的条约名称，而不是问题中的 1937 年，此时需要模型给出的判定是无法回答。

SQuAD 2.0	
Context：	... Other legislation followed，including the Migratory Bird Conservation Act of 1929，a 1937 treaty prohibiting the hunting of right and gray whales，and the Bald Eagle Protection Act of 1940. These lator lawe had a low cost to socicty—the species were relatively rare—and little opposition was raised.
Question：	What was the name of the 1937 treaty
Plausible Answer：	Bald Eagle Protection Act

图 8.8　不可回答的机器阅读理解案例(SQuAD 2.0 数据集)

3. 多文档机器阅读理解

在之前设计的机器阅读理解任务中，相关段落是预先确定的，这与人类的问答过程存在较大差异。人们通常根据问题去搜索可能的相关段落，并在相关段落中找到答案。为了克服这一缺点，研究人员将机器阅读理解扩展到大规模的机器阅读，即多文档机器阅读理解。它不像传统任务那样为每个问题提供一篇相关的文章，而是要求模型根据问题去匹配相关的文档并做阅读理解任务。

多文档机器阅读理解让机器阅读理解得以处理大规模、非结构化文本的开放领域问答任务，并在搜索引擎、问答助手等领域上应用。图 8.9 给出了必应搜索的多文档阅读理解答案检索的应用，模型能根据问题给出相关的线索与简单、准确的答案，这种任务的应用极大地推动了问答助手的发展。

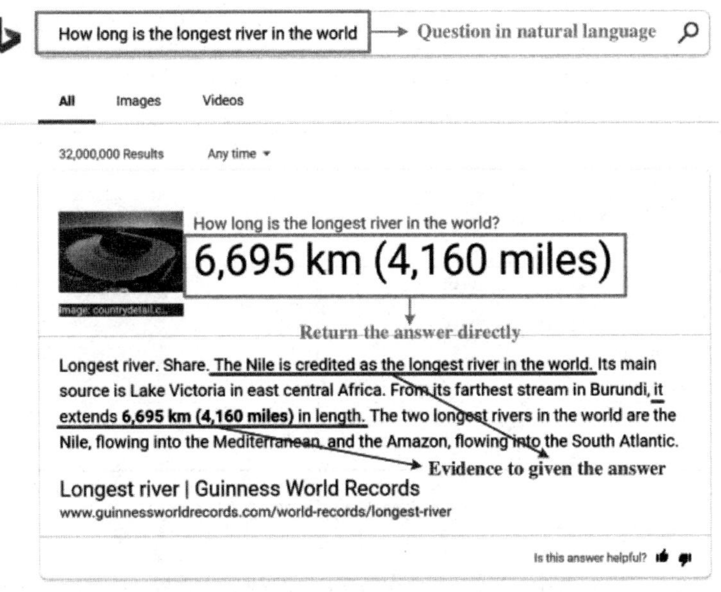

图 8.9　多文档机器阅读理解应用案例(必应搜索)

由于多文档机器阅读理解有着海量的文档语料，语料中存在许多噪声，任务同时又涵盖了无答案、多答案和需要对多条线索进行汇总等难题，因此，与传统的机器阅读理解任务相比，多文档机器阅读理解的挑战性要大得多，但多文档机器阅读理解更接近现实世界的应用。

与此同时，相关文档的检索是多文档机器阅读理解的重要部分，从多个文档中聚合的、与问题相关的信息可能是互补的，也可能是矛盾的，因此，模型利用多个文档并生成逻辑正确、语义清晰的答案仍然存在着很大的挑战。

4. 会话式机器阅读理解

机器阅读理解要求根据对给定段落的理解来回答问题，问题之间通常是相互独立的；然而，人们获取知识的最自然的方式是通过一系列相互关联的问答获取。当得到一份文件时，有人会问问题，有人会回答，然后基于当前的问答，有人会再问一个相关的问题，以求对问题更深入地理解。这个过程是迭代进行的，是一个多回合的对话，因此，会话式机器阅读理解是当前的研究热点。

和传统机器阅读理解不同的是，会话式机器阅读理解将会话历史的内容也作为上下文的一部分来帮助预测答案，任务给定上下文、与先前问题和答案的对话历史及当前问题，任务通过学习函数来预测正确答案。

CoQA[16]数据集如图 8.10 所示，问题 4 和问题 5 都与问题 3 相关，而且答案 3 又可以作为答案 5 的验证，后续问题可能又与之前的问答密切相关。为此，会话历史在 CMRC 中扮演着重要的角色。

CMRC	
Passage:	Jessica went to sit in her rocking chair. Today was her birthday and she was turning 80. Her granddaughter Annie was coming over in the afternoon and Jessica was very excited to see her. Her daughter Melanie and Melanie's husband Josh were coming as well.
Question 1:	Who had a birthday?
Answer 1:	Jessica
Question 2:	How old would she be?
Answer 2:	80
Question 3:	Did she plan to have any visitors?
Answer 3:	Yes
Question 4:	How many?
Answer 4:	Three
Question 5:	Who?
Answer 5:	Annie, Melanie and Josh

图 8.10 会话式机器阅读理解案例(CoQA)

在智能客服的应用场景中，多轮对话存在很大挑战，对话模型通常构建在一问一答的假设条件之下；然而，智能客服的应用在多数情况下需要模型像人一样处理多轮次对话。随着 CoQA、QuAC[17]等多轮机器阅读数据集的发布，会话式机器阅读理解作为自由回答的延伸将被越来越多的学者研究。

8.2 评测方法

机器阅读理解任务和传统的分类或回归任务不同，评估模型结果好坏的指标根据任务的自由程度也有不同的选择。如表 8.1 所示，对于答案是客观的多项选择和完形填空来讲，常用的评测方式是准确率(ACC)；对于片段抽取式的机器阅读理解任务，通常会使用精确匹配(EM)分数和 F1 分数作为评价指标，而自由回答式的类型答案偏主观，其评价指标多为单词水平匹配率和语义匹配等方法。

表 8.1　评测指标

任　　务	类　　型	评 测 方 式
多项选择、完形填空	客观	准确率
抽取式阅读理解、多文档机器阅读理解、知识库回答、不可回答的机器阅读理解	半客观	精确匹配分数、F1 分数、ROUGE-L
自由回答式、会话式机器阅读理解	主观	单词水平匹配率、语义匹配

1. 准确率

准确率(Accuracy)常用于评测完形填空和多项选择任务，若 m 个问题中答对 n 个，则准确率 Accuracy 为

$$\text{Accuracy} = \frac{n}{m} \tag{8.2}$$

2. 精确匹配分数

精确匹配分数(em_score)常用于片段抽取任务，是准确性的一种变形，可以评估预测答案片段是否与标准真实序列完全匹配。精确匹配分数如下：

$$\text{em\_score} = \frac{n}{m} \tag{8.3}$$

3. F1 分数

F1 分数如式(8.4)～(8.6)所示，TP 代表正确的正样本数目，FP 代表错误的正样本数目(误报)，FN 为错误负样本(漏报)。F1 分数同时兼顾精确率(P)和召回率(R)。相比于精确匹配分数，F1 分数能够测量预测值和真实值之间的平均重叠。

$$P = \frac{\text{TP}}{\text{TP} + \text{FP}} \tag{8.4}$$

$$R = \frac{\text{TP}}{\text{TP} + \text{FN}} \tag{8.5}$$

$$\text{F1} = \frac{2 \times P \times R}{P + R} \tag{8.6}$$

4. ROUGE

ROUGE[18] 是评估自动文摘及机器翻译等自由度较高答案的一组指标。它通过自动

生成的摘要或翻译与一组参考摘要(通常是人工生成的)进行比较计算,得出相应的分值,以衡量自动生成的摘要或翻译与参考摘要之间的相似度,常用于生成式的自由回答任务。

ROUGE-N 指标的定义如式(8.7)所示。

$$\text{Rouge-}N=\frac{\sum\limits_{S\in\{\text{ReferenceSummaries}\}}\sum\limits_{\text{gram}_N\in S}\text{Count}_{\text{match}}(\text{gram}_N)}{\sum\limits_{S\in\{\text{ReferenceSummaries}\}}\sum\limits_{\text{gram}_N\in S}\text{Count}(\text{gram}_N)} \tag{8.7}$$

式(8.7)中分母是 N-gram 的个数,分子为正确答案与模型推理答案共有的 N-gram 的个数。如标准答案"我喜欢自然语言处理"与模型推理答案"我也喜欢自然语言处理"的 ROUGE-1、ROUGE-2 的评分如表 8.2 所示。其中,分子是模型答案和标准答案都出现的 1-gram 的个数,分母是模型答案的 1-gram 个数。

此外,ROUGE-L 也常用于自由回答的评测。ROUGE-L 中的 L 为最长公共子序列(LCS)。其计算方式如式(8.8)~(8.10)所示,其中,LCS(X,Y)代表两个文本段的最长公共子序列,P_{LCS} 和 R_{LCS} 分别表示召回率和准确率,F_{LCS} 即 ROUGE-L,m 与 n 分别代表真实文本段与预测文本段的长度。LCS 的优点是它不需要连续匹配,而且反映的是句子级词序的顺序匹配。由于它自动包含最长的顺序通用 N-gram,因此不需要预定义的 N-gram 长度,但由于只计算一个最长子序列,因而最终的值忽略了其他备选的最长子序列及较短子序列的影响。

$$P_{\text{LCS}}=\frac{\text{LCS}(X,Y)}{n} \tag{8.8}$$

$$R_{\text{LCS}}=\frac{\text{LCS}(X,Y)}{m} \tag{8.9}$$

$$F_{\text{LCS}}=\frac{(1+\beta^2)\times P_{\text{LCS}}\times R_{\text{LCS}}}{R_{\text{LCS}}+\beta^2\times P_{\text{LCS}}} \tag{8.10}$$

ROUGE-S 和 ROUGE-2($N=2$)的定义非常类似。只是 ROUGE-S 在 N-gram 中引入了 Skip-gram,不要求两个词相邻,而是允许二元组中的两个词在答案中最多相隔 Skip 个词,其中 Skip 为参数。例如,表 8.2 所示的案例"我喜欢自然语言处理"中,如果 Skip=2,则"我喜""我欢""我自"都是 ROUGE-S 所考虑的二元组。相较于 ROUGE-L,ROUGE-S 考虑了所有按词序排列的词对,更能反映句子的词序,但由于设置了跳跃词长度,词组结果会出现很多无意义词对。

表 8.2 ROUGE 评测指标示例

标 准 答 案	我喜欢自然语言处理
模型答案	我也喜欢自然语言处理
1-gram	标准答案:我|喜|欢|自|然|语|言|处|理 模型答案:我|也|喜|欢|自|然|语|言|处|理
2-gram	标准答案:我喜|喜欢|欢自|自然|然语|语言|言处|处理 模型答案:我也|也喜|喜欢|欢自|自然|然语|语言|言处|处理

续表

标 准 答 案	我喜欢自然语言处理		
1-gram-1-skip	标准答案：我喜|我欢|喜欢|喜自|自然|自语|语言|语处|言处|言理|处理 模型答案：我也|我喜|也喜|也欢|喜欢|喜自|自然|自语|语言|语处|言处|言理|处理		
LCS	9(我喜欢自然语言处理)		
ROUGE-1	9/10(我,喜,欢,自,然,语,言,处,理)		
ROUGE-2	7/9(喜欢,欢自,自然,然语,语言,言处,处理)		
ROUGE-S Skip=1	10/13(我喜,喜欢,喜自,自然,自语,语言,语处,言处,言理,处理)		
ROUGE-*L*	$P_{\text{LCS}}=9/9=1$	$R_{\text{LCS}}=9/10$	$\text{F1}=0.947(\beta=1)$

5. BLEU

BLEU是一种双语互译质量辅助工具，最初用于衡量翻译性能，表示机器翻译文本与参考文本之间的相似程度。如式(8.11)与式(8.12)所示，其中 l_c 表示模型推理答案的长度，l_r 表示标准答案的长度。BLEU 需要计算译文 1-gram，2-gram，…，N-gram 的精确率，一般将 N 设置为 4 即可，公式中的 P_N 指 N-gram 的精确率。W_N 指 N-gram 的权重，一般设为均匀权重，即对于任意 N 都有 $W_N=1/N$。BP 是惩罚因子，如果译文的长度小于最短的参考译文，则 BP 小于 1。BLEU 的 1-gram 精确率表示译文忠于原文的程度，而其他 N-gram 表示翻译的流畅程度。

$$\text{BLEU}=\text{BP}\times \mathrm{e}^{\left(\sum_{1}^{N} W_n \times \log P_n\right)} \tag{8.11}$$

$$\text{BP}=\begin{cases}1, & l_r<l_c \\ e^{(1-\mathrm{lr}/\mathrm{lc})}, & l_c \geqslant l_r\end{cases} \tag{8.12}$$

由于人工生成数据集的规模较小，以及基于规则和基于机器学习的方法的局限性，早期的机器阅读理解系统表现不佳，因此无法在实际应用中使用。这种情况从 2015 年开始有所改变，可以归结为两个驱动力：一方面，基于深度学习的机器学习，也称为神经机器阅读理解，在捕捉上下文信息方面显示出优势，效果显著优于传统系统；另一方面，各种大规模的基准数据集使用深度神经架构解决 MRC 任务，能够有效评估 MRC 系统的性能。

为了更清楚地说明机器阅读理解的发展趋势，本章对该领域的代表性文章进行了统计分析，结果如图 8.11 所示。从 2015 年到 2018 年年底，文章数量呈大规模增长趋势。此外，随着时间的推移，MRC 任务的类型也越来越多样化。这些都表明机器阅读理解正在迅速发展，并已成为学术界的研究热点。此外，完形填空和多项选择等对语义理解偏低且应用领域不广泛的文章慢慢淡出了学者的视野。人们把目光聚焦在有着更实际应用场景的多文档机器阅读理解及会话式机器阅读理解上，并取得了令人振奋的好成绩。

本节将 8.1 节中提及的机器阅读理解任务从构造数据集难度、理解和推理程度、答案形式复杂程度、评估难易程度及真实应用程度 5 个维度进行比较，如图 8.12 所示。不难发现，

图 8.11 机器阅读理解领域代表性文章数量

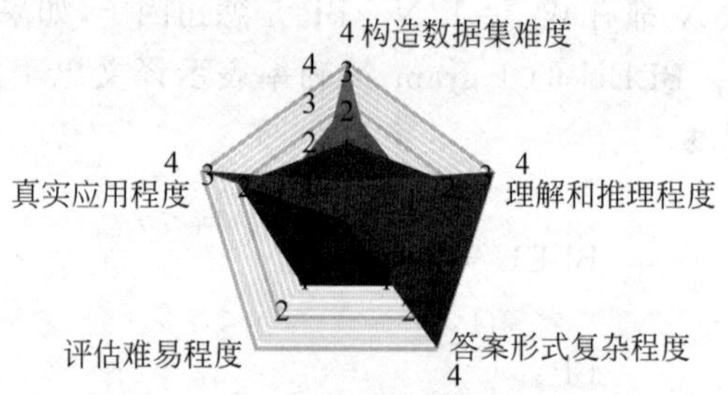

图 8.12 机器阅读理解任务比较

几种任务虽然形式上差异明显,但都需要对文本内容有足够的理解。

根据图 8.12 及表 8.3,不同的任务中这 5 个维度的分数也不尽相同,如构建数据集和评估完形填空是最容易的,但完形填空由于答案形式仅限于原始上下文中的单个单词或名称实体,故不能很好地测试机器理解,并且不符合现实世界的应用。多项选择为每个问题提供候选答案,这样即使答案不局限于原来的上下文,也可以很容易地进行评估,并且为这项任务建立数据集并不困难,因为大量语言考试中的选择题存在着真实的优质数据,可被拿来使用;然而,该任务提供候选答案导致数据集和实际应用之间存在着不小的差距,不符合真实场景里的应用。相比之下,跨度提取任务是一个适度的选择,可以很容易地构建和评估数据集。尽管如此,多项选择在某种程度上,可以测试机器对文本的理解以帮助语言模型对语义理解的提升。片段抽取的缺点是答案被约束在原上下文的子序列上,离实际人与人的沟通交流存在着差异。自由回答在理解性、灵活性、应用性等维度上显示出自己的优越性,最接近实际应用;然而,每个硬币都有两面。由于回答形式的灵活性,构建数据集有些困难,如何有效地评估这些任务的性能仍然是一个挑战。

表 8.3　机器阅读理解任务比较

MRC 任务类型	优　点	缺　点
完形填空	最容易构造和评估数据集（评估：将模型答案直接与正确答案比较，并以准确率作为评测标准）	无法很好地测试对机器的理解，并且与实际应用不符（原因：其答案形式在原始上下文中，仅限于单个单词或名称实体）
多项选择	易于评估（将模型答案直接与正确答案比较，并以准确率作为评测标准）	候选答案导致合成数据集与实际应用之间存在差距
片段抽取	(1) 易于构建和评估数据集（评估：将模型答案直接与正确答案比较，并以准确率作为评测标准）；(2) 可以以某种方式测试计算机对文本的理解	答案只能局限在原始上下文的子序列中，与现实应用仍有距离
自由回答	在理解、灵活性、应用范围方面有优势，最接近实际应用	(1) 构建数据集困难（由于其回答形式灵活）；(2) 有效评估困难

8.3　研究方法

8.3.1　基于规则的方法

在机器学习算法提出之前的机器阅读理解通常使用基于规则的方法。通过人工制定规则，选取不同的特征，基于选取的特征构造并学习一个三元打分函数$\{P,Q,A\}$，然后选取得分最高的候选语句作为答案。

1999 年 Hirschman 等[19]开始相关技术的研究。他们使用词袋模型分别对小学三年级到六年级的阅读材料的每条语句进行信息抽取和模式匹配，从文章中选取与问题匹配度更高的语句作为候选语句并进行匹配度打分，再选取分数最高的语句作为答案。

在大量的实验中，学者们发现答案在原文中是否出现、答案出现的频率等信息与问题在原文中的关联是一些强相关的特征。例如，答案与问题中的词语在原文中的距离、答案与问题在原文中窗口序列的 N-gram 匹配度，以及答案中的实体与问题中的实体的共现情况等依存语法。

基于规则的方法一般通过启发式规则组合问题与答案，然后抽取依存关系对，同时对原文进行依存句法分析，然后考查问题/答案对的依存句法与原文的依存句法的匹配情况，以及与问题相关的多个句子在原文中的语篇关系。例如，一个以 Why 开头的问句，这个问句的多个相关句子在原文中可能存在因果关系。除了上述浅层的特征之外，也有一些较为深层次的语义特征被引入阅读理解语义框架匹配中，用于考查答案及问题与文章中句子的语义框架匹配程度。

基于传统特征的 MRC 技术虽然取得了一定的进展，但仍然存在一些问题需要解决，如传统的 MRC 技术大多采用模式匹配的方法进行特征提取，因而不能有效地处理表达的多样性问题。同时，由于匹配时往往使用固定窗口，因此其无法解决多个句子之间的长依赖问题。此外，大多数传统特征是基于离散的串匹配的，在解决表达的多样性问题上显得较为困难。虽然近年来提出的基于多种不同层次窗口的模型可以缓解这一问题，但是由于窗口或者 N-gram 并不是一个最有效的语义单元，其存在语义缺失（缺少部分使语义完整的词）或者噪声（引入与主体语义无关的词）等问题，因此存在的问题仍然较难解决。

8.3.2 基于神经网络的方法

近年来，随着深度学习的兴起，许多基于神经网络的方法被引入阅读理解任务中。相比于基于传统特征的方法，各种语义单元被表示为连续语义空间向量，这可以非常有效地解决语义稀疏性及复述的问题。当前主流的模型框架如图 8.13 所示，主要包括以下 4 个模块。

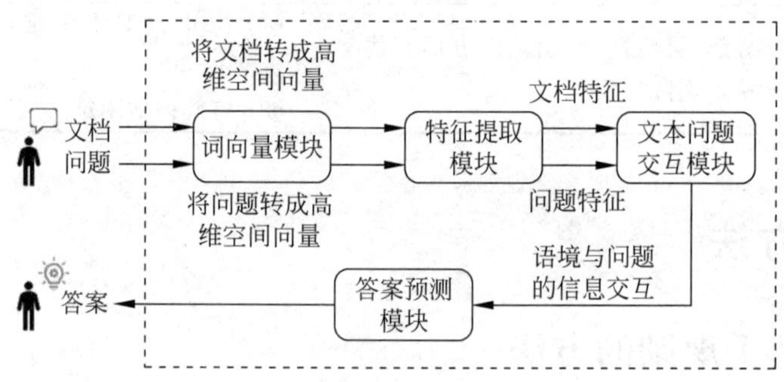

图 8.13 机器阅读理解系统的通用结构

(1) 词向量模块：由于机器不能直接理解自然语言，故 MRC 系统通常将输入单词通过词向量矩阵转换成固定长度的向量。该模块以语境和问题为输入，通过多种方式输出语境和问题词向量。经典的单词表示方法有独热编码和 Word2Vec 模型，有时还会结合其他的语言特征（如词性、名称实体和问题类）来表示单词中的语义和句法信息。此外，通过大规模语料库预训练的结构，（如 BERT 模型）在编码语境信息方面表现出更好的性能。

(2) 特征提取模块：在词向量模块之后，上下文和问题的词向量被送到特征提取模块。为了更好地理解上下文和问题，本模块旨在提取更多的上下文信息。特征提取模块常使用卷积神经网络（CNN）、循环神经网络（RNN）或双向长短时记忆（BiLSTM）网络对输入的文本序列进行特征提取，以获取更丰富的上下文信息和语义信息。

(3) 文本问题交互模块：语境和问题之间的相关性在预测答案方面往往起着决定性的作用。有了这样的信息，机器才能准确地聚焦和问题相关的内容并抽取答案。为了实现这一目标，单向或双向注意机制在本模块中被广泛用于查询与聚焦相关的部分上下文。此外，上下文和问题之间的交互有时通过多次跳跃来充分提取它们的相关性，此类操作模拟了人类理解的重读过程。

(4) 答案预测模块：答案预测模块是 MRC 系统的最后一个组件，它基于之前模块中积累的所有信息输出最终答案。答案预测模块与 MRC 任务高度相关。对于完形填空，这个模块的输出是原上下文中的一个单词或实体，而多项选择则需要从候选答案中选择正确的答案。当任务为片段抽取时，该模块提取给定上下文的子序列作为答案，而自由回答则通常使用一些生成技术来预测没有限制的答案。

8.3.3 基于深层语义的图匹配方法

8.3.1 节与 8.3.2 节的方法在某些简单的阅读理解任务中能够起到较好的效果，但是对于某些需要引入外部知识进行更深层次推理且几乎不可能通过相似度匹配得到结果的阅读理解任务来讲，上述方法几乎起不到作用。

基于图匹配的方法首先通过类似于语义角色标注的方法，将整篇文章转换为一张图结构，然后将问题与答案组合(称为查询)也转换为一张图结构，最后考虑文章的图结构与查询的图结构之间的匹配度。

机器阅读理解任务常用的方法包括基于规则的方法、基于神经网络的方法及基于深层语义的图匹配方法。这 3 种方法各有侧重，有着不同的应用场景。基于规则的方法在模型结构及实现上最为简单，在某些特定的数据集上也能起到较好的效果，但是由于特征本身具有的局限性，该类方法很难处理复述及远距离依赖问题；基于神经网络的方法能够很好地处理复述和长距离依赖问题，但是对于某些需要引入外部知识进行更深层次推理、几乎不可能通过相似度匹配得到结果的任务则无能为力；基于深层语义的图匹配方法通过在深层次的语义结构中引入人为定义的知识，从而使模型具有捕捉更深层次语义信息的能力，大大提高了模型的理解及推理能力，但是由于这类方法对于外部知识的依赖性极强，因此适用范围较窄，可拓展性较弱。

8.4 经典结构

2018 年年末，谷歌公司发布的预训练模型 BERT 横扫了 11 项自然语言处理任务，这其中也包括机器阅读理解任务。在 BERT 模型发布之前，针对阅读理解任务的有效结构是 BiDAF[20] 与 QANET[21] 等。这类结构虽然效果不如预训练模型，但也蕴含了大量的技巧。这些方法差异明显，总体框架如图 8.14 所示。

8.4.1 BiDAF 模型

BiDAF 模型是 Minjoon Seo 等于 2017 年发布在 ICLR 会议上的一篇机器阅读理解结构文章。这篇文章在机器阅读理解领域所作的贡献十分显著，提出的双向注意力机制更是成为一种通用编码器或者推理单元基础架构中的一部分，其模型结构如图 8.15 所示。BiDAF 并不是将文本总结为一个固定长度的向量，而是将向量流动起来，以便减少早期信息加权和的损失。此外在每个时刻，仅仅对问题(Query)和当前时刻的文本段(Context)进行计算，并不直接依赖上一时刻的注意力(Attention)，这使后面的 Attention 计算不会受到

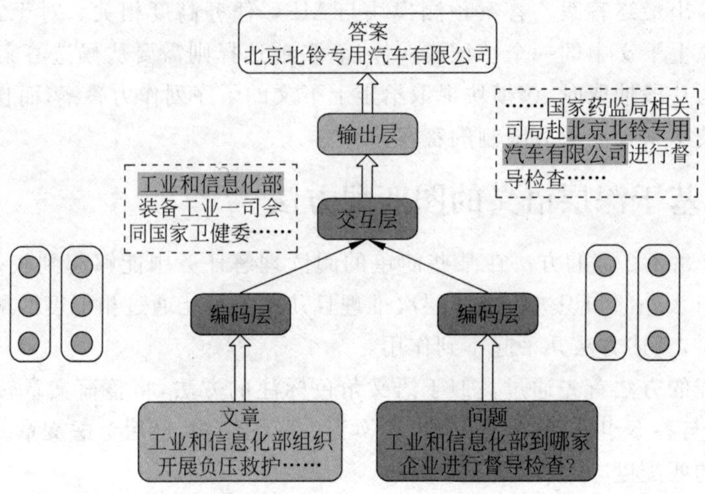

图 8.14 机器阅读理解总体框架图

之前错误的 Attention 信息的影响,同时结构里有一层只有文章和问题的相关性,计算了 Query-to-Context(Q2C)和 Context-to-Query(C2Q)两个方向的 Attention 信息,构建的 C2Q 和 Q2C 机制实际上能够相互补充。

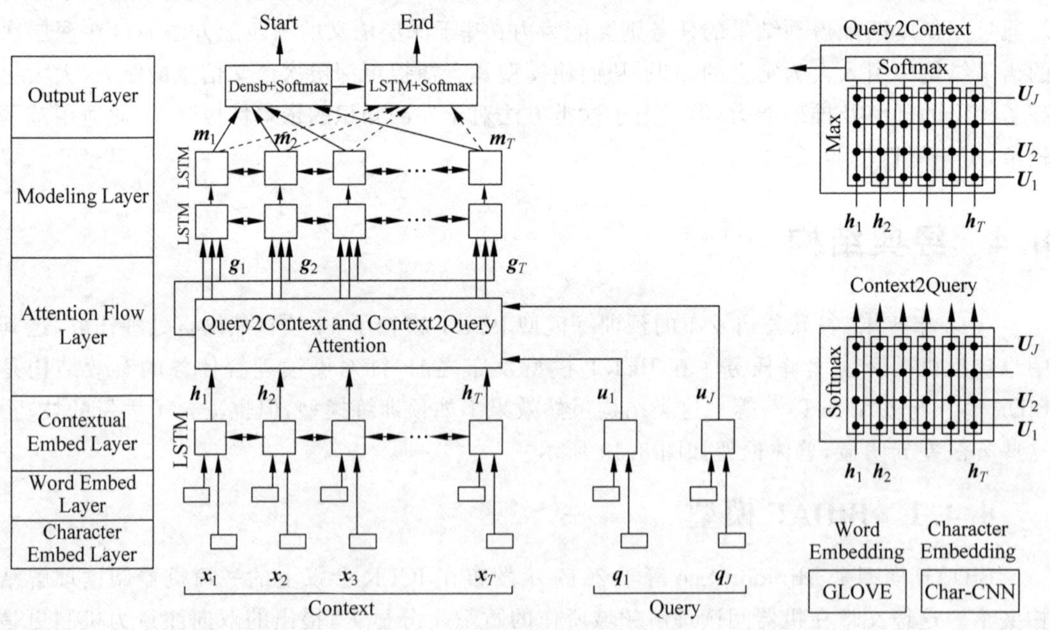

图 8.15 BiDAF 网络结构图[20]

BiDAF 共有 6 层,分别是 Character Embed Layer、Word Embed Layer、Contextual Embed Layer、Attention Flow Layer、Modeling Layer 和 Output Layer。其中前 3 层用来对

输入的文本进行不同力度的特征编码，对应通用阅读理解框架的编码层。第 4 层则是文中提出的双向注意流层，是模型的问题和文本交互模块。在问题交互之后，文中还使用了第 5 层再次进行编码，对第 4 层问题和文本交互的信息进行二次表征。第 6 层是一个预测答案的范围。假设 Context 为 $[x_1,x_2,\cdots,x_T]$，Query 为 $[q_1,q_2,\cdots,q_J]$。

Character Embed Layer 为 Context 和 Query 中每个词使用的字符级嵌入结构 CNN，具体做法是将字符嵌入向量中，可以将其视为 CNN 的一维输入，其大小是 CNN 的输入信道大小。CNN 的输出在整个宽度上进行最大池化操作，以获得每个字的固定大小的嵌入向量。

Word Embed Layer 模型的词嵌入使用了 Glove 预训练词向量，其将字符级的嵌入和词嵌入拼接在一起（按每个词拼接），并经过一个两层的 Highway Network[21]，从而得到文本的向量 $\boldsymbol{X}\in R^{d\times T}$ 及问题对应的向量 $\boldsymbol{Q}\in R^{d\times J}$ 。

Contextual Embed Layer 分别对上一步得到的 $\boldsymbol{X}$ 和 $\boldsymbol{Q}$ 使用 BiLSTM 进行编码，学习 $\boldsymbol{X}$ 和 $\boldsymbol{Q}$ 之间内部的联系。到上下文编码 $\boldsymbol{H}\in R^{2d\times T}$ 及问题编码 $\boldsymbol{U}\in R^{2d\times J}$ 这层为止，上下文和问题原始文本已经整合成具有多层级不同粒度的表征（字符级、词语级和段落级）。

Attention Flow Layer 是对文中贡献最大的一层，负责融合来自上下文和问题之间的信息。该层输入是 $\boldsymbol{H}$ 和 $\boldsymbol{U}$，输出是具有问题感知的上下文表征 $\boldsymbol{G}$。首先计算 $\boldsymbol{H}$ 和 $\boldsymbol{U}$ 的相似度矩阵 $\boldsymbol{S}\in R^{T\times J}$，如式(8.13)所示。$\boldsymbol{S}_{tj}$ 表示上下文 $\boldsymbol{H}$ 中第 t 列向量 $\boldsymbol{h}$ 和问题 $\boldsymbol{U}$ 中第 j 列向量 $\boldsymbol{u}$ 的相似度值，它是一个实值。α 表示可训练的映射函数 $\partial(\boldsymbol{h},\boldsymbol{u})=\boldsymbol{W}_{(s)}^{\mathrm{T}}[\boldsymbol{h};\boldsymbol{u};\boldsymbol{h}\circ\boldsymbol{u}]$，其中 $\boldsymbol{W}_{(s)}\in R^{6d}$，操作符“∘”代表矩阵对应元素相乘。

$$\boldsymbol{S}_{tj}=\alpha(\boldsymbol{H}_{:t},\boldsymbol{U}_{:j})\in R^{J} \tag{8.13}$$

将得到的 $\boldsymbol{S}$ 作为共享相似矩阵 C2Q 及 Q2C 两个方向的注意力，其中第 i 行表示上下文文本中第 i 个词与问题文本中每个词之间的相似度，第 j 列表示问题中第 j 个词与上下文文本中每个词的相似度。下面是两个方向的注意力计算公式。

C2Q 使用 Softmax 计算与“文本段落”每个词语相关的“问题段落”的词语。计算公式如下：

$$a_t=\mathrm{Softmax}(\boldsymbol{S}_{t:})\in R^{J} \tag{8.14}$$

$$\hat{\boldsymbol{U}}_{:t}=\sum_j a_t\boldsymbol{U}_{:j} \tag{8.15}$$

具体来讲，是将 $\boldsymbol{S}$ 相似度矩阵每行经过 Softmax 层直接作为注意力值，因为 $\boldsymbol{S}$ 中每行表示的是上下文文本中第 i 个词与问题文本中每个词之间的相似度，C2Q 表示文本对问题的影响，所以得到 a_t 直接与 $\boldsymbol{U}$ 中的每列加权求和得到新的 $\hat{\boldsymbol{U}}_{:t}$，最后拼成新的问题编码 $\hat{\boldsymbol{U}}$，它是一个 $2d\times T$ 的矩阵。

和 C2Q 类似，Q2C 计算与“问题段落”的每个词语相关的“文本段落”的词语，因为这些“文本段落”的词语对回答问题很重要，故直接取相关性矩阵中最大的那一列，对其进行 Softmax 归一化，计算 Context 向量加权和，然后重复 T 次得到 $\hat{\boldsymbol{H}}\in R^{2d\times T}$，计算公式如下：

$$b = \text{Softmax}(\max_{\text{col}}(\boldsymbol{S}) \in R^{\text{T}}) \tag{8.16}$$

$$\hat{\boldsymbol{h}} = \sum_{t} b\boldsymbol{H}_{:j} \in R^{2d} \tag{8.17}$$

得到了 $\hat{\boldsymbol{U}}$、$\hat{\boldsymbol{H}}$ 两个注意力方向的新问题编码和文本编码之后，再经过一个 MLP 的函数 β 将两者拼接起来得到问题感知的上下文文本表示 $\boldsymbol{G}$，即 $\boldsymbol{G}_{:t} = \beta(\boldsymbol{H}_{:t}, \hat{\boldsymbol{U}}_{:t}, \hat{\boldsymbol{H}}_{:t})$，实验中使用的拼接方式 $\beta(\boldsymbol{h}, \hat{\boldsymbol{u}}, \hat{\boldsymbol{h}}) = [\boldsymbol{h};\ \hat{\boldsymbol{u}};\ h \circ \hat{\boldsymbol{u}};\ \boldsymbol{h} \circ \hat{\boldsymbol{h}}]$有着更好的效果。

Modeling Layer(建模层)的输入是 $\boldsymbol{G}$，其作用和第 3 层一样，都使用了每个方向输出大小为 d 的 BiLSTM 捕获输入矩阵在时序上的依赖关系，得到一个 $\boldsymbol{M} \in R^{2d \times T}$。从结果上看，这是一个编码降维的过程。

Minjoon Seo 提出的 BiDAF 结构前面 5 层问题和文本的交互是固定的，但 Output Layer 则根据不同的任务进行详细设计。以经典的片段抽取来讲，输出层则需要预测答案的起始位置 p^1 和结束位置 p^2。其计算公式如下：

对于起始位置，直接使用 Modeling Layer 的输出向量 $\boldsymbol{M}$ 全连接 Softmax 后到最大概率的位置索引作为答案。

$$p^1 = \text{Softmax}(\boldsymbol{W}^{\text{T}}_{(p^1)}[\boldsymbol{G};\ \boldsymbol{M}]) \tag{8.18}$$

而结束位置的向量 $\boldsymbol{M}$ 则需经过另一个 BiLSTM 得到 $\boldsymbol{M}^2 \in R^{2d \times T}$。

$$p^2 = \text{Softmax}(\boldsymbol{W}^{\text{T}}_{(p^2)}[\boldsymbol{G};\ \boldsymbol{M}^2]) \tag{8.19}$$

然后使用交叉熵作为损失函数来优化求解模型的参数，如式(8.20)所示，其中 y_i^1 和 y_i^2 代表真实标签的起始位置。

$$L(\theta) = -\frac{1}{N}\sum_{i}^{N}[\log(P_{y_i^1}{}^1) + \log\ (P_{y_i^2}{}^2)] \tag{8.20}$$

目前该模型在 SQuAD 1.0 数据集的排名是第 42 名，而使用 BERT 预训练模型微调此项任务的 F1 分数已经达到 91.221，但是该模型的亮点在于双向注意力机制的提出，这种双向注意力机制在 QA 任务中充当编码器或者推理单元中的一环，对后续的性能产生了很大的影响。

8.4.2 QANet 模型

QANet 模型是谷歌公司于 2018 年发布在 ICLR 会议上的一个机器阅读理解网络结构。该模型提出了一种新的框架，使用 CNN 和自注意力(Self-Attention)机制代替传统的 RNN 构建机器阅读理解模型，极大地提升了模型训练与推理的速度。同时使用回译的方法进行数据增强。当时，该结构在 SQuAD 等数据集中取得了和最高分接近的成绩。模型结构如图 8.16 所示。

QANet 的输入层和 BiDAF 的输入层类似，使用 Glove 模型得到词向量 $\boldsymbol{x}_{\text{w}}$，初始化一个字符向量矩阵用来学习字符向量 $\boldsymbol{x}_{\text{c}}$，维度分别是 300 和 200，其中，每个单词的字符向量则通过最大池化生成，然后拼接向量 $\boldsymbol{x}_{\text{w}}$ 和 $\boldsymbol{x}_{\text{c}}$ 得到向量$[\boldsymbol{x}_{\text{w}};\ \boldsymbol{x}_{\text{c}} \in R^{200+300}]$，并将其输入两

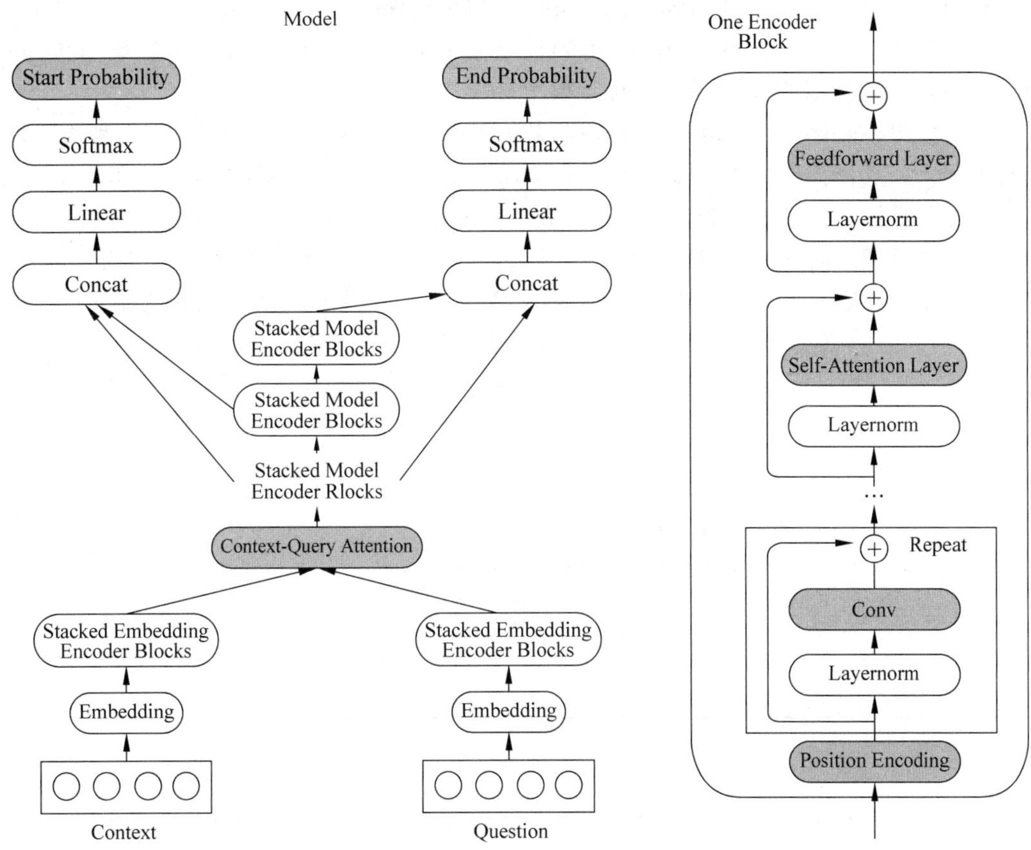

图 8.16　QANet 网络结构[22]

层的 Highway Network 进行信息融合，用 $\boldsymbol{X}$ 表示。

模型的 One Exoder Block 主要由三部分组成：Multi-Convolution Layer(Conv)、Self-Attention Layer 及 Feedforward Layer。其中，卷积层使用 Depthwise Separable Convolutions，相对传统卷积层占用内存少、泛化性更好，Kernel Size＝7，Num Filters＝128，一共用了 4 层；Self-Attention Layer 采用了 Multi-Head Attention 机制，Head 的数量设置为 8；然后是 Feedforward Layer。最后，这几个基本单元外面都套了 Residual Block，输入和输出是直通的，保证了没有信息丢失，并且每层计算之前都会做 Layer Normalization。

Context-Query Encoder Layer 通过对问题和文本段的词向量进行点乘操作及每个词两两之间的相似度，并用 Softmax 进行归一化，对于每个文本段落中的词，用归一化后的权重计算问题段落的词的加权和得到 Context-to-Query Attention，这借鉴了前面介绍的 BiDAF 的 Context-Query Encoder Layer 机制。

Model Encoder Layer 使用的 Encoder Block 与第 2 层的结构类似，和 Embedding Encoder Layer 的差别在于此时每个 block 里面使用了两个卷积层，一共用了 7 个 block，Kernel Size 是 5。

模型的输出与 BiDAF 等机器阅读理解任务的结构保持一致。同样是对交互后的问题和文档信息使用全连接层和 Softmax 得到最高概率的索引位置,将其作为答案的预测结果,再与真实标签结果计算交叉熵来优化模型参数。

模型使用了回译手段来增加训练数据,其大概思想是把现有语料翻译为另一种语言,然后翻译回来。具体操作如下:每条数据用(d,q,a)表示,其中 d 为文档,q 为问题,a 为答案。算法人员把文档 d 翻译为法语,在翻译模型的 Beam Search 阶段保留 k 个候选,然后将每个候选再翻译回英语,一共得到 k^2 个结果,在这 k^2 个结果里随机选一个作为 $\tilde{d}$。由于考虑到原来的答案 a 不一定出现在 $\tilde{d}$ 中,所以需要在 $\tilde{d}$ 中找到一个区间作为 $\tilde{a}$,使 $\tilde{a}$ 和 a 尽量接近,具体的方式为召回的 k^2 个答案与真正的答案 a 计算 Highest Character 2-Gram Score,将所得结果进行排序,最后选择分数最高的样本作为数据增强的样本。回译数据示例如图 8.17 所示。

	Sentence that contains an answer	Answer
Original	All of the departments in the College of Science offer PhD. programs, except for the Department of Pre-Professional Studies.	Department of Pre-Professional Studies
Paraphrase	All departments in thc College of Science offer PhD. programs with the exception of the Department of Preparatory Studies.	Department of Preparatory Studies

图 8.17 回译数据示例

实验结果如图 8.18 和图 8.19 所示,实验表明 QANet 结构在使用数据增强之前已经取得了接近最优成绩的成绩。此外,使用回译的方式进行数据增强,模型在 EM 和 F1 上分别提升了 1.5%和 1.1%,而且,由于模型的结构舍弃了串行 RNN,使用 CNN 和 Self-Attention 进行文本和问题的交互,因此速度有显著的提升。预测效率的提高也使模型在线上的实时使用成为可能。

Single Model	Published EM/F1	LeaderBoard EM/F1
LR Baseline (Rajpurkar et al., 2016)	40.4/51.0	40.4/51.0
Dynamic Chunk Reader (Yu et al., 2016)	62.5/71.0	62.5/71.0
Match-LSTM with Ans-Ptr (Wang & Jiang,2016)	64.7/73.7	64.7/73.7
Multi-Perspective Matching (Wang et al.,2016)	65.5/75.1	70.4/78.8
Dynamic Coattention Networks (Xiong et al.,2016)	66.2/75.9	66.2/75.9
FastQA (Weissenborn et al.,2017)	68.4/77.1	68.4/77.1
BiDAF(Sco ct al., 2016)	68.0/77.3	68.0/77.3
SEDT(Liu et al.,2017a)	68.1/77.5	68.5/78.0

图 8.18 QANet 模型效果(SQuAD 1.0 数据集)[21]

RaSoR (Lee et al. ,2016)	70.8/78.7	69.6/77.7
FastQAExr (Weissenborn et al. ,2017)	70.8/78.9	70.8/78.9
ReasoNet (Shen et al. , 2017b)	69.1/78.9	70.6/79.4
Document Reader (Chen er ai,2017)	70.0/79.0	70.7/79.4
Ruminating Reader (Gong & Bowman,2017)	70.6/79.5	70.6/79.5
jNet (Zhang et al. , 2017)	70.6/79.8	70.6/79.8
Conductor-net	N/A	72.6/81.4
Interactive AoA Reader (Cui et al. , 2017)	N/A	73.6/81.9
Reg-RaSoR	N/A	75.8/83.3
DCN+	N/A	74.9/82.8
AIR-FusionNet	N/A	76.0/83.9
R-Net (Wang et al. ,2017)	72.3/80.7	76.5/84.3
BiDAF+Self Attention+ELMo	N/A	77.9/85.3
Reinforced Mnemonic Reader (Hu et al. ,2017)	73.2/81.8	73.2/81.8
Dev set: QANet	73.6/82.7	N/A
Dev set: QANet+data augmentation×2	74.5/83.2	N/A
Dev set: QANet+data augmentation×3	75.1/83.8	N/A
Test set:QANet+data augmentation×3	76.2/84.6	76.2/84.6

图 8.18 (续)

	Train time to get 77.0 F1 on Dev set	Train speed	Inference speed
QANet	3hours	102samples/s	259samples/s
BiDAF	15hours	24samples/s	37samples/s
Spcedup	5.0x	4.3x	7.0x

图 8.19 QANet 与 BiDAF 模型在训练及推理速度上的比较[21]

8.4.3 基于 BERT 模型的机器阅读理解

不难看出,机器阅读理解的任务基本满足图 8.14 所示的框架,主要包括编码层、文本信息交互,以及答案求解输出。其中,编码层信息的设计及文本和问题的信息交互对阅读理解性能起着至关重要的作用。2018 年年末,由谷歌公司发布了刷新自然语言处理的 11 项纪录的 BERT 模型。BERT 模型不需要烦琐的管道式交互,只需要在 BERT 后面加上简单的网络就可以做中文阅读理解任务,并达到特别好的效果。

如图 8.20 所示,读者可以将问题和文本以"[CLS]+问题+[SEP]+文本输入"的形式输入 BERT 模型得到相应的输出向量,并对输出向量使用机器阅读理解常用的结构,得到向量 $\boldsymbol{O}\in R^{S\times H}$(其中 S 为输入文本长度,H 为 BERT 隐藏层维度),然后将向量 $\boldsymbol{O}$ 后接神经元大小为 2 的全连接层,分别表征起始和结束位置的索引,再使用交叉熵计算预测结果与真实结果损失,用以优化机器阅读理解任务,如式(8.21)和式(8.22)所示。

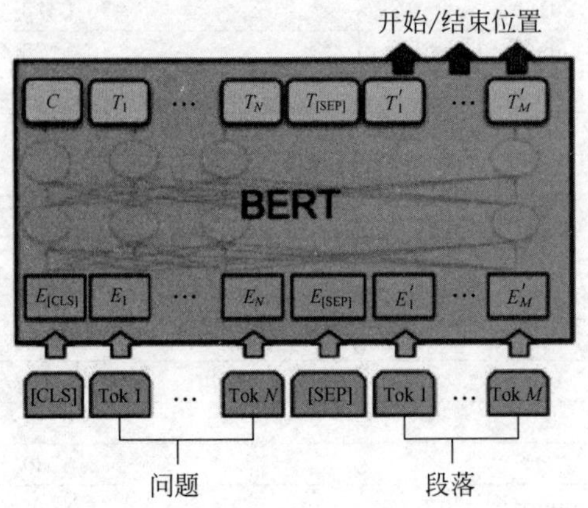

图 8.20　BERT 阅读理解下游任务

$$[P^1;P^2]=\text{Softmax}(\boldsymbol{W}^{\mathrm{T}}(\boldsymbol{O})) \tag{8.21}$$

$$L(\theta)=-\frac{1}{N}\sum_{i}^{N}[\log(P_{y_i^1}{}^1)+\log(P_{y_i^2}{}^2)] \tag{8.22}$$

8.5　多文档机器阅读理解实践

近年来，多文档机器阅读理解在工业界得到广泛应用。很明显，多文档机器阅读理解是个很有实用价值的研究方向。信息检索结合阅读理解实现对用户问题的精准回答是搜索引擎的未来，此外，问答助手也依赖于此项技术和用户进行交互。

本节将会通过实例结合理论的方法，以中国计算机学会举办的 CCF 2020 科技战疫·大数据公益挑战赛·政府政务问答助手竞赛作为实践，帮助读者掌握多文档机器阅读理解的具体流程和实现方法，进而加深读者对基于 BERT 模型的机器阅读理解的理解。

8.5.1　疫情政务问答助手

2020 年春节期间，新型冠状病毒感染肺炎疫情迅速向全国蔓延，全国上下共同抗击疫情。新冠疫情不仅对人民生命安全造成了威胁，也对很多企业的生产、发展产生了影响，按照党中央和国务院关于在做好疫情防控的前提下，有序做好企业复工复产的工作要求，国家各级政府部门、各个行业积极主动应对，相继出台了一系列惠民惠企政策。这些政策内容丰富、涵盖面广，涉及了稳定就业岗位、减轻企业负担、强化资金补贴、和谐劳动关系等方方面面，给予企业实实在在的支持，切实帮助各类企业（特别是中、小、微企业）共渡疫情难关。

为了更好地帮助各行业企业准确掌握相关政策，疫情政务问答助手旨在通过对惠民惠企政策数据的收集与处理，通过人机对话式问答的方式，对用户提出的政策疑问快速、准确地定位相关政策后返给用户。

如表 8.4 所示，任务给定了以北京市发布的各类政务文件为主的全国各地发布的疫情相关政策文档,以及部分疫情相关的问题和答案数据,要求选手提供的模型能够从多个政策文件中找到简练且正确的答案回答用户的提问。

表 8.4 疫情政务问答助手数据集规模

训练集	5000(条)
测试集	1643(条)
候选文档集	8844(条)

训练数据如表 8.5 所示,每个样本对应一个候选文档唯一标识符 docid 及基于这个候选文档提出的相关问题与答案,而在测试集中,为了更契合真实的应用场景,给定的数据则只有用户的提问,要求模型能够从候选文档集中筛选出合适的候选文档,并在合适的候选文档中抽出符合问题的答案。比赛中给定衡量模型的指标为 ROUGE-L,具体见 8.2 节中的评测指标。

表 8.5 疫情政务问答助手训练集实例

id	47a41a03966431739257ef215cdc1caa
docid	015758c216923f89991ca61c67b29f70
question	工业和信息化部到哪家企业进行督导检查?
answer	北京北铃专用汽车有限公司

候选文档集中总共有 8000 多个文档,并且每个文档的长度均大于 BERT 预训练模型的最大字长 512,因此,算法人员需要利用粗召回等手段找出与当前问题最相关的几个文档,然后对粗召回的文档进行机器阅读理解,找出最符合当前问题的答案,如图 8.21 所示。多文档机器阅读理解构建问答系统在得到用户的提问时,会通过对问题解析以进行信息检索获取相关文档,在这之后对召回的部分文档做机器阅读理解任务,最后根据段落得分和阅读理解得分对答案进行排序,返回分数最高的答案。这就意味着信息检索模型与阅读理解模型的好坏直接影响着多文档机器阅读理解结果的质量。

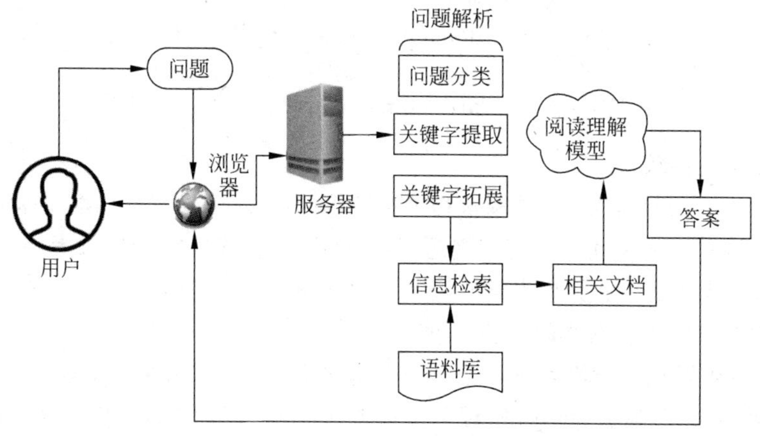

图 8.21 多文档机器阅读理解常用结构

8.5.2 信息检索

为了减少不相关文档对机器阅读理解模型算力的浪费及推理时间的消耗，在执行多文档机器阅读理解任务之前进行与问题相关的信息检索是必要的。目前，常用的信息检索技术有 TF-IDF、BM25 和 PageRank 等传统统计方法，也有基于机器学习文本向量排序的方法，如 SVMrank 等。随着深度学习的兴起，谷歌公司提出基于 BERT 的深度学习模型的信息检索技术[23]也得到了应用。相较于有监督学习，TF-IDF 和 BM25 等技术并不需要人工标注且有良好的文档召回率，是目前搜索引擎中最常用的技术，因此，无监督学习通常被用于多文档机器阅读理解任务中的文本粗召回环节，也是文本实验的粗召回的算法。下面将介绍一些有关文档检索的方法。

1. 词频-逆文档频率

词频-逆文档频率(TF-IDF)是一种用于信息检索与文本挖掘的常用加权技术。TF 即词汇出现的频次。如式(8.23)所示，为了减少文本长度对词频的影响，$\mathrm{TF}_{\mathrm{Score}}$ 为词频除以文档的长度以对词频进行归一化。

$$\mathrm{TF}_{\mathrm{Score}}=\frac{\text{指定词汇 word 在第 } i \text{ 个文档 } D_i \text{ 中出现的次数}}{\text{文档 } D_i \text{ 的长度}} \tag{8.23}$$

IDF 即逆文档频率，如式(8.24)所示。一个词越常见，分母越大，逆文档频率就越小。式(8.24)中分母之所以要加 1，是为了避免分母为 0(所有文档都不包含该词)。log 表示对得到的值取对数以将逆文档数最大值收敛于自然常数 e，用于防止 $\mathrm{IDF}_{\mathrm{score}}$ 对整体的评分影响过高。

$$\mathrm{IDF}_{\mathrm{score}}=\log\left(\frac{\text{文档集 } D \text{ 的总数}}{\text{指定词 word 在文档集 } D \text{ 出现过的文档总数}+1}\right) \tag{8.24}$$

因此，计算一个词汇及单个语句与某个文档的 TF-IDF 关联度得分方法如式(8.25)和式(8.26)所示。当然，有些 TF-IDF 的变种通过一些方法对出现的词汇进行加权相加，由于本章内容为机器阅读理解，故不做赘述。

$$\text{TF-IDF}(\text{word} \mid \text{docuements})=\mathrm{TF}_{\mathrm{Score}}\times\mathrm{IDF}_{\mathrm{score}} \tag{8.25}$$

$$\text{TF-IDF}_{\text{sentence}}(\text{word} \mid \text{docuements})=\sum_{i=0}^{n}\text{TF-IDF}_i \tag{8.26}$$

2. BM25 相关性算法

BM25 算法于 1994 年发布，是调整相关性计算的第 25 次迭代。BM25 算法的原理源自概率信息检索。它将相关性视为概率问题，相关性分数应该反映用户考虑结果相关性的概率。BM25 算法常被用于计算搜索词与商品之间的相关性、搜索词与回答之间的相关性及智能客服的用户问题与答案之间的相关性。

BM25 的主要思想为对输入的问题 Q 进行语素解析，生成语素 q_i；计算语素 q_i 与候选文档 d 的相关性得分，最后，将 q_i 相对于 d 的相关性得分进行加权求和，从而得到 Q 与 d 的相关性得分。BM25 算法的一般性公式如式(8.27)所示。

$$\text{Score}(Q,d)=\sum_{i}^{n}W_iR(q_i,d) \tag{8.27}$$

其中,Q 表示查询问题 Query;q_i 表示 Q 分词之后的每个单词;d 表示一个文档;W_i 表示 q 的权重;$R(q_i,d)$表示词 q_i 与文档 d 的相关性得分。值得一提的是,BM25 可以看成对 TF-IDF 的改进,即 W_i 为对 IDF 的改进,$R(q_i,d)$为对 TF 的改进。就权重 W_i 而言,用来判断一个词与一个文档相关性的权重方法有很多种,较常用的是 IDF,如式(8.28)所示。

$$\text{IDF}(q_i)=\log\frac{N-n(q_i)+0.5}{n(q_i)+0.5} \tag{8.28}$$

其中,N 为索引中的全部文档数,$n(q_i)$为包含了 q_i 的文档数。此时的 IDF 和 TF-IDF 定义的逆文档频率有少许不同,但大致曲线相同。对于给定的文档集合,包含语素 q_i 的文档数越多,则 q_i 的权重越低。换句话说,当很多文档都包含了 q_i 时,q_i 的区分度就不高了,因此使用 q_i 来判断相关性时的重要度就较低。

除此之外,影响 BM25 得分的还有语素 q_i 与文档 d 的得分 $R(q_i,d)$,其通常以如式(8.29)和式(8.30)的形式表示:

$$R(q_i,d)=\frac{f_i(k_1+1)}{f_i+K}\cdot\frac{qf_i(k_2+1)}{qf_i+k_2} \tag{8.29}$$

$$K=k_1\left(1-b+b\cdot\frac{\text{dl}}{\text{avgdl}}\right) \tag{8.30}$$

其中,k_1、k_2 和 b 为调节因子,一般根据经验设置,通常 $k_1=2$、$k_2=1$、$b=0.75$;f_i 为 q_i 在 d 中出现的频率;qf_i 为 q_i 在问题中出现的频率;dl 为文档 d 的长度;avgdl 为所有文档的平均长度。由于绝大多数情况下,q_i 在问题中只会出现一次,即 $qf_i=1$,因此式(8.29)又可以简化为

$$R(q_i,d)=\frac{f_i(k_1+1)}{f_i+K} \tag{8.31}$$

从 K 的定义中可以看到,参数 b 的作用是调整文档长度对相关性影响的大小。b 越大,文档长度对相关性得分的影响越大,反之越小;而文档的相对长度越长,K 值将越大,则相关性得分越小。可以理解为当文档越长时,包含 q_i 的机会越大,因此,在同等 f_i 的情况下,长文档与 q_i 的相关性应该比短文档与 q_i 的相关性弱,因此,BM25 算法的相关性得分公式如式(8.32)所示。

$$\text{Score}(Q,d)=\sum_{i}^{n}\text{IDF}(q_i)\frac{f_i(k_1+1)}{f_i+k_1\left(1-b+b\cdot\frac{\text{dl}}{\text{avgdl}}\right)} \tag{8.32}$$

从 BM25 的公式可以看到,通过不同的语素分析、语素权重判定及语素与文档的相关性判定方法,算法人员可以衍生出不同的搜索相关性得分计算方法,这给众多的应用场景提供了较大的灵活性。

3. 基于 BERT 模型的信息检索

Dai Zhuyun[23] 等使用 BERT 文本分类任务匹配与问题相关的文档,其通过全连接层

二分类的预测分数对召回的文档进行排序，如图 8.22 所示。相较于传统统计方法，BERT 模型因为无须对问题进行分词处理，因此能更好地保留字和词之间的边界关系，进而能表现出更良好的性能。然而，真实场景的文档长度常常多于 512 个字符，而且基于 BERT 模型的信息检索系统需要准确的标签。与此同时，该信息检索系统在硬件资源消耗和预测推理速度等方面都面临着严峻挑战，因此，在对算力与响应速度都无要求的前提下，基于 BERT 模型的信息检索系统仍然有应用价值。

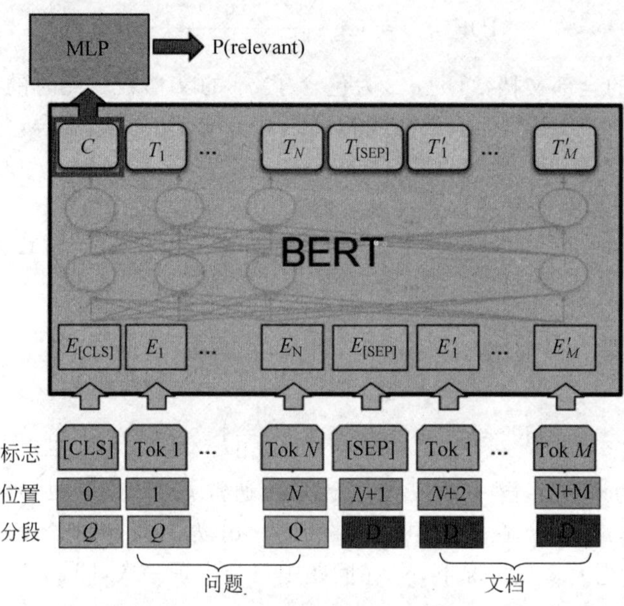

图 8.22 基于 BERT 模型的信息检索[23]

4. ElasticSearch

由于真实场景下的候选文档长度往往都超过 512 个字符，并且候选文档数量众多，以至于粗召回的环节并不适合使用深度学习的方法进行信息检索。为此，这里选用传统的统计方法 BM25 作为信息检索的粗召回算法。在计算问题与候选文档的相关性得分时，ElasticSearch 组件除了考虑问题与文档之间的 TF-IDF，还能通过引入其他信息增强问题和文档的关联，如政策文件和问题中通常会出现地名，地名对文档的召回也起着关键性的作用。除此之外，ElasticSearch 能够实现查询亿级数据毫秒级返回的性能要求，非常适合模型在真实场景的应用。

ElasticSearch 是一个基于 Lucene 库的搜索引擎，其搜索基于 BM25、TF-IDF 等传统算法。它提供了一个分布式、支持多租户的全文搜索引擎，具有 HTTP Web 接口和无模式 JSON 文档，其底层由 Java 开发，并在 Apache 许可证下作为开源软件发布。官方客户端在 Java、.NET(C＃)、PHP、Python、Apache Groovy、Ruby 和许多其他语言中都可以使用。Python 使用 ElasticSearch 只需使用 pip 命令下载并安装 ElasticSearch 便能以 API 的方式调用其检索和查询功能。如表 8.6 所示，ElasticSearch 和传统数据库相比差异明显，但操作方法和常用的数据库 MySQL 类似。数据的访问和增、删、查、改是数据库建立的基础，ElasticSearch 的使用也需要本地安装与构建。接下来将通过实际操作讲解如何安装与构建 ElasticSearch。

表 8.6 ElasticSearch 与传统数据库的区别

关系型数据库(如 MySQL)	非关系型数据库(ElasticSearch)
数据库 Database	索引 Index
表 Table	类型 Type
数据行 Row	文档 Document
数据列 Column	字段 Field
约束 Schema	映射 Mapping

实践环境使用的是 Ubuntu 操作系统。安装部署 ElasticSearch 步骤如下：进入 ElasticSearch 官网，下载当前系统适配的 ElasticSearch 包，如图 8.23 所示，这里选择了 Linux X86_64 的 7.10.2 版本进行下载。

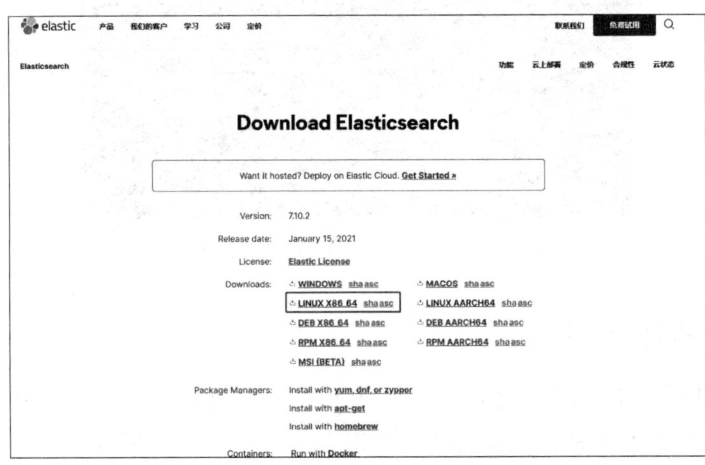

图 8.23 ElasticSearch 官网下载界面

下载对应版本的文件并进入 bin 文件夹运行 ElasticSearch 文件即可在本地部署 ElasticSearch。

```
#在任意路径下创建路径
cd ****                  #跳转至自己要安装 ElasticSearch 的路径
mkdir elasticSearch      #创建 ElasticSearch 文件夹

#下载 ElasticSearch
curl -L -O https://artifacts.elastic.co/downloads/elasticsearch/elasticsearch-7.10.2.
tar.gz
#解压压缩包
tar -xvf elasticsearch-7.10.2.tar.gz
```

```
#启动 ElasticSearch
cd elasticsearch-7.10.1/bin
./elasticsearch -d    #为了方便其他命令交互
```

成功启动的 ElasticSearch 会在后台工作。验证 ElasticSearch 是否正常工作仅需向本地服务器的默认端口 9200 发送请求。如果能接收到如图 8.24 所示的字段,则代表 ElasticSearch 在正常运行。

```
curl 'http://localhost:9200/?pretty'
```

在 ElasticSearch 正常启动后,对文档数据的增、删、查、改及信息检索仅需通过 Python 语言交互,这将会在后边的具体任务中进行详细阐述。


```
{
  "name" : "gpu1",
  "cluster_name" : "elasticsearch",
  "cluster_uuid" : "-7cQMFiCQem2m0U75Ig7KQ",
  "version" : {
    "number" : "7.10.1",
    "build_flavor" : "default",
    "build_type" : "tar",
    "build_hash" : "1c34507e66d7db1211f66f3513706fdf548736aa",
    "build_date" : "2020-12-05T01:00:33.671820Z",
    "build_snapshot" : false,
    "lucene_version" : "8.7.0",
    "minimum_wire_compatibility_version" : "6.8.0",
    "minimum_index_compatibility_version" : "6.0.0-beta1"
  },
  "tagline" : "You Know, for Search"
}
```


图 8.24 ElasticSearch 运行成功界面

8.5.3 多任务学习

对于一个用户的提问,假设 ElasticSearch 以一个较高的召回率从 8000 个文档中召回了 1 个文档,将该文档做抽取式阅读理解会极大地简化多文档机器阅读理解任务的难度。然而,基于传统方法的信息检索技术在 TOP1 召回率上并不能保证很好的性能,这意味着只召回一个文档会造成误差传播的灾难,即信息检索召回的文档错误时,无论机器阅读理解模型学得有多好,也回答不了用户的问题。所以,为了提高机器阅读理解模型的性能,算法人员通常使用信息检索技术召回多个相关文档。与此同时,由于召回的候选文档过长,常用的解决思路是对文档进行滑动切片,即将一篇文档分割成多个子片段,分别输入模型进行机器阅读理解任务。

此时,一个问题会得到多个相关文档。为了获得更好的答案,需要让模型衡量问题与对应文档是否相关。任务的设计方法如图 8.25 所示,算法人员可以通过 BERT 模型的下游分类任务来判断输入的问题与候选文档的切片段落是否匹配,这是一个二分类任务。

使用 BERT 模型构建一个经典的机器阅读理解任务的方法如图 8.26 所示。对于输入的问题和候选文档片段,算法人员通过 BERT 模型对文本内容嵌入编码及自注意力交互得

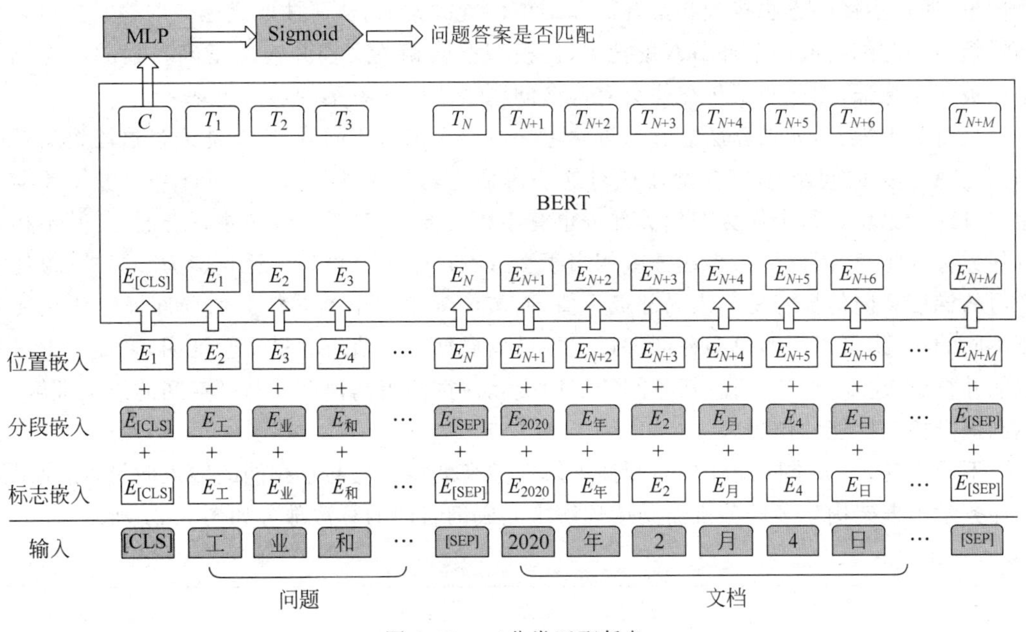

图 8.25 二分类匹配任务

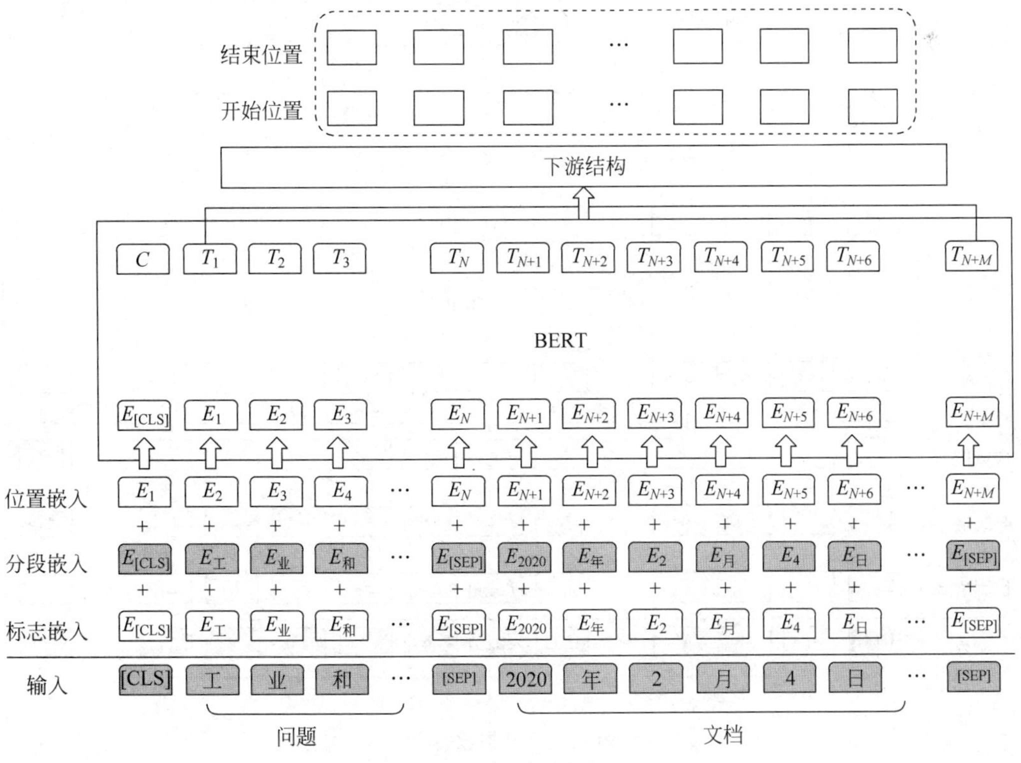

图 8.26 阅读理解任务

到向量,通过指针的方法找到答案开始和结束位置的索引,从而抽取式地获取答案。尽管经历过粗召回与细召回两个环节双重把关,但模型召回相关文档并输出正确答案的性能仍然不能被完全保证,因此测试集往往会有许多问题需要以无答案的形式出现。

从直觉上来看,如果算法能够通过学习一段语义来解决问题A,又能通过这段语义解决与问题A相关的问题B,则模型往往对这一段话有着更深刻的理解。同样地,多任务学习也源自这种思想。每个任务有相关部分也有不相关部分,当学习某个主任务时,与其不相关的任务称为噪声,因此引入多任务就相当于引入噪声来提升模型的泛化能力。另外,单任务学习的梯度反向传播容易陷入局部极小值,而多任务学习中不同任务的局部极小值往往处于不同的位置,可以帮助模型在训练过程中逃离局部极小值。大量实验证明,多任务学习不仅能并行解决多项任务,而且任务间的双向交互往往能提高模型在高维空间的语义理解,以达到提升模型性能的作用。

不难发现,二分类匹配任务与阅读理解任务高度相关且共享相同的输入向量,因此采用多任务学习框架构建多任务机器阅读理解来完成细召回的算法部分如图8.27所示。

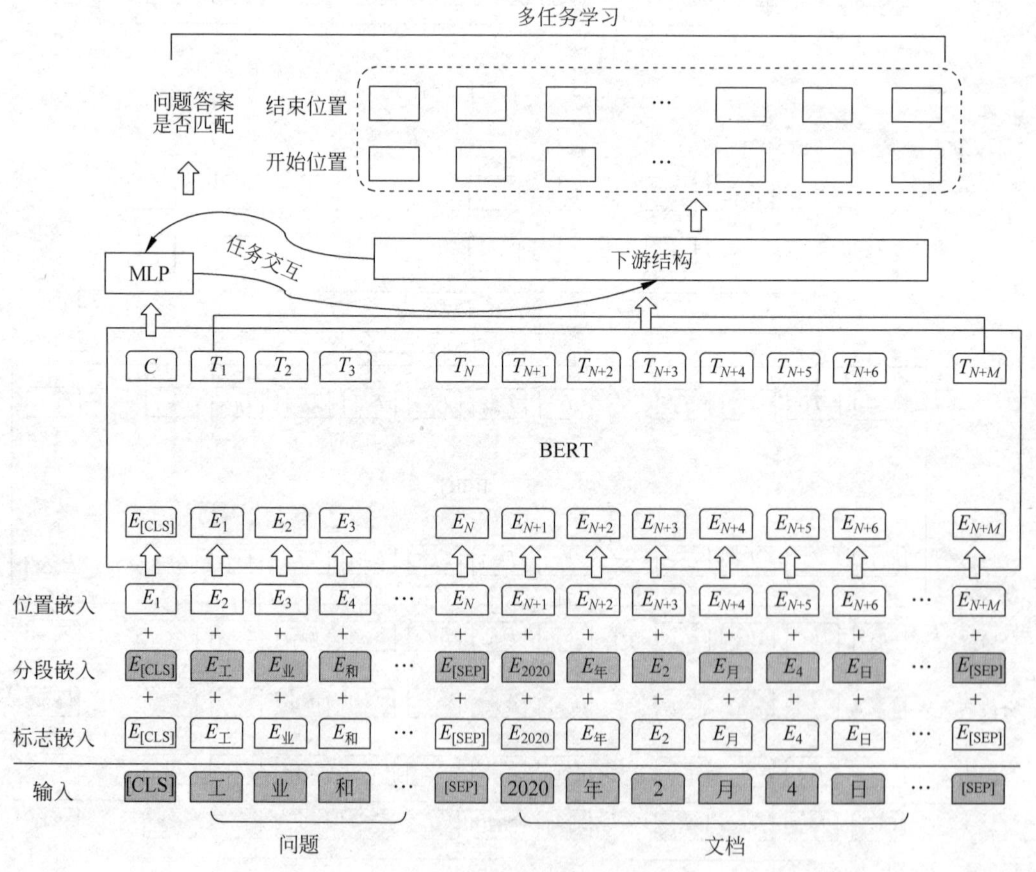

图8.27 多任务学习

8.5.4 实践

实践的粗召回部分可以使用ElasticSearch或者BM25算法，8.5.2节已介绍了ElasticSearch，其内核也是BM25算法，只是在BM25算法的基础上增添了一些更有用的功能。实践的细召回部分则是基于第7章文本分类的代码框架进行了改进，使其能够完成多任务机器阅读理解。

1. 数据分析

赛题提供了政策文档数据集、问题训练集和问题测试集。本书对问答训练集和问答测试集中的问题进行了统计，结果如表8.7所示。统计信息显示，两个数据集的长度分布差异不大，问题的长度均在25个字符左右。

表8.7 问题训练集和问题测试集统计

问题训练集				问题测试集			
问题个数	最短问题字数	最长问题字数	平均问题字数	问题个数	最短问题字数	最长问题字数	平均问题字数
5000	8	97	25.74	1632	10	98	26.05

代码如下：

```
#chapter8/Dataview.py

import pandas as pd    #导入Pandas包
file_path = "/home/wangzhili/lei/Search_QA/data/"
#加载文件
train_df = pd.read_csv(file_path + 'NCPPolicies_train_20200301.csv', sep = '\t', error_bad_
lines = False)
test_df = pd.read_csv(file_path + 'NCPPolicies_test.csv', sep = '\t', error_bad_lines =
False)
#问题长度统计
print(train_df['question'].apply(len).describe())
print(test_df['question'].apply(len).describe())
```

此外，这里利用提问常用的特殊关键词统计了问题类型的分布，如表8.8所示。统计显示，标注人员对政府政策文档的提问范围广泛，其中地点、原因及方法类的提问在问题训练集和问题测试集均占有更高的比重，并且问题训练集和问题测试集几乎拥有相同的数据分布，如图8.28所示。

表8.8 问题类型规则方式

地点	时间	方法	原因	数量	其他
“哪”	时、多久、多长	如何、怎么、怎样	为什么、由于、原因	几、多少	—

代码如下：

```
#chapter8/Dataview.py
#统计问题类型
def block_question(question):
    """问题通过规则映射"""
    if '哪' in question:
        return 1
    elif '时' in question or '多久' in question or '多长' in question:
# print(question)
        return 2
    elif '如何'in question or '怎么' in question or '怎样' in question :
        return 3
    elif '为什么'in question or '由于' in question or '原因' in question :
        return 4
    elif '几' in question or '多少' in question:
        return 5
    else:
        return 6
#问题类型映射及统计
train_df['block_q'] = train_df['question'].apply(block_question)
test_df['block_q'] = test_df['question'].apply(block_question)
train_df['block_q'].value_counts().plot.pie()
test_df['block_q'].value_counts().plot.pie()
```

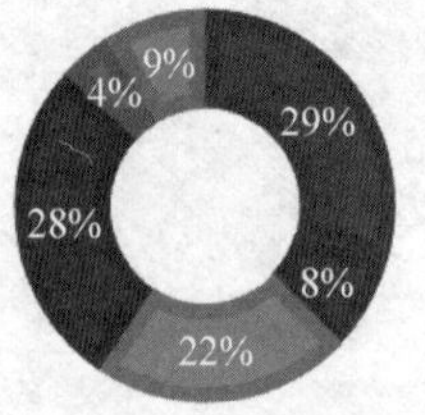

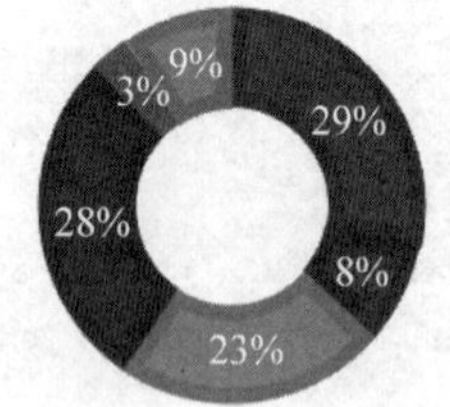

图 8.28 问题类型分布

同时，这里还统计了政策文档的长度，如表 8.9 与图 8.29 所示。政策文档数据集的文档长度分布不均匀，文档长度偏长，不适合直接使用预训练模型微调阅读理解任务。

表 8.9 政策文档数据集统计

文档个数	最短文档字数	最长文档字数	平均文档字数
8932	21	54 169	1618.54

代码如下：

```
#chapter8/Dataview.py
#统计文档长度
def block_len(t_len):
    """长度映射"""
    if t_len < 64:
        return 0
    elif t_len < 128:
        return 1
    elif t_len < 256:
        return 2
    elif t_len < 512:
        return 3
    elif t_len < 1024:
        return 4
    elif t_len < 2048:
        return 5
    else:
        return 6
#加载文件
contex_df = pd.read_csv(file_path + 'NCPPolicies_context_20200301.csv', sep = '\t', error_
bad_lines = False)
contex_df['text_len'] = contex_df['text'].apply(len)
print(contex_df['text_len'].apply(block_len).value_counts())
```

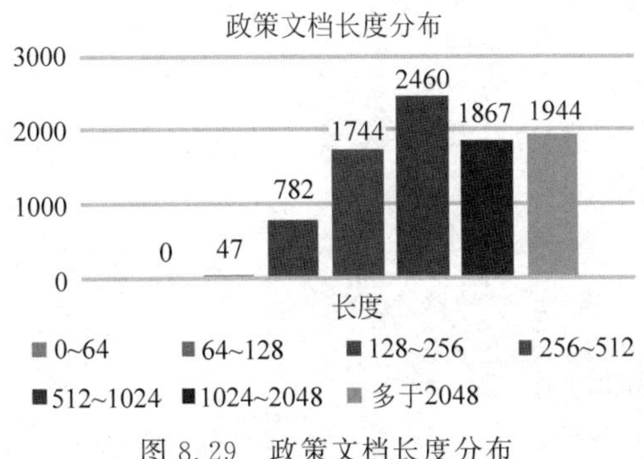

图 8.29　政策文档长度分布

因此，设计了如下的实验。本次实验针对多文档机器阅读理解任务设计了如图 8.30 所示的流程，分别为信息检索、文档细召回、段落划分及机器阅读理解。

2. 基于 ElasticSearch 的信息检索

构建 ElasticSearch 索引以存放政策文档候选集。实验根据政策文档给定的数据在映射中设置了 word_phrase、entities、passage、ad 和 docid。值得一提的是，由于政策文档存在大量地名，而出现的地名在问题和文档的召回中往往起着决定性的作用，为此构建了一些地址词汇信息，以提升 ElasticSearch 召回候选文档的性能，代码如下：

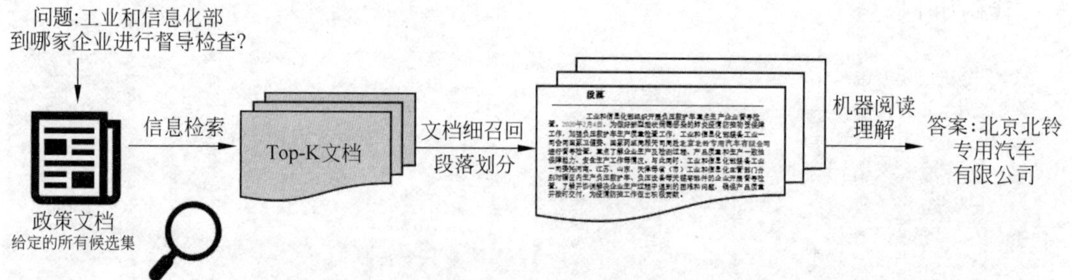

图 8.30 实验流程图

```
#chapter8/Search/build_es.py
#构建 ElasticSearch 索引以存放政策文档候选集
class ElasticObj:
    def __init__(self, index_name, index_type, passage_path, ip="127.0.0.1"):
        '''
        :param index_name: 索引名称
        :param index_type: 索引类型
        :passage_path: 文章路径
        '''
        self.index_name = index_name
        self.index_type = index_type
        self.passage_path = passage_path    #候选文档路径
        self.es = Elasticsearch([ip])       #ElasticSearch
    def create_index(self):
        '''
        创建索引,名称为 ott、类型为 ott_type
        :param ex: ElasticSearch 对象
        :return:
        '''
        #创建映射
        _index_mappings = {
            "mappings": {
                "properties": {
                    "word_phrase": {
                        "type": "text",
                        "analyzer": "ik_smart"
                    },
                    "entities": {
                        "type": "text",
                        "analyzer": "ik_smart"
                    },
                    "passage": {
                        "type": "text",
                        "analyzer": "ik_max_word",
```

```
                "search_analyzer": "ik_smart"
            },
            "ad": {
                "type": "text",
                "analyzer": "whitespace",
                "search_analyzer": "whitespace"
            },
            "docid": {
                "type": "text"
            }
        }
    }
}
if self.es.indices.exists(index = self.index_name) is not True:
    res = self.es.indices.create(index = self.index_name, body = _index_mappings)
#没有索引时根据映射创建
    print(res)
```

读取给定的政策文档并将其写入已经构建成功的 ElasticSearch 索引中，代码如下：

```
#chapter8/Search/build_es.py
#ElasticObj 类下方法
def bulk_Index_Data(self):
        #存放数据
        ACTIONS = []
        i = 1
        d = Dict("data")
        with open(self.passage_path) as f:
            context_df = pd.read_csv(self.passage_path, sep = '\t')
            for i,row in tqdm(context_df.iterrows()):
                doc_id = row['paraid']
                content = row['text']
                if content == '':
                    continue
                entities = ','.join(city_entiy(content)) #根据规则抽取城市名称
                #抽取特殊词性的精练词
                tagList = jieba.analyse.extract_tags(content, topK = 10)
                tagList = delete_common(tagList)
                passage_match = d.multi_match(content)
                try:
                    #映射成城市 id
                    passage_code = list({passage_match[k]['value']['code'][:2] for k in passage_
match})
                except:
                    continue
                action = {
                    "_id": doc_id,
```

```
                "_index": self.index_name,
                "_type": self.index_type,
                "_source": {
                    "passage": re.sub('\s+', '', content),
                    "docid": doc_id,
                    "entities": entities,
                    "word_phrase": ','.join(tagList), #精练词
                    "ad": ''.join(passage_code)地区 id
                }
            }
            ACTIONS.append(action)
        print(len(ACTIONS))                              #数据长度
        #把所有数据写入 ElasticSearch 的索引中
        success, _ = helpers.bulk(self.es, ACTIONS, index = self.index_name, raise_on_error =
True)
        print('Performed %d actions' % success)
if __name__ == '__main__':
    path = "/Search_QA/data/para/para_context.csv"  #政策文档路径
    ip = "127.0.0.1"                        #可远程连接,本地配置时指定为 127.0.0.1
    index_name = "0216"                     #索引唯一名,类似于数据库名,用来区别索引
index_type = "_doc"                         #存储文件的类型
    obj = ElasticObj(index_name, index_type, ip = ip, passage_path = path)
                obj.create_index()    #创建索引
    obj.bulk_Index_Data()                   #写入数据
```

在所有的政策文档写入数据库后,只需对用户问题进行分词并将其输入 ElasticSearch,便能调用 ElasticSearch 的引擎来执行相关召回算法,从而获得排序后的相关文档和召回分数,召回示例如图 8.31 所示,代码如下:

```
#chapter8/Search/train_es.py
from elasticsearch import Elasticsearch
#连接本地 ElasticSearch
es = Elasticsearch(
    ['127.0.0.1'],)
query = '天津市继续教育网在"抗疫知识专栏"中设有哪两类课程?'          #给定一个问题
#问题信息分词及抽取
neus, entity, target = key_entity(query,(stop_flag, stopwords))    #问题中的特殊词
tagList = jieba.analyse.extract_tags(d[-1], topK = 8)
tagList = list(set(tagList))                                       #特殊词性词
tagList = delete_common(tagList)                                   #删除通用的词
passage_match = di.multi_match(query)
#问题中是否包含地址信息
passage_code = list({passage_match[k]['value']['code'][:2] for k in passage_match})
q_l = list(set(list(entity + target + neus)))
doc = {……}#见代码中的详细描述,将拆分后的问题处理成 es 接口合适的格式
#信息检索,获取前 50 个候选文档
results = es.search(index = '0106', doc_type = '_doc', body = doc, size = 50)['hits']['hits']
print(result)
```

[{'_index': '0106',
'_type': '_doc',
'_id': '34830ac2ef5d314fbad41f7beed484f4',
'_score': 439.3067,
'_source': {'passage': '市人社局关于在天津市专业技术人才继续教育网增设抗疫知识专栏的通知市人社局关于在天津市专业技术人才继续教育网增设抗疫知识专栏的通知各区人力资源和社会保障局，各委办局(集团公司)、人民团体、大专院校、科研机构人力资源(教育)部门，有关单位：为贯彻落实总书记重要指示精神，助力打赢新冠肺炎疫情防控阻击战，普及科学知识，增强公众战胜疫情的信心，市人社局决定在天津市专业技术人才继续教育网(以下简称“继续教育网”)中增设“抗疫知识专栏”，现就有关事项通知如下：一、“抗疫知识专栏”中设有两类课程，“新冠肺炎防疫小课堂”主要发布有关新冠肺炎的科学知识；“防疫抗疫身心调节公益课堂”主要发布中国心理学会、清华大学等知名专家讲授的有关疫情防控期间心理健康调适方法和技巧。二、从即日起至疫情结束，本市专业技术人才以及广大公众，可直接登录继续教育网(网址：http://tjjxjy.chinahrt.com)首页，单击“抗疫知识专栏”；或在市人社局官网(网址：http://hrss.tj.gov.cn/)首页“最新公告”栏目，打开相关通知中的链接，即可免费学习。三、对专业技术人才在上述期间参与“抗疫知识专栏”学习的，根据实际学习时长，最高可计为本人 2020 年度继续教育公需科目选修课的 6 个学时。四、各单位要积极宣传、组织引导专业技术人才和广大公众参与“抗疫知识专栏”学习。若学习中遇到困难，可及时联系继续教育网技术客服(电话：4000666099)或市人社局专业技术人员管理处(电话：83218135)。2020 年 2 月 18 日(此件主动公开)抄送：中国北方人才市场。',
'docid': '34830ac2ef5d314fbad41f7beed484f4',
'entities': ',普及,中国,天津市',
'word_phrase': '抗疫,教育网,专栏,社局,市人,人才,知识,专业,技术',
'ad': '45 43 12'}},
{'_index': '0106',
'_type': '_doc',
'_id': 'b1bab92d78c33780b45eff48fed3fc7a',
'_score': 187.01013,
'_source': {'passage': '天津上线"艺术云课堂"首批 34 位名家新秀以"艺"战"疫"新华社天津 2 月 17 日电(记者周润健)"'云课堂'的形式很新颖，拉近了演员和观众之间的距离。希望通过我的直播介绍，能让更多的年轻人喜欢上河北梆子。"天津河北梆子剧院优秀青年女老生演员陈亭说。天津北方演艺集团和天津市文化和旅游局联合打造的公益项目"名家新秀艺术云课堂"16 日正式上线。作为首期"云课堂"讲解人，陈亭在线与观众朋友们交流了河北梆子的发展史以及自己学艺和表演时的心得体会，同时引领观众赏析老生行当中风格各异的角色。据了解，"云课堂"采取"直播＋回顾"的双播形式，疫情防控期间，每周三、周六、周日开播，每期 1 位嘉宾，每期课程 30 分钟。首批确定参与"云课堂"公益项目直播的名家新秀共有 34 位，全部来自天津市各大国有文艺院团。疫情防控期间，他们将在线分享艺术知识，导赏艺术精品，发布抗"疫"新作，宣传防疫知识。"平时我们都在舞台上享受与观众的最直接互动，特殊时期，我们也愿意通过网络与观众隔空互动。"天津京剧院中国戏剧梅花奖得主王艳说，"虽然我对直播技术有一些陌生，甚至是'现学现卖'，但我愿意学着做一个'主播'，陪伴广大观众度过'宅'在家里不能进剧场的日子。"',}
……]

图 8.31　ElasticSearch 召回答案实例

3. 基于 BM25 算法的信息检索

若读者觉得 ElasticSearch 高度封装且需额外配置环境较为烦琐，也可尝试直接使用 BM25 算法的召回算法构建实验的粗召回部分，算法性能也可达到与 ElasticSearch 相当的效果，代码如下：

```
#chapter8/Search/bm25_recall.py

#停用词和跳过词性
stop_words = config.processed_data + 'baidu_stopwords.txt'
stopwords = codecs.open(stop_words, 'r', encoding='utf8').readlines()
stopwords = [w.strip() for w in stopwords]
stop_flag = ['x', 'c', 'u', 'd', 'p', 't', 'uj', 'm', 'f', 'r']



def tokenization(text):
    #对一篇文章分词、停用词
    result = []
    words = pseg.cut(text)
    for word, flag in words:
        if flag not in stop_flag and word not in stopwords:
            result.append(word)
return result

def load_corpus(context_df):
    #将政策文件分词后保存至大列表
    corpus = []
    id_list = []
    for i in tqdm(range(len(context_df))):
        text_list = tokenization(context_df['text'][i])
        corpus.append(text_list.copy())
        id_list.append(context_df['docid'][i])
    return corpus, id_list
#加载政策文档及训练集和测试集
if __name__ == '__main__':
context_df = pd.read_csv(config.processed_data + 'NCPPolicies_context_20200301.csv',sep='
\t', error_bad_lines=False)

train_df = pd.read_csv(config.processed_data + 'NCPPolicies_train_20200301.csv', sep='\t',
error_bad_lines=False)

test_rs_pd = pd.read_csv(config.processed_data 'NCPPolicies_test.csv', sep='\t')
#将所有的政策文件处理成 BM25 所需要的语料
corpus, id_list = load_corpus(context_df)
```

每个文档得到如图 8.32 所示的列表,同时保留对应的文档 id。

['福建', '部门', '联合', '出台', '暖', '企', '措施', '支持', '复', '工稳', '岗', '解决', '企业', '复产', '用工', '困难', '省政府', '省人', '社厅', '省工', '信厅', '省', '教育厅', '省', '财政厅', '省', '交通运输', '厅', '省卫健委', '联合', '下发', '通知', '出台', '暖', '企', '措施', '支持', '疫情', '防控', '复', '工稳', '岗', '通知', '切实', '发挥', '农民工', '工作', '领导小组', '办公室', '统筹', '协调', '作用', '劳务', '用工', '对接', '具备', '外出', '务工', '条件', '可成', '规模', '输送到', '工地', '出行', '天内', '途', '相关', '症状', '工地', '输出地', '联合', '点对点', '一站式', '直达', '企业', '运输', '省级', '公共', '就业', '服务', '机构', '劳务输出', '省份', '签订', '劳务', '协作', '协议', '设立', '劳务', '协作', '工作站', '工作站', '给予', '就业', '服务', '经费', '补助', '鼓励', '优先', '聘用', '劳务', '人员', '省', '应对', '新冠', '肺炎', '疫情', '工作', '机构', '确认', '疫情', '防控', '急需', '物资', '生产', '企业', '引进', '劳动力', '用工', '服务奖', '补', '标准', '提到', '企业', '生产', '工作', '职工', '给予', '每人每天', '生活', '补助', '纳入', '用工', '服务奖', '补', '范畴', '疫情', '响应', '结束', '稳定', '职工队伍', '连续', '生产', '企业', '给予', '稳', '就业', '奖', '补', '加大', '失业', '保险', '稳岗', '返还', '力度', '微', '企业', '稳岗', '返还', '政策', '裁员', '率', '标准', '调整', '不', '高于', '年度', '全国', '调查', '失业率', '控制目标', '参保', '职工', '人', '含', '企业', '裁员', '率', '调整', '不', '超过', '企业', '参保', '职工', '总数', '不', '裁员', '裁员', '符合条件', '参保', '企业', '返还', '上', '年度', '缴纳', '失业', '保险费', '受', '疫情', '影响', '面临', '暂时性', '生产', '经营', '困难', '恢复', '有望', '裁员', '裁员', '符合条件', '参保', '企业', '当地', '人均', '失业', '保险金', '参保', '职工', '人数', '落实', '失业', '保险', '稳岗', '返还', '政策', '职业技能', '培训', '鼓励', '技工', '院校', '学生', '符合', '疫情', '防控', '条件', '参加', '实习', '实训', '探索', '简易', '岗前', '技能', '培训', '企业', '生产', '急需', '新', '录用', '人员', '标准', '给予', '企业', '简易', '岗前', '技能', '培训', '补贴', '鼓励', '实施', '线', '培训', '受', '疫情', '影响', '企业', '停工', '期', '组织', '职工', '参加', '线', '线下', '职业培训', '按规定', '纳入', '补贴', '类', '培训', '通知', '着力', '提升', '政策措施', '精准度', '有效性', '提升', '企业', '享受', '政策措施', '感', '企业', '落实', '落细', '防控', '主体', '责任', '落实', '返岗', '信息', '登记', '班车', '错峰', '接送', '员工', '分散', '用餐', '体温', '监测', '应对', '措施', '确保', '复', '工稳', '岗', '疫情', '防控', '两不误', '记者', '潘园园']

图 8.32 列表

此时,算法人员只需使用 gensim 提供的图 8.32 列表 BM25 函数便可以将所有的语料变成索引存储,并通过调用 get_score()方法计算问题与所有文档之间的 BM25 分数,代码如下:

```
#chapter8/Search/bm25_recall.py
from gensim.summarization import bm25
#构建 BM25
bm25Model = bm25.BM25(corpus)
#对于问题
query = '天津市继续教育网在"抗疫知识专栏"中设有哪两类课程?'
query = tokenization(query) #分词
#构建 id 映射成文档的字典
id2doc = dict(zip(list(context_df['docid']), list(context_df['text'])))
```

```
scores = bm25Model.get_scores(query)
scores = np.array(scores)
sort_index = np.argsort( - scores)[:500]
doc_ids = [id_list[i] for i in sort_index][:3]
scores_value = [scores[i] for i in sort_index][:3]
for i, id in enumerate(doc_ids):
    print("id:{}".format(id))
    print("score:{}".format(scores_value[i]))
    print("passage:{}".format([id2doc[id]]))
```

由于实验在 ElasticSearch 中引入了地名信息，因此 ElasticSearch 更倾向于召回和问题拥有相同地点的文档，而 BM25 算法的召回文档与 ElasticSearch 的召回文档有所不同，如图 8.33 所示。

```
id：34830ac2ef5d314fbad41f7beed484f4
score：57.875210208413925
passage：'市人社局关于在天津市专业技术人才继续教育网增设抗疫知识专栏的通知 市人社局关于在天津市专业技术人才继续教育网增设抗疫知识专栏的通知 各区人力资源和社会保障局，各委办局（集团公司）、人民团体、大专院校、科研机构人力资源（教育）部门，有关单位：为贯彻落实总书记重要指示精神，助力打赢新冠肺炎疫情防控阻击战，普及科学知识，增强公众战胜疫情的信心，市人社局决定在天津市专业技术人才继续教育网（以下简称“继续教育网”）中增设“抗疫知识专栏”，现就有关事项通知如下：一、“抗疫知识专栏”中设有两类课程，“新冠肺炎防疫小课堂”主要发布有关新冠肺炎的科学知识；“防疫抗疫身心调节公益课堂”主要发布中国心理学会、清华大学等知名专家讲授的有关疫情防控期间心理健康调适方法和技巧。二、从即日起至疫情结束，本市专业技术人才以及广大公众，可直接登录继续教育网（网址：http://tjjxjy.chinahrt.com）首页，单击“抗疫知识专栏”；或在市人社局官网（网址：http://hrss.tj.gov.cn/）首页“最新公告”栏目，打开相关通知中的链接，即可免费学习。三、对专业技术人才在上述期间参与“抗疫知识专栏”学习的，根据实际学习时长，最高可计为本人 2020 年度继续教育公需科目选修课的 6 个学时。四、各单位要积极宣传、组织引导专业技术人才和广大公众参与“抗疫知识专栏”学习。若学习中遇到困难，可及时联系继续教育网技术客服（电话：4000666099）或市人社局专业技术人员管理处（电话：83218135）。2020 年 2 月 18 日（此件主动公开）抄送：中国北方人才市场。'
id：5db3ed08679c33829a07ada724761177
score：27.244799411048625
passage：'人社部疫情防控期间免费开放“技工教育网”并征集优质数字教学资源 近日，人力资源社会保障部发出通知，决定在疫情防控期间免费开放“技工教育网”（http://jg.class.com.cn）平台全部功能和资源内容，助力全国技工院校开展线上教学，实现“开学延期、学习不延期”，并征集优质数字教学资源。\u3000\u3000 通知要求，各级人社部门要高度重视疫情防控期间技工院校教育教学工作，组织本地区技工院校教师用好“技工教育网”平台提供的各种类型资源内容。要根据不同技工院校需求进行分类指导，统筹使用本院校、本地区和“技工教育网”线上功能和教学课程。对于贫困地区技工院校，要依托对口帮扶、结对帮扶等形式，进一步加强在线教学工作指导。对于贫困家庭学生，各相关地区和院校要切实研究解决问题困难。同时，各级人社部门
```

图 8.33　BM25 及 ElasticSearch 的召回文档

要做好优质数字教学资源征集和上报工作，组织动员相关单位积极制作和提供数字教学资源。\u3000\u3000据了解，技工教育网是集院校管理、校企合作、知识服务、信息交汇于一体的知识应用服务平台。平台开设了政策文件、院校导航、国家级规划教材、教材配套资源、一体化课改资源库、特色专业建设库、考试题库、微课程、大赛专区等9个功能版块，具备集资源整合、课件制作、授课学习、实时考核、实时反馈、学情统计为一体的在线互动教学功能；汇集德育、通用职业素质、语文、数学等公共课和机械类、电工电子类、交通类、信息类、财政商贸类、幼儿教育类等30多个专业的在线课程，以及电子课件、电子教案、微视频、微动画、试题试卷、示范课等数字教学资源20 000多个，可以充分满足教师在线互动教学和学生在线自主学习需要。'

id：b1bab92d78c33780b45eff48fed3fc7a

score：18.01816497752055

passage：'天津上线"艺术云课堂" 首批34位名家新秀以"艺"战"疫"新华社天津2月17日电(记者 周润健)"'云课堂'的形式很新颖，拉近了演员和观众之间的距离。希望通过我的直播介绍，能让更多的年轻人喜欢上河北梆子。"天津河北梆子剧院优秀青年女老生演员陈亭说。天津北方演艺集团和天津市文化和旅游局联合打造的公益项目"名家新秀艺术云课堂"16日正式上线。作为首期"云课堂"讲解人，陈亭在线与观众朋友们交流了河北梆子的发展史以及自己学艺和表演时的心得体会，同时引领观众赏析老生行当中风格各异的角色。据了解，"云课堂"采取"直播＋回顾"的双播形式，疫情防控期间，每周三、周六、周日开播，每期1位嘉宾，每期课程30分钟。首批确定参与"云课堂"公益项目直播的名家新秀共有34位，全部来自天津市各大国有文艺院团。疫情防控期间，他们将在线分享艺术知识，导赏艺术精品，发布抗"疫"新作，宣传防疫知识。"平时我们都在舞台上享受与观众的最直接互动，特殊时期，我们也愿意通过网络与观众隔空互动。"天津京剧院中国戏剧梅花奖得主王艳说，"虽然我对直播技术有一些陌生，甚至是'现学现卖'，但我愿意学着做一个'主播'，陪伴广大观众度过'宅'在家里不能进剧场的日子。"'

图8.33 (续)

4. 细召回

对于一个问题，粗召回环节需要召回10个候选文档才能保证可靠的召回率，从而让阅读理解模型不错过真实的答案，但在10个候选文档中往往还存在着大量的段落需要完成阅读理解任务。为了保证真实场景的效率，实验需要对粗召回的10个候选文档进行段落划分，通过细召回的方式保证线上的响应速度。

对于得到的候选文档，这里使用了滑动切割的方法将文档分割成重叠的片段。为了防止滑动切割文档时截断正确的答案，还统计了训练集中答案长度的分布，如图8.34所示，代码如下：

```
#chapter8/Data_view.py
train_df['answer_len'] = train_df['answer'].apply(len)
answer_counts = train_df['answer_len'].value_counts()
print(answer_counts)#统计答案长度
answer_counts.hist()#绘制直方图
```

根据答案长度的分布，为了平衡文本被切分后的数量和答案的完整性，实验将滑动窗口的字长设置为128，代码如下：

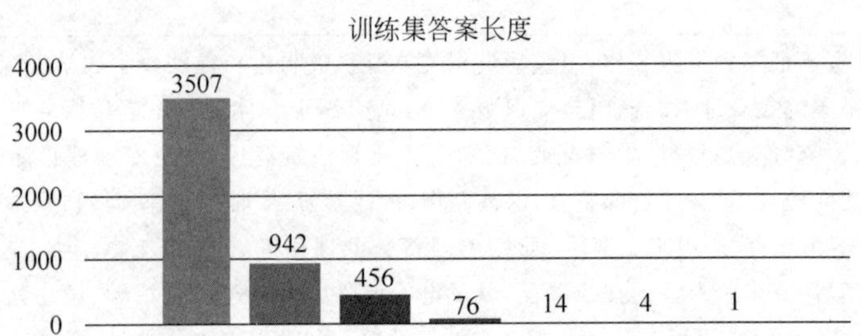

图 8.34 训练集答案长度分布

```
#chapter8/preprocess.py

def bound2oktext(text, max_len, window_size=0):
    """
    滑动切割法
    :param text: 过长的文本
    :param max_len: 限制的最大长度
    :window_size:滑动窗口的字长,防止截断文本
    :return:list:所有切分后的文本列表
    """
    new_test = []
    while text.__len__() >= max_len:
        cut_text = text[:max_len]
        cut_list = list(cut_text)
        cut_list.reverse()
        cur = ''.join(cut_list)
        if re.search('\?|\;|\!|\.', cur) == None:
            try:
                stop_index = re.search('|\,|\、|\:', cur).start()
            except:
                stop_index = 0
        else:
            stop_index = re.search('\?|\;|\!|\.', cur).start()
        cut_text = cut_text[:cut_text.__len__() - stop_index]
        new_test.append(cut_text)

        back_index = max_len - stop_index - window_size    #滑动窗口 size
        if max_len - stop_index - window_size <= 0:
            back_index = max_len - window_size
        text = text[back_index:]
    res_text = new_test
res_text.append(text)
#对于每个召回的文档,以滑动窗口的方式划分成多个段落
context_list = bound2oktext(row.context, config.sequence_length - query_len - 3,128)
```

对于阅读理解模型，算法人员期望模型拥有匹配含有答案的候选段落和抽取答案的能力。为了考虑真实场景的应用，采用细召回的方式，使用 8.2 节提及的 BLEU 评价指标衡量问题和文中出现答案的字词关系。

对于得到的多个候选段落，按照 BLEU 评测方法，实验分别计算其 2-gram、3-gram 及 4-gram 的准确度。此时将 BLEU 的 N 设计为 4，其 W_n 为(0,1,1,1)。通过衡量问题与段落之间的相似度对候选段落进行排名，实验得到与当前问题更加相关的候选段落，代码如下：

```
#chapter8/search/test_es.py

#测试集对于得到的文档进行段落划分及 BLEU 得分计算
results = es.search(index = '0106', doc_type = '_doc', body = doc, size = 50)['hits']['hits']
#ElasticSearch 得到的 50 个候选文档
score_list = [i['_score'] for i in results]
score_prob = [score_ / sum(score_list) for score_ in score_list]
all_context_list, bleu_list, fid_list, all_score_list = [], [], [], []
for index in range(len(results)):
"""candidate sample"""
#字段信息获取
    part = results[index]
    f_id = part['_id']
    context = part['_source']['passage']
    score = score_prob[index]
    text_len = len(context)
    query_len = len(query)
    context_list = [context]
    if text_len + query_len + 3 >= sequence_length:
        """过长文本滑动窗口切割"""
        context_list, start_list = split_text(context, sequence_length - query_len - 3)

    #对每个段落计算 BLEU 得分
    bleu_score = [sentence_bleu([list(query)], list(para), weights = (0, 1, 1, 1)) for para in
context_list]
    all_context_list.extend(context_list)
    bleu_list.extend(bleu_score)
    fid_list.extend([f_id] * len(context_list))
all_score_list.extend([score] * len(context_list))

#根据 BLEU 得分召回前 10 个段落以提高模型速度
sorted_index = np.argsort(-np.array(bleu_list))[:10]
for index in sorted_index:
    #将数据写入内存推理
    writer.writerow([row.id, fid_list[index], all_context_list[index], query, '', '-1', all_
score_list[index],bleu_list[index]])
```

5. **数据构造**

为了让模型能够同时拥有分辨段落是否拥有答案及抽取式回答问题的能力，实验设计了多任务学习的结构，根据任务需求对粗召回文档的候选段落进行处理。实验对候选段落计算 BLEU 分数，并通过 BLEU 分数和 BM25 粗召回得分映射的概率随机采样负样本，让与问题更相关但不包含正确答案的候选段落成为二分类匹配任务的负样本，以增强模型的学习难度。为了防止滑动切割方法切断答案，实验还使用最大公共子串(LCS)的方式重新召回伪答案来填充训练集，以增强数据及模型对于答案边界信息的稳健性，代码如下：

```
#chapter8/ preprocess.py

def generate_data(data_df, flag):
    f = open(config.processed_data + 'split_{}.csv'.format(flag), 'w')
    wt = csv.writer(f)
    wt.writerow(['q_id', 'context', 'query', 'answer', 'score', 'start','bleu_score'])
    for i, row in tqdm(data_df.iterrows(), desc = flag):
        query_len = len(tokenizer.tokenize(row.query))
        text_len = len(tokenizer.tokenize(row.context))
        train_context = []
        train_start = []
        neg = 0
        if text_len + query_len + 3 >= config.sequence_length:
            print(text_len)
            """太长,截断"""
            context_list, start_list = split_text(row.context, config.sequence_length - query_
len - 3)

            for context in context_list:
                if pd.isna(row.answer):
                    train_context.append(context)
                    train_start.append( - 1)
                    neg += 1
                    if neg == 1:
                        break
                elif find_all(context, row.answer) != - 1:
                    """本段有答案"""
                    #如答案出现多次,则给多个指针
                    index = find_all(context, row.answer)
                    train_context.append(context)
                    train_start.append(index)
                    break
        else:
            if pd.isna(row.answer):
                train_context.append(row.context)
                train_start.append( - 1)
```

```
            else:
                if find_all(row.context, row.answer) != -1:
                    train_context = [row.context]
                    train_start = [find_all(row.context, row.answer)]
                else:
                    #用 LCS 找最长公共字符串作为答案
                    if len(row.context) < len(row.answer):
                        continue
                    answer_ = row.answer
                    _, row.answer = lcs(row.context, answer_)
                    print('初始答案(文中找不到):', answer_)
                    print('修复后:', row.answer)
                    if len(row.answer) <= 5:
                        continue
                    train_context = [row.context]
                    train_start = [find_all(row.context, row.answer)]

        for idx, text in enumerate(train_context):
            bleu_score = sentence_bleu([list(row.query)], list(text), weights=(0, 1, 1, 1))
            start = train_start[idx]
            if start != -1:
                answer = row.answer
            else:
                answer = ''
            wt.writerow([row.q_id, text, row.query, answer, row.score, train_start[idx], bleu_
score])
if __name__ == '__main__':
    config = Config()
tokenizer = BertTokenizer.from_pretrained(pretrained_model_name_or_path = config.model_path,
do_lower_case = False, never_split = ["[UNK]", "[SEP]", "[PAD]", "[CLS]", "[MASK]"])
#加载数据
    train_file = config.processed_data + 'joint_train.csv'
data_df = pd.read_csv(train_file)
#划分训练集和验证集
    train_df = data_df[:int(len(data_df) * 0.8)]
    dev_df = data_df[int(len(data_df) * 0.8):]
dev_test = dev_df[~dev_df['answer'].isna()]
#产生切分成段落前的验证集,使验证集和真实情况一致
dev_test.to_csv(config.processed_data + 'dev_like_test.csv', index = False)
#产生训练集和验证集以训练多任务模型
    generate_data(train_df, 'train')
    generate_data(dev_df, 'dev')
```

对于机器阅读理解任务,模型的数据输入为问题与候选段落,输出为二分类匹配任务与答案位置,因此 utils.py 文件应该输出二分类的标签与答案的真实位置等数据,以形成一批

批数据输入模型进行训练与预测,代码如下:

```
#chapter8/ utils.py
def convert_single_example(self, example_idx):
    #获取所有信息
    tokenizer = self.tokenizer
    q_id = self.data[example_idx].q_id
    text = self.data[example_idx].text
    query = self.data[example_idx].query
    answer = self.data[example_idx].answer
    score = self.data[example_idx].score
    start_list = self.data[example_idx].start
    config = self.config
    ntokens = []
    segment_ids = []
    """得到输入的 token----- start------- """
    ntokens.append("[CLS]")
    segment_ids.append(0)
    #得到问题的 token
    """question_token"""
    q_tokens = tokenizer.tokenize(query)          #
    #把问题的 token 加入所有字的 token 中
    for i, token in enumerate(q_tokens):
        ntokens.append(token)
        segment_ids.append(0)
    ntokens.append("[SEP]")
    segment_ids.append(1)
    """question_token"""
    query_len = len(ntokens)
    #答案召唤匹配
    text_token = self.match_token._tokenize(text)
    mapping = self.match_token.rematch(text, text_token)
    if [] in mapping:
        print(text_token, text)
    #token 后的 start&&end
    start_pos, end_pos, cls = [0] * config.sequence_length, [0] * config.sequence_length, 0
    if start_list != -1:
        for start in start_list:
            """token 后答案的实际位置"""
            answer_token = tokenizer.tokenize(answer)
            pre_answer_len = len(tokenizer.tokenize(text[:start]))
            start_ = pre_answer_len + len(ntokens)
            end_ = start_ + len(answer_token) - 1
            if end_ <= config.sequence_length - 1:
                start_pos[start_] = 1
                end_pos[end_] = 1
```

```
        cls = 1
    for i, token in enumerate(text_token):
        ntokens.append(token)
        segment_ids.append(1)
    if ntokens.__len__() >= config.sequence_length - 1:
        ntokens = ntokens[:(config.sequence_length - 1)]
        segment_ids = segment_ids[:(config.sequence_length - 1)]
    ntokens.append("[SEP]")
    segment_ids.append(0)
    """得到输入的 token ------- end -------- """
    input_ids = tokenizer.convert_tokens_to_ids(ntokens)
    input_mask = [1] * (len(input_ids))              # SEP 也当作 padding, mask
    while len(input_ids) < config.sequence_length:
        # 不足时补 0
        input_ids.append(0)
        input_mask.append(0)
        segment_ids.append(0)
          ntokens.append("**NULL**")
    assert len(input_ids) == config.sequence_length
    assert len(segment_ids) == config.sequence_length
    assert len(input_mask) == config.sequence_length
    """token2id --- end --- """
return input_ids, input_mask, segment_ids, start_pos, end_pos, q_id, answer, text, query_len,
mapping, cls, score
```

在返回的数据中，input_ids、input_mask 及 segment_ids 为问题和段落经分词和映射后得到的 id，start_pos、end_pos 及 cls 为模型训练的标签，其余皆为还原答案需保留的信息。值得一提的是，考虑到答案可能多次在段落中出现，对文章出现答案的所有位置都用 start 与 end 进行了标注，即以向量的形式记录，如图 8.35 所示，片段“机器阅读理解是机器像人一样通读文章后对信息的理解以实现特定的任务”的答案为“机器阅读理解”，此时答案的位置有两处。

图 8.35 起始答案设计方式

6. 模型构建

按照 8.5.3 节中的设计，多任务机器阅读理解模型联合学习了段落是否包含答案及答案所在位置。由于机器阅读理解任务的损失往往偏大，导致模型二分类匹配任务的学习过程过长，因此二分类匹配任务和机器阅读理解任务的损失采用 0.99：0.01 的加权方式，以进行平衡训练，代码如下：

```
#chapter8/model.py
def forward(
        self,
        input_ids = None,
        attention_mask = None,
        token_type_ids = None,
        start_positions = None,
        end_positions = None,
        cls_label = None,
):
    #NEZHA
    if config.pretrainning_model == 'nezha':
        encoded_layers, pooled_output = self.bert(
            input_ids,
            attention_mask = attention_mask,
            token_type_ids = token_type_ids,
            output_all_encoded_layers = True
        )    #encoded_layers, pooled_output
        sequence_output = encoded_layers[-1]
    else:
        sequence_output, pooled_output, encoded_layers = self.bert(
            input_ids,
            attention_mask = attention_mask,
            token_type_ids = token_type_ids,
        )
    if self.params.fuse_bert == 'dym':
            #[batch_size,seq_len,512]
        sequence_output = self.get_dym_layer(encoded_layers)
    elif self.params.fuse_bert == 'weight':
        sequence_output = self.get_weight_layer(encoded_layers)

    #下游结构
    if self.params.mid_struct == 'bilstm':
        feats = self.bilstm.get_lstm_features(sequence_output.transpose(1, 0), attention_
mask.transpose(1, 0))
    elif self.params.mid_struct == 'idcnn':
        feats = self.idcnn(sequence_output).transpose(1, 0)
    elif self.params.mid_struct == 'tener':
        feats = self.tener(sequence_output, attention_mask).transpose(1, 0)
    elif self.params.mid_struct == 'rtransformer':
        feats = self.rtransformer(sequence_output, attention_mask).transpose(1, 0)
    else:
        feats = sequence_output.transpose(0, 1)
```

```
feats = feats.transpose(0, 1)                                  #[batch, seq_len, hidden_size]

#任务 1:是否有答案
cls_logits = self.task2(pooled_output)                         #batch_size,1
cls_pre = torch.sigmoid(cls_logits)                            #batch_size,1
#任务 2:MRC
#[batch, seq_len]
start_logits = self.start_outputs(feats).squeeze(-1)
for highway in self.highway_layers:
   feats = highway(feats)
end_logits = self.end_outputs(feats).squeeze(-1)    #[batch, seq_len]
#Mask
start_logits = self.mask_logits(start_logits, attention_mask)
end_logits = self.mask_logits(end_logits, attention_mask)
#指针
start_pre = torch.sigmoid(start_logits)                        #batch x seq_len
end_pre = torch.sigmoid(end_logits)                            #batch x seq_len
#答案交互
start_pre = cls_pre * start_pre
end_pre = cls_pre * end_pre
#损失计算
if start_positions is not None:
   #total scores
   if self.params.imbalanced_qa_loss:
      start_loss = imbalanced_qa_loss(start_pre, start_positions, inbalance_rate = 10)
      end_loss = imbalanced_qa_loss(end_pre, end_positions, inbalance_rate = 10)
      Mrc_loss = start_loss + end_loss
      CLS_loss = nn.BCELoss()(cls_pre, cls_label.unsqueeze(-1).float())
      return 0.01 * Mrc_loss + 0.99 * CLS_loss
#答案预测
else:
   return start_pre, end_pre, cls_pre
```

阅读理解任务也提供了 BiLSTM、TENER、R-Transformer 及 IDCNN 结构来重新捕获 Transformer 丢失的方向信息和薄弱的位置信息。除此之外，为了让多任务能够更好地调和，将二分类匹配任务的概率融入机器阅读理解的概率中，因此在候选段落无真实答案时，即使阅读理解任务分数高，机器阅读理解模型输出的答案位置概率也不产生位置指针，避免"强行回答"的状况。

如图 8.36 所示，对于一个提问的多个候选段落，机器阅读理解模型可以得到多个答案。为了保障答案的高质量召回，综合衡量问题和段落之间的相关性得分、二分类匹配任务得分及机器阅读理解得分。

阅读理解任务的答案得分如式(8.33)所示。其中，ω_s 和 ω_e 分别代表答案头尾指针的权重比例，默认为 1∶1；P_s 和 P_e 分别为答案的头指针和尾指针概率。因为 log 函数对越

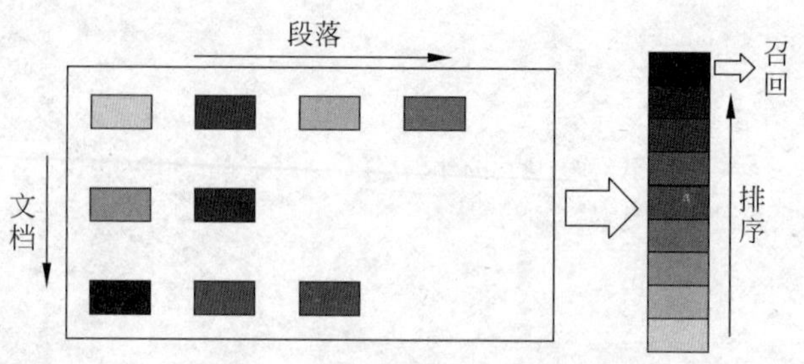

图 8.36 问题对应候选段落召回

小的值越敏感，如果其中有一项概率比较低，则会拉低总体分数。

$$\mathrm{score}_{\mathrm{ans}}=\exp\left(\frac{\omega_{\mathrm{s}}\log P_{\mathrm{s}}+\omega_{\mathrm{e}}\log P_{\mathrm{e}}}{\omega_{\mathrm{s}}+\omega_{\mathrm{e}}}\right) \tag{8.33}$$

因此，对于同一个问题召回的所有答案，采用式(8.34)来计算它们的综合得分。其中，ω_{nsp} 和 ω_{ans} 是检索和阅读的分数权重，权重设置为 0.99∶0.01。保留阅读理解任务的权重是因为如果全部使用检索分数，则最终的实验结果会有所下降，笔者认为样本中可能有少部分答案特别模糊且它们的检索分数很接近，因此需要使用阅读分数来消歧。

$$\mathrm{score}=\exp\left(\frac{\omega_{\mathrm{nsp}}\log P_{\mathrm{nsp}}+\omega_{\mathrm{ans}}\log P_{\mathrm{ans}}}{\omega_{\mathrm{nsp}}+\omega_{\mathrm{ans}}}\right) \tag{8.34}$$

代码如下：

```
#chapter8/predict.py
def refind_answer(test_rs_pd, id_list, start_prob_list, end_prob_list, questionlen_list,
allmaping_list, context_list, alltype_list,fuse_weights):
    pred_answer_list = []
    C = 0
    answer_len = 64
    for id in tqdm(test_rs_pd['q_id'].unique()):
        score_dict = {}
        unique_index = [i for i, j in enumerate(id_list) if j == id]
        truepara_answer = 'SPECIL_TOKEN'
        for idx in unique_index:
            #context 位置 start 概率
            start_ = np.array(start_prob_list[idx])[questionlen_list[idx]:-1]
            #context 位置 end 概率
            end_ = np.array(end_prob_list[idx])[questionlen_list[idx]:-1]
            start_matrix = np.where(start_ >= 0.5, 1, 0)
            end_matrix = np.where(end_ >= 0.5, 1, 0)
            #就近原则
            answer_ = find_neighbour(start_matrix, end_matrix, answer_len)
            start_logits, end_logits, start_index, end_index = 0, 0, 0, 0
            for start_idx, end_idx in answer_:
```

```
            start_prob = start_[start_idx]          #最大概率
            end_prob = end_[end_idx]                #最大概率
            if start_prob + end_prob > start_logits + end_logits:
                start_logits = start_prob
                end_logits = start_prob
                start_index = start_idx
                end_index = end_idx
        try:
            real_start_index = allmaping_list[idx][start_index][0]
            real_end_index = allmaping_list[idx][end_index][-1]
        except:
            real_start_index, real_end_index = 0, 0
        if real_start_index >= real_end_index:
            continue
        if real_end_index - real_start_index + 1 > 100:
            continue
        answer = context_list[idx][real_start_index:real_end_index + 1]
        if answer == '':
            continue
        """打分"""
        w1, w2 = fuse_weights
        w_s,w_e=[1,1]
        epsilon = 1e-3
        cls_prob = alltype_list[idx][0]
        start_cls = start_prob_list[idx][0]
        end_cls = end_prob_list[idx][0]
        pos_cls = -(start_cls * end_cls)

        #计算答案分数
        answer_score = np.exp((w_s * np.log(start_logits + epsilon) + w_e * np.log(end_
logits + epsilon)) / (
                                    w_s + w_e))
        #计算答案综合分数
        score = np.exp((w1 * np.log(cls_prob + epsilon) + w2 * np.log(answer_score +
epsilon)) / (
                            w1 + w2))
        score_dict[answer] = float(score)
    try:
        """最高分"""
        answer = sorted(score_dict, key=score_dict.__getitem__, reverse=True)[0]
    except:
        try:
            #分数最高的段落
            answer = context_list[unique_index[0]][:answer_len]
        except:
            answer = ''
```

```
        if truepara_answer == answer:
            """最高分为实际候选集"""
            C += 1
        pred_answer_list.append(answer)
    return pred_answer_list, C
```

最终，通过粗召回、细召回及机器阅读理解等环节，实验能够输出更加准确的答案来回答真实场景的提问。

8.6 小结

本章介绍了机器阅读理解任务的原理、评测指标及前沿研究方法。在此基础上，结合疫情政务问答助手竞赛实例，本章展示了自然语言处理相关算法在真实场景中的应用。

对于某些特殊领域，如校园问答助手、学科问答助手等，多文档机器阅读理解能够代替人类阅读海量文献并给出准确答案，这在业界有着积极的意义。

第 9 章

命名实体识别

在自然语言处理领域，在文本中提取能够表征全文信息的词语是当前的热点方向，因此，命名实体识别(NER)技术在文本搜索、文本推荐、知识图谱构建及机器智能问答等领域都起着至关重要的作用。近年来，由于深度学习能够将离散的字符令牌(Token)矩阵转换成纬度低但信息量富集的词向量矩阵，因此 NER 算法使用词向量矩阵能够达到最佳性能。预训练模型与 NER 技术的结合是本章展开描述的要点。

9.1　NER 技术的发展现状

NER 技术的发展现状如图 9.1 所示。类似地，NER 技术的迭代也离不开始于规则，发展壮大于深度学习的依赖路径。当前深度学习的发展不仅诞生了简单的 Word2Vec 词向量模型，也迭代出了能够解决一词多义问题的类 BERT 模型，而且类 BERT 模型的发展进一步演进了对其模型层次信息的研究，这一切都是为了提升 NER 技术的准确性。

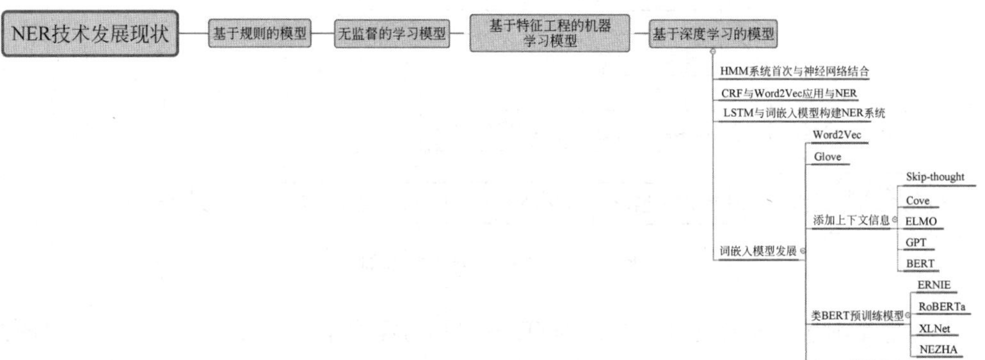

图 9.1　NER 技术发展现状

9.2　命名实体识别的定义

命名实体识别是指识别文本中预先定义好类别的实体，一般的实体类别包括地名、人名、机构名、数值等。例如："明朝建立于 14 世纪，开国皇帝是朱元璋。"本书从这句话中提取出的实体如图 9.2 所示。

机构(ORG)：明朝；

时间(Ti)：14 世纪；

人物(Pe)：朱元璋。

命名实体识别数据集的标签一般使用 BIO 格式进行标注，B 代表实体的头位置，I 代表实体的中间位置，O 则代表非实体标签。

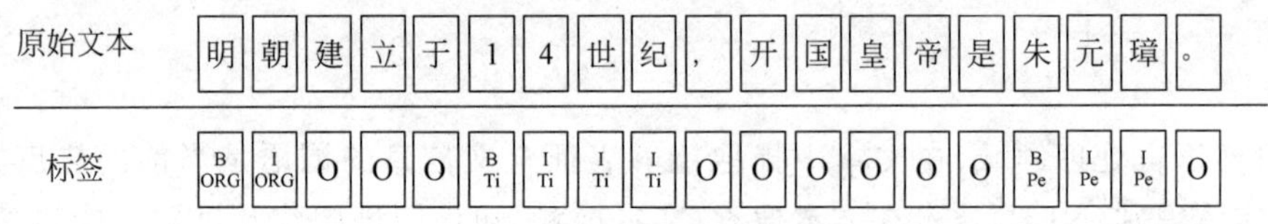

图 9.2 NER 数据格式

9.3 命名实体识别模型

命名实体识别模型包含基于规则的 NER 模型、无监督模型、基于特征工程的有监督机器学习模型及基于深度学习的 NER 模型。基于规则、无监督模型及机器学习的 NER 模型在第 3 章中已经详细地进行了描述，模型之间的对比如图 9.3 所示。

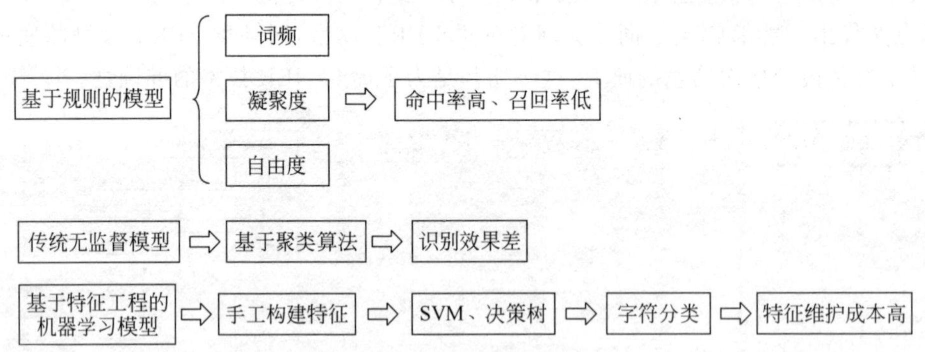

图 9.3 NER 模型之间的对比

本章主要阐述当前常见且有效的 NER 模型都与深度学习相关。基于深度学习的主流模型结构如图 9.4 所示。常用的预训练模型有 Word2Vec、BERT、NEZHA 等，用来表征 Token 的语义信息；而下接结构如双向长短时记忆(BiLSTM)网络、双向门控循环单元(BiGRU)、R-Transformer[1]、空洞卷积(IDCNN)[2]等模型结构则是用来补充文本序列的方向信息；条件随机场(CRF)则是基于下接结构传来的隐含层(Hidden)值计算序列信息的全局分布，使 NER 模型在训练过程中更加容易得到最优解。

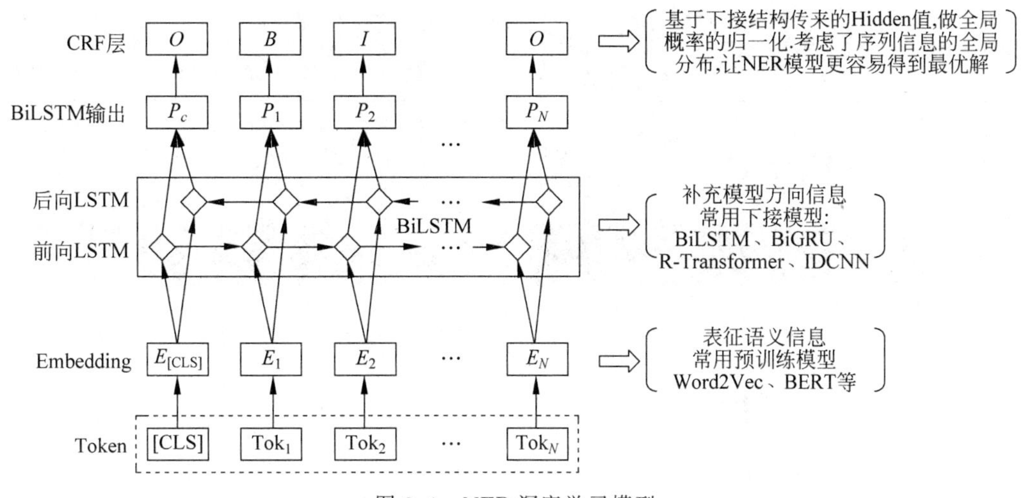

图 9.4 NER 深度学习模型

9.3.1 预训练模型

为了让 NER 模型能够更好地表征文本的语义信息,选择优秀的预训练模型至关重要。随着深度学习技术的不断发展,当前已经出现了许多表征能力非常强的预训练模型,如 RoBERTa、BERT-WWM 与 NEZHA 等,而 NEZHA 中文预训练模型的诞生刷新了多项 NLP 任务的纪录,其主要是基于 BERT 模型的缺陷与不足进行改进,汇聚了当前中文预训练模型的优点进行预训练,如图 9.5 所示,从而得到一个语义表征能力强的预训练模型。

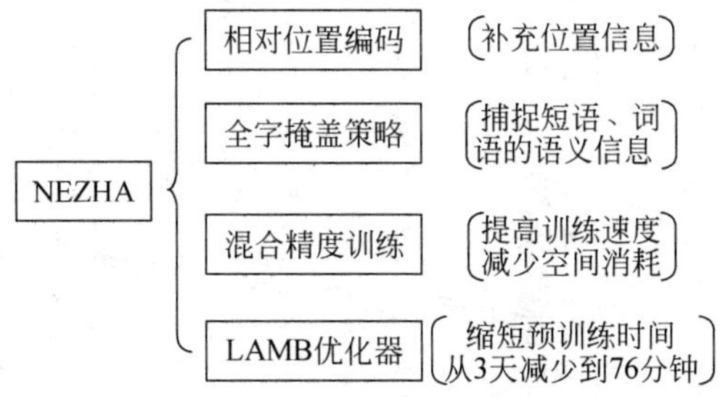

图 9.5 NEZHA 模型的预训练策略

首先,NEZHA 预训练模型通过在 Transformer 模型中使用相对位置编码来补充 BERT 模型因矩阵转化而消失的位置信息;其次,其通过将随机掩盖策略改为全字掩盖策略(WWM),如图 9.6 所示,进而帮助模型在预训练过程中捕捉短语与词语的语义信息;最后,NEZHA 模型采用混合精度训练与 LAMB 优化器两种策略来降低预训练过程中的时空复杂度,并且保证了微调过程的性能。

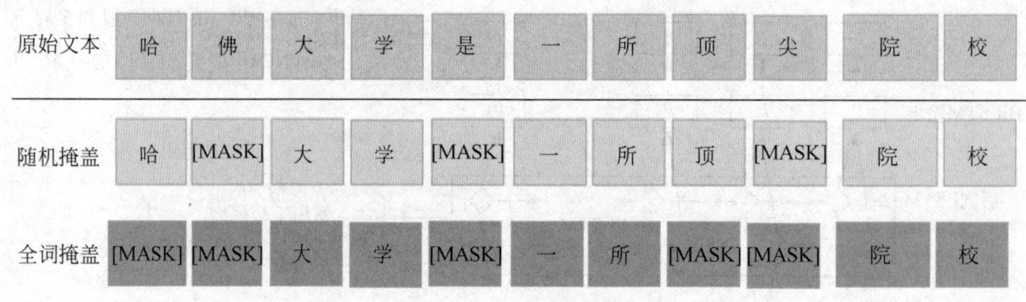

图 9.6 全字掩盖策略

9.3.2 下接结构

BiLSTM 与 BiGRU 结构在第 7 章已经进行了详细介绍，本节将对 R-Transformer 与 IDCNN 模型结构进行介绍。R-Transformer 模型在 Transformer 模型结构上添加了改进的循环神经网络(Local RNN)。RNN 长期以来一直是序列建模的主要选择，然而，它严重受到两个问题的困扰：无法捕获非常长期的依赖关系和无法并行化顺序计算过程。而 Transformer 与 Local RNN 的结合可以有效地捕获序列中的局部结构和全局长期依赖关系，使用任何无须位置信息，模型结构如图 9.7 所示。其中，下层是 Local RNN，它依次处理本地窗口中的位置信息；中间层是捕捉全局长期依赖的多头自注意力层；上层是进行非线性特征变换的前向网络。这 3 个网络通过向量相加和层归一化操作连接。带虚线的圆圈是输入序列的填充。

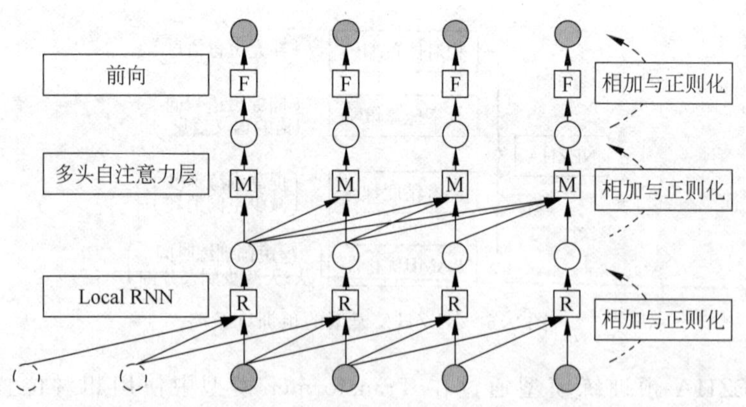

图 9.7 R-Transformer 模型结构

另外，原始 RNN 会在每个位置保持隐藏状态信息，而 Local RNN 则仅对局部窗口内的位置进行操作。在每个位置，Local RNN 都会产生一个隐藏状态，该状态表示在该位置结束的本地窗口中的信息。读者可将两种结构理解为 Local RNN 包含原始 RNN 的关系，原始 RNN 捕获全局信息，而 Local RNN 则通过局部窗口捕获局部信息，其局部窗口大小可以通过超参数进行设置，在极端的情况下，Local RNN也可以变为原始RNN，只需将局部窗口的大小设置成全局窗口大小。

IDCNN和CNN一样，但是其通过在卷积核之间增加“空洞”(0)，使IDCNN的卷积在不需要池化操作的情况下增加感受野，增大模型看到信息的范围。它的缺点是会丢失局部信息，虽然看得比较远，但是有时远距离的信息并没有相关性。然而，缺点有时又是优点，在需要解决长距离信息依赖的语音和文本任务中，IDCNN的性能表现相较优良。IDCNN模型结构如图9.8所示。

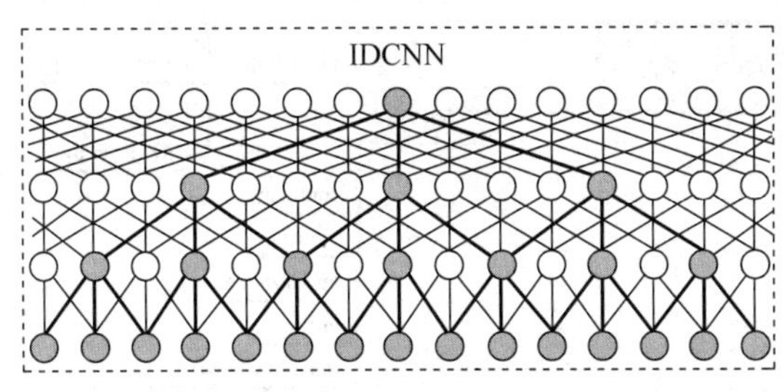

图9.8 IDCNN模型结构

9.3.3 条件随机场

CRF通过NER模型下接结构传来的Hidden值计算文本序列的分数，并将BIO格式的真实Token标签与当前预测的分数进行损失计算。NER模型通过梯度下降不断进行迭代，最终收敛到最优值。算法人员可以利用得到的NER模型进行命名实体识别，模型的预测过程只需利用维特比解码算法替换CRF结构，对下接结构传来的Hidden值进行解码，得到一个最优的解码序列，再通过规则将解码所得的BIO格式进行转化，最终抽出真实的实体。

9.4 命名实体识别实验

本节将基于第7章所提出的自然语言处理框架进行实验，如图9.9所示。项目代码根据命名实体识别模型输入、输出格式的不同，修改了相应的代码文件，保证了代码框架与第7章无异，进而保证了代码的复用性与解耦性，降低读者的学习成本。

9.4.1 数据介绍

图9.9所示的data文件夹是本节使用的3种数据集，分别为医学领域的阿里天池中医药数据集(medicine)、2020 CCF BDCI商业文本数据集(commerce)及2019 CCF BDCI的金融实体数据集(finance)。3种数据集的实体类别分为13个、14个、1个。

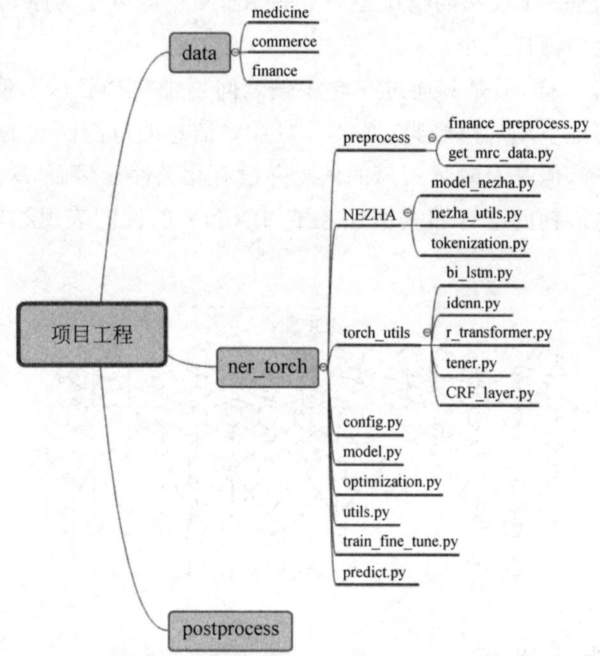

图 9.9 命名实体识别项目代码框架

9.4.2 评估指标

命名实体识别的评估指标采用精确率、召回率和 F1 分数，如式(7.1)～(7.3)所示。为了提高模型训练过程中的效率，实验在评估模型过程中采用序列评估，也是对模型预测出来的 BIO 格式的标签与真实 BIO 格式的标签计算精确率、召回率与 F1 分数，并打印出数据集中每个类别的精确率、召回率与 F1 分数。

9.4.3 数据预处理

文本数据存在噪声是在所难免的，所以实验对数据集中存在的 HTML 字符及表情字符进行了清洗。与此同时，在本章采用的数据集中，金融实体数据集的长度超过了预训练模型能够处理的最大长度(512)，因此对过长文本按照句子进行切割，以超参数设定的模型最大处理长度进行组装，把长文本分成多条数据，保证数据集的信息不丢失。为了保证代码结构的复用性，实验对 config. py 文件进行了优化，读者可在 data_type 中设置所需要的数据集类型而无须修改任何代码。config. py 同时也包含了如何选择预训练模型、下游结构及与第 7 章代码框架类似的超参数，代码如下：

```
#chapter9/config.py
class Config(object):
```

```
def __init__(self):
    #保存模型和读取数据参数
    #数据集类型 medicine, commerce, finance
    self.data_type = 'commerce'
    if self.data_type == 'medicine':
        #处理后的数据路径
        self.processed_data = '/home/wangzhili/medicine/'
        #模型保存路径
        self.save_model = '/home/wangzhili/medicine/model/'
        self.batch_size = 16
        self.sequence_length = 384
        #标签列表
        self.tags = ["[PAD]", "[CLS]", "[SEP]", "O",
                     "B-DRUG", "I-DRUG",
                     "B-DRUG_INGREDIENT", "I-DRUG_INGREDIENT",
                     "B-DISEASE", "I-DISEASE",
                     "B-SYMPTOM", "I-SYMPTOM",
                     "B-SYNDROME", "I-SYNDROME",
                     "B-DISEASE_GROUP", "I-DISEASE_GROUP",
                     "B-FOOD", "I-FOOD",
                     "B-FOOD_GROUP", "I-FOOD_GROUP",
                     "B-PERSON_GROUP", "I-PERSON_GROUP",
                     "B-DRUG_GROUP", "I-DRUG_GROUP",
                     "B-DRUG_DOSAGE", "I-DRUG_DOSAGE",
                     "B-DRUG_TASTE", "I-DRUG_TASTE",
                     "B-DRUG_EFFICACY", "I-DRUG_EFFICACY",]
        self.checkpoint_path = "/home/wangzhili/model.bin"
    elif self.data_type == 'commerce':
        …
    elif self.data_type == 'finance':
        …
    self.use_origin_bert = False
    self.warmup_proportion = 0.05
    self.pretrainning_model = 'nezha'

    self.decay_rate = 0.5
    self.train_epoch = 8

    self.learning_rate = 1e-4
    self.embed_learning_rate = 5e-5

    self.embed_dense = 512

    if self.pretrainning_model == 'nezha':
        model = '/home/wangzhili/pre_model_nezha_base/'
    elif self.pretrainning_model == 'roberta':
```

```
        model = '/home/wangzhili/pre_model_roberta_base/'
    else:
        model = '/home/wangzhili/pre_model_electra_base/'

    self.model_path = model
    self.bert_config_file = model + 'bert_config.json'
    self.bert_file = model + 'PyTorch_model.bin'
    self.vocab_file = model + 'vocab.txt'
    """
    下接结构
    """
    #BiLSTM、IDCNN、R-Transformer、Tener 和 Base
    self.mid_struct = 'rtransformer'
    self.num_layers = 1                                    #下游层数
    #BiLSTM
    self.lstm_hidden = 256                                 #BiLSTM 隐藏层大小
    #IDCNN
    self.filters = 128                                     #idcnn
    self.kernel_size = 9
    #Tener
    self.num_layers = 1
    self.tener_hs = 256
    self.num_heads = 4
    #R-Tansformer
    self.k_size = 32
    self.rtrans_heads = 4

    self.drop_prob = 0.1                                   #drop_out 率
    #self.gru_hidden_dim = 64
    self.rnn_num = 256
    self.restore_file = None
    self.gradient_accumulation_steps = 1
    self.embed_name = 'bert.embeddings.word_embeddings.weight'   #词
```

以金融文本数据集为实例，进行数据清洗、过长文本切割组装及将数据集转换为 BIO 格式，代码如下：

```
#chapter9/preprocess.py

#清除无用字符核心函数
def stop_words(x):
    try:
        x = x.strip()
    except:
        return ''
```

```
    x = re.sub('{IMG:.?.?.?}', '', x)
    x = re.sub('<!-- IMG_\d+-->', '', x)
    x = re.sub('(https?|ftp|file)://[-A-Za-z0-9+&@#/%?=~_|!:,.;]+[-A-Za-z0
-9+&@#/%=~_|]', '', x)                                    #过滤网址
    x = re.sub('<a[^>]*>', '', x).replace("</a>", "")     #过滤a标签
x = re.sub('<P[^>]*>', '', x).replace("</P>", "")         #过滤P标签
#过滤strong标签
    x = re.sub('<strong[^>]*>', ',', x).replace("</strong>", "")
    x = re.sub('<br>', ',', x)                            #过滤br标签
    x = re.sub('www.[-A-Za-z0-9+&@#/%?=~_|!:,.;]+[-A-Za-z0-9+&@#/%=
~_|]', '', x).replace("()", "")                           #过滤www开头的网址
    x = re.sub('\s', '', x)                               #过滤不可见字符
    x = re.sub('Ⅴ', 'V', x)

    for wbad in additional_chars:
        x = x.replace(wbad, '')
return x

#超长文本按句切割
def _cut(sentence):
    """
    将一段文本切分成多个句子
    :param sentence:
    :return:
    """
    new_sentence = []
    sen = []
    for i in sentence:
        if i in ['.', '!', '?', '?'] and len(sen) != 0:
            sen.append(i)
            new_sentence.append("".join(sen))
            sen = []
            continue
        sen.append(i)

#一句话超过max_seq_length且没有句号的,用","切割,再长的不考虑了
    if len(new_sentence) <= 1:
        new_sentence = []
        sen = []
        for i in sentence:
            if i.split(' ')[0] in [',', ','] and len(sen) != 0:
                sen.append(i)
                new_sentence.append("".join(sen))
                sen = []
                continue
```

```
            sen.append(i)
        if len(sen) > 0:          #若最后一句话无结尾标点,则加入这句话
            new_sentence.append("".join(sen))
    return new_sentence

    #将数据集转换为 BIO 格式
    #构造训练集与测试集
    #训练集
    with codecs.open(data_dir + 'train.txt', 'w', encoding = 'utf-8') as up:
        for row in train_df.iloc[:].itertuples():
            #print(row.unknownEntities)

            text_lbl = row.text
            entitys = str(row.unknownEntities).split(';')
            for entity in entitys:
                text_lbl = text_lbl.replace(entity, 'Ë' + (len(entity) - 1) * 'Ж')

            for c1, c2 in zip(row.text, text_lbl):
                if c2 == 'Ë':
                    up.write('{0} {1}\n'.format(c1, 'B-ORG'))
                elif c2 == 'Ж':
                    up.write('{0} {1}\n'.format(c1, 'I-ORG'))
                else:
                    up.write('{0} {1}\n'.format(c1, 'O'))
            up.write('\n')

    #测试集
    with codecs.open(data_dir + 'test.txt', 'w', encoding = 'utf-8') as up:
        for row in test_df.iloc[:].itertuples():

            text_lbl = row.text
            for c1 in text_lbl:
                up.write('{0} {1}\n'.format(c1, 'O'))

            up.write('\n')
```

9.4.4 模型构建

实验根据图 9.4 实现了预训练模型、下游结构与 CRF 模型的模型代码,而下游结构 BiLSTM、R-Transformer 与 IDCNN 等模型结构的具体实现则在 torch_utils.py 文件中,如图 9.9 所示,代码如下:

```
#chapter9/model.py

class BertForTokenClassification(BertPreTrainedModel):
    def __init__(self, config, params):
        super().__init__(config)
        self.params = params
        #实体类别数
        self.num_labels = len(params.tags)
        #NEZHA
        if params.pretrainning_model == 'nezha':
            self.bert = NEZHAModel(config)
        elif params.pretrainning_model == 'albert':
            self.bert = AlbertModel(config)
        else:
            self.bert = RobertaModel(config)

        #动态权重
        self.classifier = nn.Linear(config.hidden_size, 1)
        self.dense_final = nn.Sequential(nn.Linear(config.hidden_size, config.hidden_size),
                                         nn.ReLU(True))   #动态最后的维度
        self.dym_weight = nn.Parameter(torch.ones((config.num_hidden_layers, 1, 1, 1)),
                                       requires_grad=True)
        self.pool_weight = nn.Parameter(torch.ones((2, 1, 1, 1)),
                                        requires_grad=True)
        #下游结构
        self.idcnn = IDCNN(config, params, filters=params.filters,
                           tag_size=self.num_labels,
                           Kernel_size=params.kernel_size)
        self.bilstm = BiLSTM(self.num_labels, embedding_size=config.hidden_size,
                             hidden_size=params.lstm_hidden,
                             num_layers=params.num_layers,
                             DropOut=params.drop_prob, with_ln=True)
        self.tener = TENER(tag_size=self.num_labels,
                           embed_size=config.hidden_size, DropOut=params.drop_prob,
                           num_layers=params.num_layers, d_model=params.tener_hs,
                           n_head=params.num_heads)
        self.rtransformer=RTransformer(tag_size=self.num_labels,
                           DropOut=params.drop_prob, d_model=config.hidden_size,
                           ksize=params.k_size, h=params.rtrans_heads)
        self.base_output = nn.Linear(config.hidden_size, self.num_labels)
        #CRF
        self.crf = CRFLayer(self.num_labels, params)
        if params.pretrainning_model == 'nezha':
            self.apply(self.init_bert_weights)
        else:
            self.init_weights()
```

```
        self.reset_params()

    def forward(
            self,
            input_ids = None,
            attention_mask = None,
            token_type_ids = None,
            labels = None,
    ):
        # 预训练模型
        # NEZHA
        if config.pretrainning_model == 'nezha':
            encoded_layers, pooled_output = self.bert(
                input_ids,
                attention_mask = attention_mask,
                token_type_ids = token_type_ids,
                output_all_encoded_layers = True
            ) # encoded_layers, pooled_output
            sequence_output = encoded_layers[ - 1]
        else:
            sequence_output, pooled_output, encoded_layers = self.bert(
                input_ids,
                attention_mask = attention_mask,
                token_type_ids = token_type_ids,
            )
        if not config.use_origin_bert:
            sequence_output = self.get_weight_layer(encoded_layers)

        # 下游结构
        if self.params.mid_struct == 'bilstm':
            feats = self.bilstm.get_lstm_features (sequence_output.transpose(1, 0), attention_
mask.transpose(1, 0))
        elif self.params.mid_struct == 'idcnn':
            feats = self.idcnn(sequence_output).transpose(1, 0)
        elif self.params.mid_struct == 'tener':
            feats = self.tener(sequence_output,attention_mask).transpose(1, 0)
        elif self.params.mid_struct == 'rtransformer':
            feats = self.rtransformer(sequence_output, attention_mask).transpose(1, 0)
        elif self.params.mid_struct == 'base':
            feats = self.base_output(sequence_output).transpose(1, 0)
        else:
            raise KeyError('mid_struct must in [bilstm idcnn tener rtransformer]')
        # CRF
        if labels is not None:
            # 计算 loss
```

```
            forward_score = self.crf(feats, attention_mask.transpose(1, 0))
            gold_score = self.crf.score_sentence(feats, labels.transpose(1, 0),attention_
mask.transpose(1, 0))
            loss = (forward_score - gold_score).mean()
            return loss
        else:
            #维特比算法
            best_paths = self.crf.viterbi_decode(feats, attention_mask.transpose(1, 0))
            return best_paths
```

9.4.5 数据迭代器

与文本分类一样,模型在训练与预测过程中需要输入数据,数据迭代器将 BIO 数据集转换成一批批数据输入模型进行预测或者训练,代码如下:

```
#chapter9/utils.py
    #数据迭代器核心代码

    def __iter__(self):
        return self
    def convert_single_example(self, example_idx):
        text_list = self.data[example_idx].text.split(" ")
        label_list = self.data[example_idx].label.split(" ")
        tokens = text_list
        labels = label_list

        #seq_length=128,则最多有 126 个字符
        #<cls>文本<sep>
        if len(tokens) >= self.seq_length - 1:
            tokens = tokens[:(self.seq_length - 2)]
            labels = labels[:(self.seq_length - 2)]
        ntokens = []
        segment_ids = []
        label_ids = []

        ntokens.append('[CLS]')
        segment_ids.append(0)
        label_ids.append(self.label_map['[CLS]'])
        for index, token in enumerate(tokens):
            try: #play + ##ing
                #全部转换成小写, 方便 BERT 词典
                ntokens.append(self.tokenizer.tokenize(token.lower())[0])
            except:
                ntokens.append('[UNK]')
```

```
            segment_ids.append(0)
            label_ids.append(self.label_map[labels[index]])

        tokens = ["[CLS]"] + tokens + ["[SEP]"]
        ntokens.append("[SEP]")
        segment_ids.append(0)
        label_ids.append(self.label_map["[SEP]"])

        input_ids = self.tokenizer.convert_tokens_to_ids(ntokens)
        input_mask = [1] * len(input_ids)
        while len(input_ids) < self.seq_length:
            input_ids.append(0)
            input_mask.append(0)
            segment_ids.append(0)
            label_ids.append(self.label_map["[PAD]"])
            ntokens.append("*NULL*")
            tokens.append("*NULL*")
        assert len(input_ids) == self.seq_length
        assert len(input_mask) == self.seq_length
        assert len(segment_ids) == self.seq_length
        assert len(label_ids) == self.seq_length
        assert len(tokens) == self.seq_length
        return input_ids, input_mask, segment_ids, label_ids, tokens

    def __next__(self):
        if self.idx >= self.num_records:      #迭代停止条件
            self.idx = 0
            if not self.is_test:
                self.shuffle()
            raise StopIteration

        input_ids_list = []
        input_mask_list = []
        segment_ids_list = []
        label_ids_list = []
        tokens_list = []

        num_tags = 0
        while num_tags < self.batch_size: #每次返回 batch_size 个数据
            idx = self.all_idx[self.idx]
            res = self.convert_single_example(idx)
            if res is None:
                self.idx += 1
                if self.idx >= self.num_records:
                    break
                continue
```

```
            input_ids, input_mask, segment_ids, label_ids, tokens = res

            #一个 Batch 的输入
            input_ids_list.append(input_ids)
            input_mask_list.append(input_mask)
            segment_ids_list.append(segment_ids)
            label_ids_list.append(label_ids)
            tokens_list.append(tokens)

            if self.pretrainning_model:
                num_tags += 1

            self.idx += 1
            if self.idx >= self.num_records:
                break

        while len(input_ids_list) < self.batch_size:
            input_ids_list.append(input_ids_list[0])
            input_mask_list.append(input_mask_list[0])
            segment_ids_list.append(segment_ids_list[0])
            label_ids_list.append(label_ids_list[0])
            tokens_list.append(tokens_list[0])

        return input_ids_list, input_mask_list, segment_ids_list, label_ids_list, tokens_list
```

9.4.6 模型训练

深度学习模型的训练过程都是梯度下降的过程，因此模型的输入和输出不一样，NER模型的输入为图 9.2 所示的格式，输出是 CRF 模型计算出来的损失整体。验证过程则是 set_test()函数对模型预测出来的 BIO 格式数据与真实 BIO 格式数据进行的精确率、召回率与 F1 分数评估。模型在迭代过程中以每次评估出来的精确率、召回率与 F1 分数命名所保存的模型，代码如下：

```
#chapter9/train_fine_tune.py
def train(train_iter, test_iter, config):
    ...
    #核心代码
    for i in range(config.train_epoch):
        model.train()
        for input_ids_list, input_mask_list, segment_ids_list, label_ids_list, tokens_list in
tqdm(train_iter):
            #转换成张量
            loss = model(input_ids = list2ts2device(input_ids_list),
                         token_type_ids = list2ts2device(segment_ids_list),
```

```
                attention_mask = list2ts2device(input_mask_list),
                labels = list2ts2device(label_ids_list))
        if n_gpu > 1:
            loss = loss.mean()          # mean() to average on multi - gpu.
        #梯度累加
        if config.gradient_accumulation_steps > 1:
            loss = loss / config.gradient_accumulation_steps

        if cum_step % 10 == 0:
            draw_step_list.append(cum_step)
            draw_loss_list.append(loss)
            if cum_step % 100 == 0:
                format_str = 'step {}, loss {:.4f} lr {:.5f}'
                print(
                    format_str.format(
                        cum_step, loss, config.learning_rate)
                )

        loss.backward() #反向传播,得到正常的梯度
        if (cum_step + 1) % config.gradient_accumulation_steps == 0:
            #使用计算的梯度执行更新
            optimizer.step()
            model.zero_grad()
        cum_step += 1
    p, r, f1 = set_test(model, test_iter)
    #lr_scheduler 学习率递减 step

    print('dev set : step_{},precision_{}, recall_{}, F1_{}'.format(cum_step, p, r, f1))

    #保存模型
    model_to_save = model.module if hasattr(model, 'module') else model
                                                output_model_file = os.path.join(
                                                os.path.join(out_dir, 'model_{:.4f}_
                                                {:.4f}_{:.4f}_{}.bin'.format(p, r, f1,
                                                str(cum_step))))
    torch.save(model_to_save, output_model_file)
```

9.4.7 模型预测

利用图 9.9 所示的 predict. py 与 utils. py 文件对测试集进行预测,实验首先通过维特比解码算法得到 BIO 格式的数据,然后通过规则将 BIO 格式的数据转换成具体的文字实体,最终完成命名实体识别任务,代码如下:

```
#chapter9/predict.py
def end_of_chunk(prev_tag, tag, prev_type, type_):
    chunk_end = False
```

```
    if prev_tag == 'E': chunk_end = True
    if prev_tag == 'S': chunk_end = True

    if prev_tag == 'B' and tag == 'B': chunk_end = True
    if prev_tag == 'B' and tag == 'S': chunk_end = True
    if prev_tag == 'B' and tag == 'O': chunk_end = True
    if prev_tag == 'I' and tag == 'B': chunk_end = True
    if prev_tag == 'I' and tag == 'S': chunk_end = True
    if prev_tag == 'I' and tag == 'O': chunk_end = True

    if prev_tag != 'O' and prev_tag != '.' and prev_type != type_:
        chunk_end = True

    return chunk_end

def start_of_chunk(prev_tag, tag, prev_type, type_):

    chunk_start = False
    if tag == 'B': chunk_start = True
    if tag == 'S': chunk_start = True
    if prev_tag == 'E' and tag == 'E': chunk_start = True
    if prev_tag == 'E' and tag == 'I': chunk_start = True
    if prev_tag == 'S' and tag == 'E': chunk_start = True
    if prev_tag == 'S' and tag == 'I': chunk_start = True
    if prev_tag == 'O' and tag == 'E': chunk_start = True
    if prev_tag == 'O' and tag == 'I': chunk_start = True

    if tag != 'O' and tag != '.' and prev_type != type_:
        chunk_start = True
    return chunk_start

def extract_entity(pred_tags, tokens_list):
    """
    将 BIO 格式的数据转换为实体
    :param pred_tags:
    :param params:
    :return:
    """
    pred_result = []
    for idx, line in enumerate(pred_tags):
        # 获取 BIO-tag
        entities = get_entities(line)
        sample_dict = {}
        for entity in entities:
            label_type = entity[0]
            if label_type == '[CLS]' or label_type == '[SEP]':
```

```
                continue
            start_ind = entity[1]
            end_ind = entity[2]
            en = tokens_list[idx][start_ind:end_ind + 1]
            if label_type in sample_dict.keys():
                sample_dict[label_type].append(''.join(en))
            else:
                sample_dict[label_type] = [''.join(en)]
        pred_result.append(sample_dict)
    return pred_result

def get_entities(seq, suffix=False):
    if any(isinstance(s, list) for s in seq):
        seq = [item for sublist in seq for item in sublist + ['O']]

    prev_tag = 'O'
    prev_type = ''
    begin_offset = 0
    chunks = []
    # print(seq)
    for i, chunk in enumerate(seq + ['O']):
        if suffix:
            tag = chunk[-1]
            type_ = chunk.split('-')[0]
        else:
            tag = chunk[0]
            type_ = chunk.split('-')[-1]

        if end_of_chunk(prev_tag, tag, prev_type, type_):
            chunks.append((prev_type, begin_offset, i - 1))
        if start_of_chunk(prev_tag, tag, prev_type, type_):
            begin_offset = i
        prev_tag = tag
        prev_type = type_
    return chunks


def set_test(test_iter, model_file):
    #核心代码
    for input_ids_list, input_mask_list, segment_ids_list, label_ids_list, tokens_list in
tqdm(test_iter):
        input_ids = list2ts2device(input_ids_list)
        input_mask = list2ts2device(input_mask_list)
        segment_ids = list2ts2device(segment_ids_list)
        batch_output = model(input_ids=input_ids, token_type_ids=segment_ids, attention_
mask=input_mask)
```

```
    #恢复标签真实长度
    real_batch_tags = []
    for i in range(config.batch_size):
        real_len = int(input_mask[i].sum())
        real_batch_tags.append(label_ids_list[i][:real_len])
    pred_tags.extend([idx2tag.get(idx) for indices in batch_output for idx in indices])
    true_tags.extend([idx2tag.get(idx) for indices in real_batch_tags for idx in indices])
    assert len(pred_tags) == len(true_tags), 'len(pred_tags) is not equal to len(true_
tags)!'
    pred = [[idx2tag.get(idx) for idx in indices] for indices in batch_output]
    answer_batch = extract_entity(pred, tokens_list)
    pred_answer.extend(answer_batch)
```

9.5 小结

本章介绍了命名实体识别的定义、发展现状与复用第 7 章自然语言处理代码框架所完成的命名实体识别实验。另外，本章所提及的基于预训练模型的命名实体识别模型下游结构（如 R-Transformer、IDCNN 等）能在一定情况下有效提升 NER 模型的准确性。命名实体识别技术是自然语言处理领域的基础技术，掌握该技术能够帮助读者加深对文本推荐、智能问答与文本摘要等技术的理解与应用，提高行业的工作效率，实现自然语言处理技术对行业的赋能及价值挖掘。

第 10 章 文本生成

26min

文本生成技术是自然语言处理领域的另一重要技术。应用者可以利用既定信息与文本生成模型生成满足特定目标的文本序列。文本生成模型的应用场景丰富，如生成式阅读理解、人机对话或者智能写作等。当前深度学习的发展也推动了该项技术的进步，越来越多高可用的文本生成模型诞生，提高各行业效率，服务智能化社会。

10.1 文本生成的发展现状

文本生成的技术路线发展与其他 NLP 技术路线类似，均从简单的规则逐步发展至大型深度神经网络。当然，文本生成显然难于其他 NLP 技术，因为文本生成技术的预测目标并不在既定的文本中，其需要根据既定文本生成符合目标的文本，而阅读理解、命名实体识别等技术则是通过抽取既定文本里的相应文本段达成预测的目标。

10.1.1 文本生成模板

文本生成技术的发展同样离不开简单规则的约束。本章所讲的规则是预先定义好的模板，每个模板对应一种应用场景。根据应用场景的特性，算法人员将需要生成的通用性语句事先规范化(模板)，然后利用 NLP 技术抽取相应的非通用语句对模板进行插空，从而完成文本生成任务，如图 10.1 所示，图中浅灰色的字体是模板，黑色字体则可通过计算涨跌来填充模板中的空缺，从而完成股市新闻的签发。

开盘，三大股指低开。

收盘，沪指涨0.21%，深成指涨0.74%，创业板指涨1.28%。

图 10.1 文本生成模板

当然，图 10.1 只是一个简单的模板呈现，要生成符合复杂应用场景的文字模板，需要考虑模板中的内容、文本结构、句子语法与阅读流畅度等，这就需要大量的专业人员去维护每套模板的产生。

10.1.2　变分自编码器

变分自编码器(VAE)是自编码器中的一种。常见的自编码器的网络结构如图 10.2 所示,最简单的自编码器只有 3 层结构,中间的隐藏层才是所需要关注的地方,以隐藏层为界限,左边为编码器(Encoder),右边为解码器(Decoder),所以在训练过程中,输入才能在经过编码后再解码,还原成原来的模样。

对传统机器学习有所了解的读者应该知道主成分分析(PCA),它是用来对数据进行降维的。假如通过一组数据训练出了自编码器,然后拆掉自编码器的解码器,算法人员就可以用剩下的编码器与隐藏层来表征数据了。隐藏层的神经元数目远低于输入层,就相当于用更少的特征(神经元)表征输入数据,从而达到数据降维压缩的目的。

自编码器学习到的特征表征不仅可以用作数据降维,也可以将特征表征接入一个简单的分类器,将抽象的特征用作文本分类。同样地,算法人员可以利用自编码器所得到的特征(这里也称隐变量)对编码器与解码器进行改造,从而实现文本生成技术。

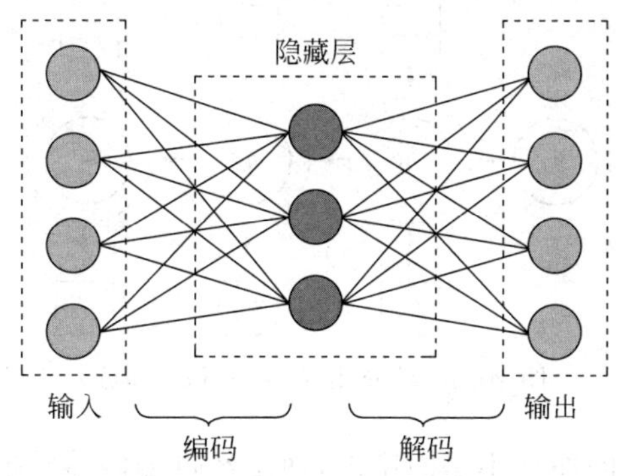

图 10.2　自编码器的网络结构

10.1.3　序列到序列技术

虽然序列到序列(Seq2Seq)技术与变分自编码器在文本生成中都利用了编码器与解码器,但两者仍然存在些许不同。变分自编码的文本生成技术在预测过程中会从隐变量的分布中进行采样,在这种方法下,对于同一条文本输入,模型能够得到不一样的文本输出,而 Seq2Seq 文本生成模型则能保证在预测过程中的文本输入与输出是确定的。因此,当前采用 Seq2Seq 结构的文本生成模型更为主流,Seq2Seq 的优点是能够处理变长文本,常见的 Seq2Seq 结构首先利用编码器将输入序列映射成固定的中间序列 h_4,然后解码器再对中间序列 h_4 进行解码,如图 10.3 所示。

然而,图 10.3 所示的 Seq2Seq 结构存在一定缺陷,因为编码器将文本统一映射成了固定的中间序列,这让文本中每个词语在固定的中间序列的信息(贡献量)是一致的。显然,一句话的中心往往由文本中的几个词来表征,故而固定的中间序列信息对后续的解码产生了一定的影响,因此诞生了基于注意力机制的 Seq2Seq 模型,如图 10.4 所示。注意力机制下

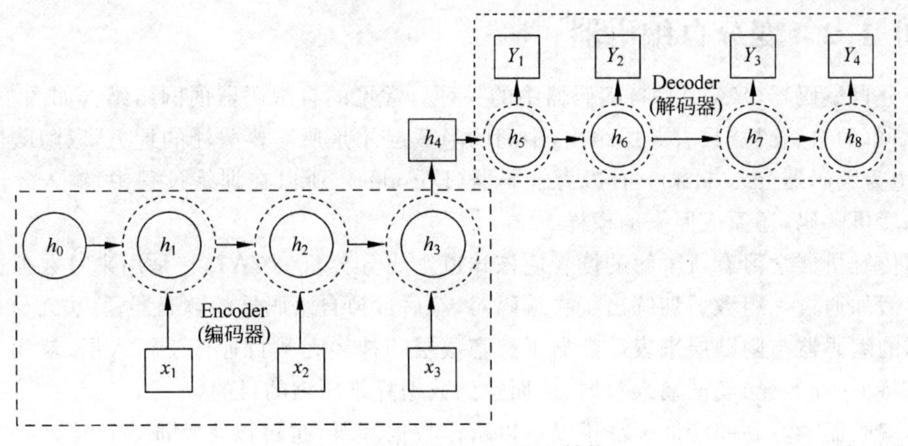

图 10.3　常见的 Seq2Seq 结构

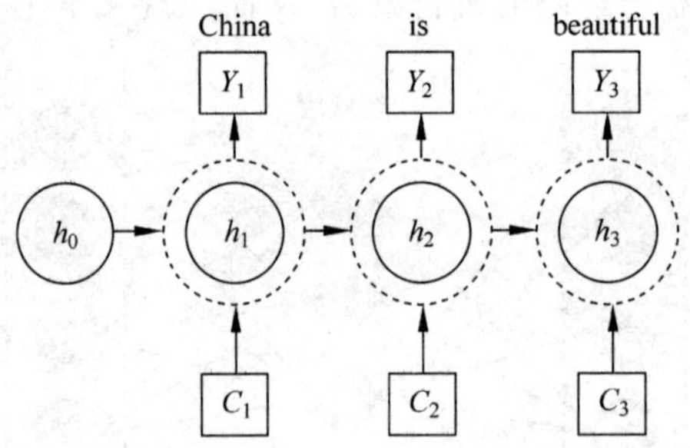

图 10.4　注意力模型(解码器部分)

的 Seq2Seq 模型的输入中间序列不是固定的,而是经过编码器转换的中间语义 C。

而这些输入 C 也各不相同,每个 C 都由权重 w 和解码器的隐藏层输出 h 加权组成,如图 10.5 所示。在解码器部分,中间语义 C_1、C_2 和 C_3 之间的权值表征是不同的,这也是所讲的注意力机制。

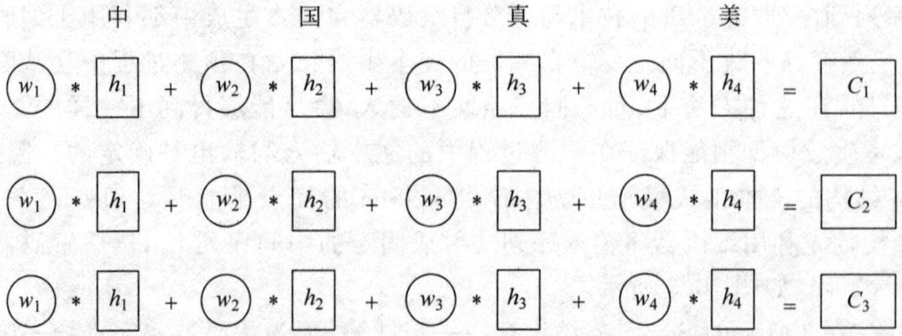

中　　国　　真　　美

$$w_1 * h_1 + w_2 * h_2 + w_3 * h_3 + w_4 * h_4 = C_1$$

$$w_1 * h_1 + w_2 * h_2 + w_3 * h_3 + w_4 * h_4 = C_2$$

$$w_1 * h_1 + w_2 * h_2 + w_3 * h_3 + w_4 * h_4 = C_3$$

图 10.5　中间语义转换示意图

换言之,随着训练过程的进行,重点一直在变化,而这些变化则由图 10.5 所示的权重 w

表示，当训练停止时，权重值也就确定下来了，此时的权重值是最拟合当前训练数据的。例如 C_1 的重点在“中”这个字，中间语义可以表示为 $C_1=0.6h_1+0.2h_2+0.1h_3+0.1h_4$（权值可以看成概率，所有权值加起来为 1），因此中间语义的转换公式如式(10.1)所示。其中，n 为输入序列的长度。

$$C_i=\sum_{j}^{n} w_{ij} h_i \tag{10.1}$$

此时，唯一要解决的是如何去求中间语义 C 的权值 w 表征。这就涉及注意力模型的编码器部分，如图 10.6 所示。F 函数和 Softmax 函数可以理解为要计算当前的 h_i 与全部 h（包括 h_i）之间的差别，从而计算出在 i 时刻下，每个 h 对应的权值（概率）。换言之，读者可以将图 10.6 看成分类问题，与 h_i 越相近，输出的概率也就越大。

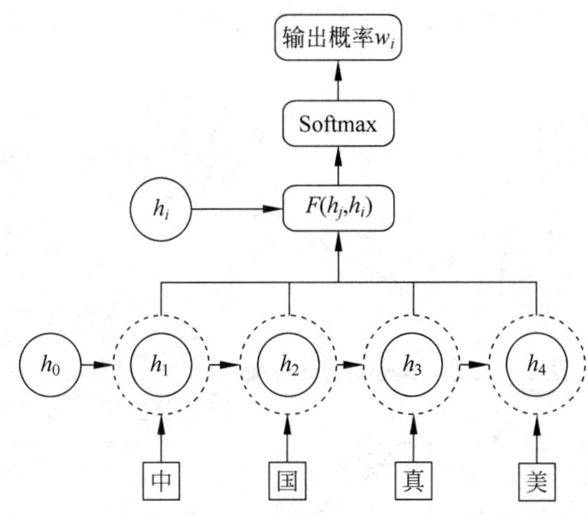

图 10.6 注意力模型(编码器部分)

10.2 基于预训练模型的文本生成模型

Seq2Seq 模型需要预训练模型的语义表征作为输入，而当前类 BERT 预训练模型发展迅猛。Li 等提出的 UniLM 模型[1]则是将 Seq2Seq 与 BERT 模型结合起来。UniLM 能够在不改变以往 BERT 模型微调的方式进行文本生成任务，使 BERT 模型在自然语言生成(NLG)任务与自然语言理解(NLU)任务中实现统一。

为了统一 NLG 与 NLU 两种任务，UniLM 模型使用了 3 种目标函数进行预训练：双向语言模型、单向语言模型和序列到序列语言模型，模型框架如图 10.7 所示。3 种不同目标函数的语言模型共享同一个 Transformer 网络，而这 3 种目标函数则通过自注意力掩盖矩阵(Self-Attention Mask)实现。

(1) 双向语言模型：与 BERT 模型一致，在预测被掩盖的字符令牌时，可以观察到所有的字符令牌。

(2) 单向语言模型：此模型分为从左到右掩盖策略与从右到左掩盖策略。从左到右方向的掩盖策略是通过被掩盖的字符令牌(Token)的左侧文本预测被掩盖的字符令牌；从右到左方向的掩盖策略则与前者相反。

(3) 序列到序列语言模型：如果被掩盖的字符令牌在第1个文本序列中，则仅可以使用第1个文本序列中的所有字符令牌，而不能使用第2个文本序列的任何信息；如果被掩盖的字符令牌在第2个文本序列中，则可以使用第1个文本序列中的所有字符令牌和第2个文本序列中被掩盖的字符令牌的左侧文本序列来预测被掩盖的字符令牌。

在模型预训练过程中，三分之一的数据用于双向语言模型，三分之一的数据用于单向语言模型，三分之一的数据用于序列到序列语言模型。实验证明，3种不同的掩盖策略能够让模型在预训练过程中学习NLU与NLG任务的信息。UniLM模型的微调与BERT模型的微调没有区别，可以使用BERT模型代码直接加载开源的UniLM模型进行微调。

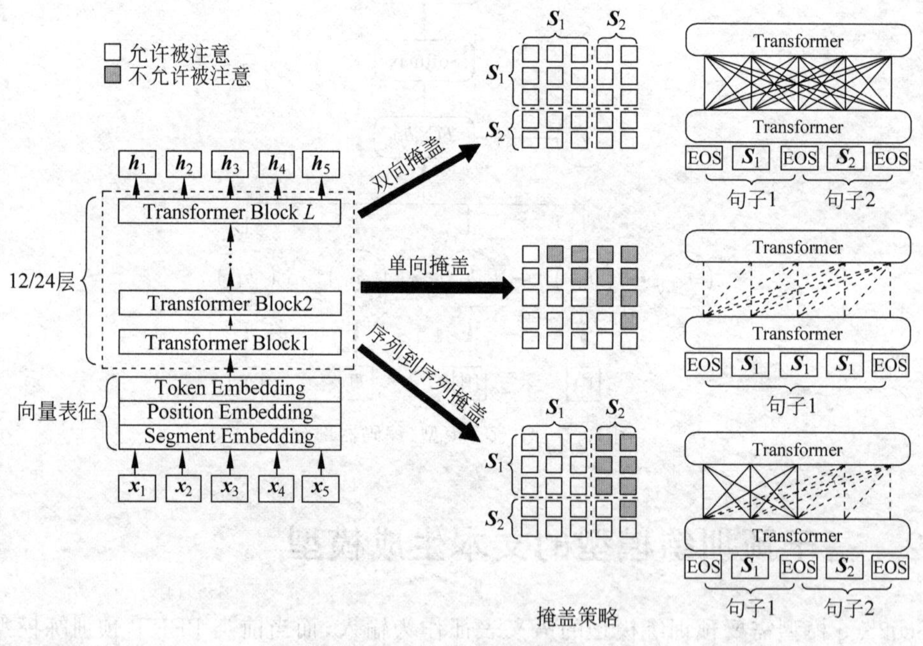

图 10.7 UniLM模型结构

10.3 文本生成任务实践

10.2节介绍的UniLM模型需要利用大量的无监督语料数据进行预训练，最终得到可用的模型。受限于预训练所需的硬件设备，本节将对利用UniLM模型的序列到序列掩盖策略与预训练模型进行结合，直接构造下游任务进行微调，这样可以省去预训练的过程，而且还能沿用第7章的代码框架结构，达到代码复用且文本生成性能优良的效果。

预训练模型，如BERT模型本身就经过了大量无监督语料的预训练，其已经具备很好的语义表征能力，在 NLU 任务上表现出色。为了在 NLG 任务上表现优良，文本生成模型可以利用预训练模型强大的表征能力，再配以相应的下游结构进行微调，这样就能学习到 NLG 任务的信息，无须耗费过高的时空成本进行预训练学习。

UniLM 模型应用的 3 种预训练掩盖策略中，序列到序列的掩盖策略对文本生成任务起到较大的作用。在其他参数与正常使用预训练模型参数一致的前提下，序列到序列的掩盖策略只需修改输入到预训练模型的自注意力掩盖矩阵就能直接使用预训练模型的权重，修改成本低，但能有效地保证文本生成任务的准确性。

文本生成任务可以简单理解为模型根据输入句子 A 的语义信息，输出符合既定目标的句子 B。序列到序列的网络结构是通过句子 A 的语义信息，逐字迭代出句子 B 的每个字，因此，通过修改自注意力掩盖矩阵，首先保证句子 A 中的每个字符令牌能够互相观看到句子 A 中的所有字符令牌，这样就能满足自注意力机制；其次在自注意力掩盖矩阵中，保证句子 B 的每个字符令牌只能从左往右地被查看，这样就能保证序列到序列的策略有效。

由图 10.8 可知，“[CLS]你是哪国人[SEP]”可以看成句子 A，“中国人[SEP]”可以看成句子 B。句子 A 对应的掩盖矩阵是全 1 矩阵，也就是句子 A 中的每个字符令牌在训练过程中都能互相看到对方的信息，而句子 B 则对应一个下三角为 1 的矩阵，这样能保证句子 B 从左往右的每个字符令牌在训练过程中只能看到左边序列的信息，也就是“国”字符令牌只能看到它之前的字符令牌，但看不到“人”与[SEP]字符令牌，从而保证模型拥有序列到序列的能力。其中，自注意力矩阵中的 0 代表模型无须关注的信息，在计算自注意力时会被自动忽略，这也包含用来保证模型输入长度一致的补充字符令牌[PAD]，其在自注意力掩盖矩阵中同样用 0 表示。

另外，读者也可以从图 10.8 中看到行为“[CLS]你是哪国人[SEP]中国人”，列为“你是哪国人[SEP]中国人[SEP]”，掩盖矩阵同时也通过字符令牌的错位来保证模型有使用序列到序列的能力，因此这两句话分别构成了文本生成模型的输入与输出，模型结构如图 10.9 所示。

	[CLS]	你	是	哪	国	人	[SEP]	中	国	人
你	1	1	1	1	1	1	1	0	0	0
是	1	1	1	1	1	1	1	0	0	0
哪	1	1	1	1	1	1	1	0	0	0
国	1	1	1	1	1	1	1	0	0	0
人	1	1	1	1	1	1	1	0	0	0
[SEP]	1	1	1	1	1	1	1	0	0	0
中	1	1	1	1	1	1	1	0	0	0
国	1	1	1	1	1	1	1	1	0	0
人	1	1	1	1	1	1	1	1	1	0
[SEP]	1	1	1	1	1	1	1	1	1	1

图 10.8 序列到序列的自注意力掩盖矩阵

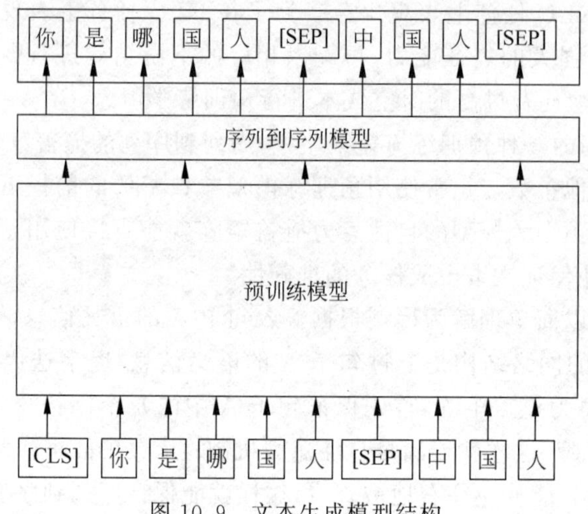

图 10.9 文本生成模型结构

因此，在构建完自注意力矩阵后，算法将该矩阵与其他参数输入预训练模型中，获得预训练模型的语义表征，并将这个语义表征输入序列到序列下游结构中进行迭代训练，从而得到一个文本生成模型。

10.3.1 数据介绍

本节采用阿里天池的中医药文本生成数据集，每条数据由一个文本段（Text）与多组问答对（Q&A）组成。文本生成的任务是根据文本段与答案（A），生成对应的问题（Q）。根据本节所介绍的模型原理，算法可以将输入数据构造成[CLS]Text [SEP] A [SEP] Q，输出数据构造成 Text [SEP] A [SEP] Q [SEP]，通过预训练模型与序列到序列模型构造的模型进行逐字递归预测，从而完成文本生成任务。

10.3.2 评估指标

ROUGE（Recall-Oriented Understudy for Gisting Evaluation）是一组评估自动文摘及机器翻译的指标。它通过对模型生成的预测文本段与真实文本段进行比较计算，得出相应的分值，用以衡量自动生成的摘要或翻译与参考摘要之间的“相似度”，从而评估当前文本生成模型的性能。本节采用的 ROUGE-L 评估指标中的 L 为最长公共子序列（Longest Common Subsequence，LCS），如式(10.2)～(10.4)所示。其中，LCS(X,Y)代表两个文本段的最长公共子序列，m 与 n 分别代表真实文本段与预测文本段的长度（所含词的个数），R_{LCS} 与 P_{LCS} 分别代表召回率与精确率，F_{LCS} 则为 ROUGE-L，β 为 ROUGE-L 的调和超参数，控制 ROUGE-L 的关注倾向，若 β 很大，则只关注 R_{LCS}，反之则只关注 P_{LCS}。

$$R_{\text{LCS}}=\frac{\text{LCS}(X,Y)}{m} \tag{10.2}$$

$$P_{LCS}=\frac{LCS(X,Y)}{n} \tag{10.3}$$

$$F_{LCS}=\frac{(1+\beta^2)R_{LCS}P_{LCS}}{R_{LCS}+\beta^2 P_{LCS}} \tag{10.4}$$

10.3.3 模型构建

根据图10.8与图10.9，本节分别构建自注意力掩盖矩阵与基于预训练模型的文本生成模型。config.py文件用于存放与文本生成相关的重要超参数，代码如下：

```
#chapter10/config.py
class Config(object):
    def __init__(self):
        #保存模型和读取数据参数
        self.source_train_dir = '/home/wangzhili/chile/Seq2Seq/data/'
        self.source_test_dir = '/home/wangzhili/test/'
        self.processed_data = '/home/wangzhili/chile/Seq2Seq/data/'
        self.device = torch.device('CUDA' if torch.CUDA.is_available() else 'cpu')
        self.warmup_proportion = 0.05
        self.use_bert = True
        self.pretrainning_model = 'nezha'
        self.pre_model_type = self.pretrainning_model
        self.decay_rate = 0.5
        self.decay_step = 5000
        self.num_checkpoints = 5

        self.train_epoch = 20
        self.sequence_length = 256

        self.learning_rate = 1e-4
        self.embed_learning_rate = 5e-5
        self.batch_size = 24

        if self.pretrainning_model == 'nezha':
            model = '/home/wangzhili/nezha_base/'
        elif self.pretrainning_model == 'roberta':
            model = '/home/wangzhili/roberta_base/'
        else:
            model = '/home/wangzhili/electra_base/'

        self.model_path = model
        self.bert_config_file = model + 'bert_config.json'
        self.bert_file = model + 'PyTorch_model.bin'
        self.continue_training = False
```

```
        #解码参数
        self.train_batch_size = 24
        self.val_batch_size = 1
        self.test_batch_size = 1
        self.beam_size = 5
        self.tgt_seq_len = 30
```

model.py 文件的 forward()函数为构建自注意力掩盖矩阵与模型的核心代码,代码如下:

```
#chapter10/model.py
class BertSeq2SeqModel(BertPreTrainedModel):
    def __init__(self, config, params):
        super().__init__(config)
        self.pre_model_type = params.pre_model_type
        if self.pre_model_type.lower() == 'nezha':
            self.bert = NEZHAModel(config)
        elif self.pre_model_type.lower() == 'roberta':
            self.bert = BertModel(config)
        else:
            raise ValueError('Pre-train Model type must be NEZHA or RoBERTa!')
        #Seq2Seq decoder(共享预训练模型的权重)
        self.decoder = BertLMPredictionHead(config, self.bert.embeddings.word_embeddings.
weight)

        #动态权重
        self.fusion_layers = params.fusion_layers
        self.dym_weight = nn.Parameter(torch.ones((self.fusion_layers, 1, 1, 1)), requires_
grad=True)
        self.vocab_size = config.vocab_size
        self.reset_params()

    def reset_params(self):
        #初始权重
        self.init_weights()
        nn.init.xavier_normal_(self.dym_weight)

    def compute_loss(self, predictions, labels, target_mask):
        """
        计算 loss
        Args:
            target_mask: 句子 A 部分和 pad 部分全为 0,句子 B 部分全为 1
        """
        predictions = predictions.view(-1, self.vocab_size)
        labels = labels.view(-1)
```

```
        target_mask = target_mask.view(-1).float()
        loss_func = nn.CrossEntropyLoss(ignore_index=0, reduction="none")
        loss = (loss_func(predictions, labels) * target_mask).sum() / target_mask.sum()
        return loss

    def forward(
            self,
            input_ids=None,
            attention_mask=None,
            token_type_ids=None,
            labels=None, ):
        bs, seq_len = input_ids.size()
        # 构造注意力掩盖
        sum_idxs = torch.cumsum(token_type_ids, dim=1)
        att_mask = (sum_idxs[:, None, :] <= sum_idxs[:, :, None]).float()
        # 将[PAD]部分的注意力掩盖掉
        c_index = torch.argmax(token_type_ids, dim=1)
        tmp = token_type_ids.clone().detach()
        for r_i, c_i in enumerate(c_index):
            tmp[r_i, :c_i] = 1        # 句子 A 也标 1
        # (bs, seq_len, seq_len)
        tmp1 = tmp.unsqueeze(-1).repeat(1, 1, seq_len)
        tmp2 = tmp.unsqueeze(1).repeat(1, seq_len, 1)
        att_mask *= tmp1 * tmp2    # (bs, seq_len, seq_len)

        # 预训练模型
        outputs = self.bert(
            input_ids,
            attention_mask=att_mask,
            token_type_ids=token_type_ids,
            output_hidden_states=True)

        # 动态权重 BERT
        sequence_output = self.get_dym_layer(outputs)
        # 解码器
        # (bs, seq_len, vocab_size)
        predictions = self.decoder(sequence_output)

        if labels is not None:
            # 计算 loss
            # 需要将句子 A 的 loss 掩盖掉
            # (bs, seq_len, vocab_size)
            predictions = predictions[:, :].contiguous()
            # (bs, seq_len + 1)
            token_type_ids = torch.cat([token_type_ids.float(), torch.ones(bs, 1, device=
token_type_ids.device)], dim=1)
```

```
            loss_mask = token_type_ids[:, 1:].contiguous()
            loss = self.compute_loss(predictions, labels, loss_mask)
            return predictions, loss
        else:
            #只取最后一个 Token 的分数(自回归),因为每次只能预测最后一个 Token
            #(bs, vocab_size)
            scores = torch.log_Softmax(predictions[:, -1], dim = -1)
            return scores
```

10.3.4 数据迭代器

根据图 10.9,文本生成的数据迭代器会生成输入文本和输出文本,并将其输入模型迭代。utils.py 文件的 convert_single_example()函数为数据迭代器的核心代码,代码如下:

```
#chapter10/model.py
class DataIterator:

    def __init__(self, batch_size, data_file, tokenizer, use_bert = False, seq_length = 100, is_
test = False, task = 'iflytek'):
        self.data_file = data_file
        self.data = get_examples(data_file)
        self.batch_size = batch_size
        self.use_bert = use_bert
        self.seq_length = seq_length
        self.num_records = len(self.data)
        self.all_tags = []
        self.idx = 0                                    #数据索引
        self.all_idx = list(range(self.num_records)) #全体数据索引
        self.is_test = is_test
        self.task = task
        if not self.is_test:
            self.shuffle()
        self.tokenizer = tokenizer
        print(self.num_records)

    def convert_single_example(self, example_idx):
        #如果 tokenizer 返回为空,则设为[UNK]
        example = self.data[example_idx]
        #构造 tokens
        #加入 text
        text_tokens = ['[CLS]']
        tag_tokens = []
        for token in example.text:
            if len(self.tokenizer.tokenize(token)) == 1:
```

```
            if token == '✂':
                text_tokens.append('[SEP]')
            else:
                text_tokens.append(self.tokenizer.tokenize(token)[0])
        else:
            text_tokens.append('[UNK]')
    #加入输出文本
    for token in example.tag + ['[SEP]']:
        if len(self.tokenizer.tokenize(token)) == 1:
            tag_tokens.append(self.tokenizer.tokenize(token)[0])
        else:
            tag_tokens.append('[UNK]')
    #过长文本剪切
    if len(text_tokens + ['[SEP]'] + tag_tokens) > self.seq_length:
        cut_len = len(text_tokens + tag_tokens) + 1 - self.seq_length
        text_tokens = text_tokens[: - cut_len]
    #[CLS] A A A [SEP] B B B [SEP]
    input_tokens = text_tokens + ['[SEP]'] + tag_tokens
    token_type_ids = [0] * (len(text_tokens) + 1)
    token_type_ids.extend([1] * len(tag_tokens))          #[SEP]也融入预测

    #输入文本:[CLS] A A A [SEP] B B B
    input_ids = self.tokenizer.convert_tokens_to_ids(input_tokens[: - 1])

    #输出文本:A A A [SEP] B B B [SEP]
    tag_ids = self.tokenizer.convert_tokens_to_ids(input_tokens[1:])
    assert len(input_ids) == len(tag_ids)
    #补0
    if len(input_ids) < self.seq_length:
        pad_len = self.seq_length - len(input_ids)
        input_ids += [0] * pad_len
        tag_ids += [0] * pad_len
        token_type_ids += [0] * (pad_len - 1)
    assert len(input_ids) == len(token_type_ids)
    return input_ids, token_type_ids, tag_ids
```

10.3.5 模型训练

相较于前面章节的实践，文本生成任务的学习难度较高，而且模型采用逐字递归预测的策略，该策略无法在图形处理器(GPU)中并行运算，故而预测时间较长，因此，在模型训练与验证过程中，本节选择每迭代 n 次才进行1次模型性能评估，保证模型训练时长。n 为人工设置的超参数，本节设 n 为4。与此同时，train_fine_tune.py 文件中也设置了多个 GPU 并行训练，只需从第41行代码 n_gpu = torch.CUDA.device_count()开始更新，代码如下：

```
#chapter10/train_fine_tune.py
def train(train_iter, test_iter, config):
…
#核心代码
    for i in range(config.train_epoch):
        model.train()
        for batch in tqdm(train_iter):
            #转换成张量
            batch = tuple(t.to(config.device) for t in batch)
            input_ids_list, segment_ids_list, label_ids_list = batch
            _, loss = model(input_ids = input_ids_list, token_type_ids = segment_ids_list,
labels = label_ids_list)
            if n_gpu > 1:
                loss = loss.mean()                    #多卡 loss 求平均
            #梯度累加
            if config.gradient_accumulation_steps > 1:
                loss = loss / config.gradient_accumulation_steps

            if cum_step % 100 == 0:
                format_str = 'step {}, loss {:.4f} lr {:.5f}'
                print(
                    format_str.format(
                        cum_step, loss.item(), config.learning_rate)
                )
            if config.flooding:
                #让 loss 趋于某个值收敛
                loss = (loss - config.flooding).abs() + config.flooding

            loss.backward()                           #反向传播,得到正常的梯度

            if (cum_step + 1) % config.gradient_accumulation_steps == 0:
                #使用计算的梯度执行更新
                optimizer.step()
                model.zero_grad()
            cum_step += 1
        if i != 0 and i % 4 == 0:                     #迭代 4 次,验证一次
            val_metrics = set_test(model, test_iter)
            f1 = val_metrics['rouge-1']['f']
        #lr_scheduler 学习率递减 step

            print('dev set : step_{},F1_{}'.format(cum_step, f1))
            if f1 > best_acc:
                #保存训练模型
                best_acc = f1
                model_to_save = model.module if hasattr(model, 'module') else model
                output_model_file = os.path.join(
```

```
                os.path.join(out_dir, 'model_{:.4f}_{}'.format(f1, str(cum_step))))
            torch.save(model_to_save, output_model_file)


def set_test(model, test_iter):
    for batch in tqdm(test_iter):
        # to device
        batch = tuple(t.to(config.device) for t in batch)
        input_ids_list, segment_ids_list, labels = batch

        # inference
        with torch.no_grad():
            # inference
            # 构造 predict 时的输入
            input_sep_index = torch.nonzero((input_ids_list == config.sep_id), as_tuple =
True)[-1][-1]
            input_ids_list = input_ids_list[:, :input_sep_index + 1]
            segment_ids_list = segment_ids_list[:, :input_sep_index + 1]
            batch_output = beam_search(config, model, input_ids_list, segment_ids_list,
                                       beam_size = config.beam_size,
                                       tgt_seq_len = config.tgt_seq_len)


        # 获取有效 label
        start_sep_id = torch.nonzero((labels == config.sep_id), as_tuple = True)[-1][-2]
        end_sep_id = torch.nonzero((labels == config.sep_id), as_tuple = True)[-1][-1]
        labels = labels.view(-1).to('cpu').NumPy().tolist()
        labels = labels[start_sep_id + 1:end_sep_id + 1]
        batch_output = batch_output.view(-1).to('cpu').NumPy().tolist()

        ground_truth.append(''.join([idx2word.get(indices) for indices in labels]))
        pred.append(''.join([idx2word.get(indices) for indices in batch_output]))
        print('true_text:', ''.join([idx2word.get(indices) for indices in labels]))
        print('pred_text:', ''.join([idx2word.get(indices) for indices in batch_output]))

    # 计算 ROUGE 评估分数
    rouge_dict = rouge.get_scores(pred, ground_truth, avg = True)
    metrics = {
        'rouge-1': rouge_dict['rouge-1'],
        'rouge-2': rouge_dict['rouge-2'],
        'rouge-l': rouge_dict['rouge-l']
    }
```

10.3.6 模型预测

模型的预测与验证一样，都需要使用集束搜索(Beam Search)算法对模型的输出概率进行逐字递归解码预测。读者可以将这个过程理解为时序过程，也就是每生成一个字符令牌就需要当前所得到的文本段输入模型中进行预测，每个生成的字符令牌都与前者有关系。

在集束搜索之前，有人使用贪心算法进行解码，如图 10.10 所示。这个算法的好处是将模型解码的指数级别复杂度降到了线性级别复杂度，因为每次预测字符令牌，只需取最大的概率作为当前的最优解，但所得到的序列无法保证是最优解。

而集束搜索是贪心算法的改进，也就是让贪心算法每次预测不一定取最优秀的那个解，可以设置超参数多保留几个解，并累加每次预测的每个解的得分(概率值)，最终根据解的得分返回当前分数最高的序列作为最终序列，如图 10.11 所示，可以设置每次预测保留两个最优解。在规定步数的情况下，实验每次对两路分支的所有候选对象进行比较，输出两个最优解，最终在达到规定的步数或者遇到结束标志符[SEP]时结束解码，并输出当前分数最高的序列。

时序预测

	1	2	3	4
中	0.6	0.2	0.2	0
国	0.2	0.5	0.2	0.1
人	0.1	0.2	0.5	0.1
[SEP]	0.1	0.1	0.1	0.8

图 10.10　贪心解码

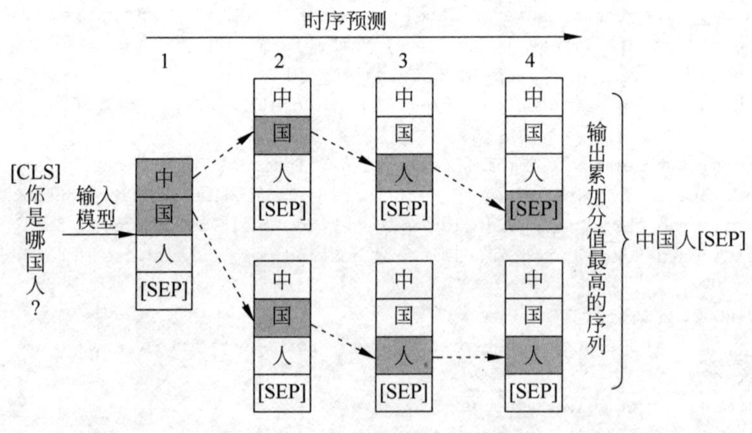

图 10.11　集束搜索解码示意图

代码如下：

```
#chapter10/predict.py
def beam_search(params, model, ori_token_ids, ori_token_type_ids, beam_size=1, tgt_seq_len
=30):
   """
      ori_token_ids: input ids. (1, src_seq_len)
```

```
        ori_token_type_ids: (1, src_seq_len)
        beam_size: size of beam search.
        tgt_seq_len: 生成序列最大长度
    Returns:
        output_ids: ([tgt_seq_len],)
    """
    device = params.device
    sep_id = params.sep_id

    #(beam_size, 0)用来保存输出序列
    output_ids = torch.empty((beam_size, 0), dtype = torch.long, device = device)
    #(beam_size, 1)用来保存累计得分
    output_scores = torch.zeros((beam_size, 1), device = device)
    #(beam_size, bs * src_seq_len)表示重复 beam_size 次
    ori_token_ids = ori_token_ids.view(1, -1).repeat(beam_size, 1)
    ori_token_type_ids = ori_token_type_ids.view(1, -1).repeat(beam_size, 1)

    with torch.no_grad():
        for step in range(tgt_seq_len):
            #第一次迭代
            if step == 0:
                input_ids = ori_token_ids
                token_type_ids = ori_token_type_ids

            #(beam_size, vocab_size)
            scores = model(input_ids, token_type_ids = token_type_ids)
            _, vocab_size = scores.size()

            #(beam_size, vocab_size)用来累计得分
            output_scores = output_scores.view(-1, 1) + scores
            #确定 topk 的 beam,并获得它们的索引
                hype_score, hype_pos = torch.topk(output_scores.view(-1), beam_size)
            #行索引
            row_id = (hype_pos //vocab_size)
            #列索引
            column_id = (hype_pos % vocab_size).long().reshape(-1, 1)

            #本次迭代的得分和输出
            #更新得分
            output_scores = hype_score

            #(beam_size, [tgt_seq_len])
            output_ids = torch.cat([output_ids[row_id], column_id], dim = 1).long()

            #下一次迭代的 input 和 token type
            #(beam_size, src_seq_len + [tgt_seq_len])
```

```
        input_ids = torch.cat([ori_token_ids, output_ids], dim=1)
        #(beam_size, src_seq_len + [tgt_seq_len])
        token_type_ids = torch.cat([ori_token_type_ids, torch.ones_like(output_ids)], dim
=1)

        #统计每个 beam 出现的 end 标记
        end_counts = (output_ids == sep_id).sum(dim=1)
        #最高得分的 beam 位置
        best_one = output_scores.argmax()
        #该 beam 已完成且累计得分最高,直接返回
        if end_counts[best_one] == 1:
            return output_ids[best_one]
        #将已完成但得分低的 beam 移除
        else:
            #标记未完成的序列
            flag = (end_counts < 1)
            #只要有未完成的序列就为 True
            #flag 矩阵中,False 代表继续迭代,True 代表已经完成
            if not flag.all():
                ori_token_ids = ori_token_ids[flag]
                ori_token_type_ids = ori_token_type_ids[flag]
                input_ids = input_ids[flag]
                token_type_ids = token_type_ids[flag]
                output_ids = output_ids[flag]
                output_scores = output_scores[flag]
                beam_size = flag.sum()          #beam_size 相应变化
    #如果循环结束未完成,则返回得分最高的 beam
    return output_ids[output_scores.argmax()]


def predict(test_iter, model_file):
    model = torch.load(model_file)
    device = config.device
    model.to(device)
    logger.info(" ***** Running Prediction ***** ")
    logger.info(" Predict Path = %s", model_file)
    idx2word = tokenizer.ids_to_tokens
    model.eval()
    pred = []
    for input_ids_list, segment_ids_list, label_ids_list, seq_length in tqdm(test_iter):
        input_ids, labels, token_type_ids = list2ts2device(input_ids_list), list2ts2device(
                                             label_ids_list), list2ts2device(token_type_ids)
        #预测
        with torch.no_grad():
            #构造 predict 时的输入
```

```
        input_sep_index = torch.nonzero((input_ids == config.sep_id), as_tuple = True)[ -
1][ - 1]
        input_ids = input_ids[:, :input_sep_index + 1]
        token_type_ids = token_type_ids[:, :input_sep_index + 1]
        batch_output = beam_search(config, model, input_ids, token_type_ids,
                                   beam_size = config.beam_size,
                                   tgt_seq_len = config.tgt_seq_len)

    batch_output = batch_output.view( - 1).to('cpu').NumPy().tolist()
    pred.append(''.join([idx2word.get(indices) for indices in batch_output]))
```

10.4 小结

本章系统地介绍了文本生成技术的发展现状及基于第 7 章的代码框架兼容了文本生成实践，然而，本章的介绍只是起到了抛砖引玉的作用，当前文本生成技术仍然有很大的提升空间。

(1) 规则角度：先预测关键词，然后根据生成的关键词补全整个句子。

(2) 数据角度：收集更多的高质量语料，或者利用回译等手段做数据增强等。

(3) 模型的角度：改造 Seq2Seq 模型结构，以促使多样化表达等。

(4) 损失函数角度：采用了最大互信息作为目标损失函数等。

(5) 解码算法角度：对 Beam Search 算法每个时间步的条件概率添加多样性约束等。

文本生成技术未来的发展方向应该聚焦于生成可控、质量优良、语义一致、句式通顺等方向，因此，文本生成技术的发展仍然需要更加长足的研究与探索。

第 11 章 损失函数与模型瘦身

在任何深度学习项目中，配置损失函数都是确保模型以预期方式工作的最重要步骤之一。损失函数可以为神经网络提供实用的灵活性，它定义了网络输出与网络其余部分的连接方式，也决定着模型设计各项参数的收敛速度，甚至在特殊的数据分布下，如样本不均衡的长尾分布，训练样本少的冷启动问题，以及数据集中脏、乱、差的带噪学习中，特殊的损失函数能发挥出让人意想不到的作用。

众所周知，深度学习的巨大成功主要归因于其可编码大规模数据并操纵数十亿个模型参数，但是，将这些烦琐的深度模型部署在资源有限的设备（如移动电话和嵌入式设备）上是一个挑战，不仅是因为计算复杂性高，而且还有庞大的存储限制。为此，人们已经开发了多种模型压缩和加速技术。作为模型压缩和加速的代表类型，知识蒸馏能有效地从大型模型中蒸馏出小型模型，并且性能的损耗微小，受到业界的广泛关注。

本章将深入浅出地介绍深度学习损失函数的思想、意义和一些巧妙的变种，并结合实际应用与竞赛任务给读者清晰地呈现出各项损失函数。同时，本章还将对知识蒸馏的概念进行介绍与解析，理论结合实践，给读者提供真实应用场景中压缩模型及提速的方法。

11.1 损失函数

在讲解损失函数之前，笔者先额外谈谈损失函数（Loss Function）、损失代价函数（Cost Function）和目标函数（Objective Function）之间的区别和联系，以便读者了解概念并对其有更深入的理解。

损失函数是针对单个训练样本而言的，给定模型一个输出值和一个真实标签，损失函数输出一个值来衡量单个样本预测值和真实标签之间的差异。

损失代价函数通常是针对整个训练集或者在使用 Mini-Batch 梯度下降时计算当前批数据的总损失。

目标函数则是一个更加通用的术语，表示任意希望被优化的函数，在非机器学习领域（例如运筹优化等场景）也会被提及。

用一句话总结三者的关系：损失函数是损失代价函数的一部分，损失代价函数是目标函数的一种方式。

在理清楚三者的关系后，读者对损失函数的理解会明朗很多。损失函数的优化对象可以看成两方面：预测输出与标签，如图 11.1 所示。通过将模型的预测值与应该输出的实际值进行比较，让模型计算的结果尽可能地"逼近"所有数据。

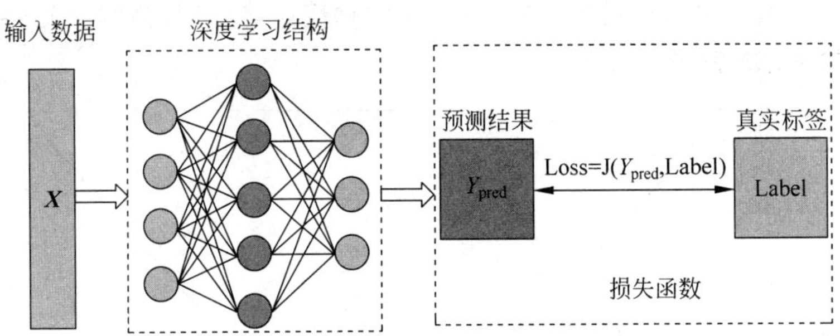

图 11.1 损失函数优化对象

如果预测值 Y_{pred} 与真实标签 Label 相差很远，则损失（Loss）值将非常高，以传递给模型更大的梯度。相反，如果两个值相似，则损失值将非常低，因此，模型需要保持一个损失函数，该函数在对数据集进行训练时可以有效地惩罚模型。如果损失非常大，则这个巨大的价值在训练过程中通过网络传播时，权重的变化将比平常多一点；如果损失小，则权重不会发生太大变化，因为网络已经做得很好了。

这种情况有点类似于考试。如果一个人在考试中表现不佳，则可以说损失非常高，那么这个人将不得不改变自己的学习方法，以便下次获得更好的成绩，但是，如果考试进行顺利，则不必改变太多当前的学习方法。

11.2 常用的损失函数

监督学习本质上是给定一系列训练样本(x_i, y_i)，要求模型通过大量数据去学习 $x \to y$ 的映射关系。当给定的 x_k 不在给定的数据集之内时，模型也能通过学习到的映射关系来预测 y_k，使之能够尽可能地接近真实的标签 $\hat{y}_k$，而损失函数 J 正是这一过程中的关键部分。损失函数用来衡量模型的输出与真实标签之间的差距，给模型的优化指明方向。在日常的工作中，不同的任务也有着与之相契合的损失函数。

11.2.1 回归

1. 平均绝对误差

在不了解现有的损失函数的情况下，如果让你设计一个 Loss 用以度量真实标签和实际标签的差异，你会怎么做呢？

最先想到的肯定是用两者之差来衡量，即$|\text{Label}-y_{pred}|$，很高兴地告诉你，你得到了平均绝对误差（MAE）的评判结果，如式(11.1)所示。

$$\mathrm{MAE}(x)=\frac{1}{N}\sum_{i=1}^{N}|\mathrm{Label}-y_{\mathrm{pred}}| \tag{11.1}$$

当真实标签为 0 时，预测的标签分别为[－10 000～10 000]的平均绝对误差损失函数如图 11.2 所示，其中 MAE 损失的最小值为 0，并且随着预测与真实值的绝对误差 $|\mathrm{Label}-y_{\mathrm{label}}|$ 增加，MAE 损失呈线性增长。MAE 曲线的梯度始终相同，为解决此问题，在损失值减小时，也需要动态地降低学习率。

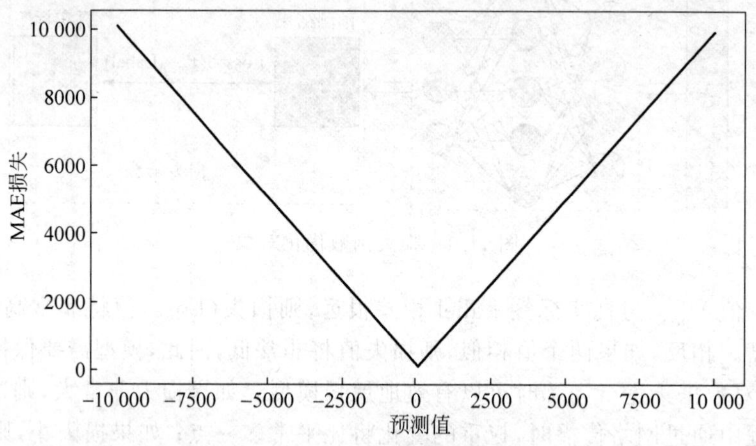

图 11.2 平均绝对误差损失函数

在一定的假设下，算法可以通过最大似然得到 MAE 损失的形式，假设模型预测与真实值之间的误差服从拉普拉斯分布（$\mu=0,b=1$），则给定一个 x_i，模型输出真实值 y_i 的概率如式(11.2)所示。

$$p(y_i \mid x_i)=\frac{1}{2}\exp(-|y_i-\hat{y}_i|) \tag{11.2}$$

如式(11.3)所示，进一步假设数据集中 N 个样本点之间相互独立，给定所有 x 输出所有真实值 y 的概率，即似然 Likelihood 为所有 $p(y_i \mid x_i)$ 的累乘。为了计算方便，通常最大化对数似然 Log-Likelihood，去掉与 $\hat{y}_i$ 无关的第一项，然后转化为最小化负对数似然 Negative Log-Likelihood。

$$\begin{cases} L(x,y)=\prod_{i=1}^{N}\frac{1}{2}\exp(-|y_i-\hat{y}_i|) \\ \mathrm{LL}(x,y)=-\frac{N}{2}-\sum_{i=1}^{N}|y_i-\hat{y}_i| \\ \mathrm{NLL}(x,y)=\sum_{i=1}^{N}|y_i-\hat{y}_i| \end{cases} \tag{11.3}$$

在 torch 中，使用 MAE 损失，即 L1 loss，只需调用 torch 的相关接口便可以实现，代码如下：

```
#chapter11/Example.py
#导入 torch
import torch
#实例化 L1 loss
loss = torch.nn.L1Loss()
#随机初始化输入及输出数据
input = torch.randn(3, 5, requires_grad = True)
target = torch.randn(3, 5)
#使用 MAE 损失结合梯度下降的方法拟合输入与目标值的数据
output = loss(input, target)
output.backward()
```

2. 均方根误差

为了使神经网络以最优化的方式求解，通常需要损失函数处处可导且平滑，以便梯度的求解与传播。于是，聪明的研究者使用了最小二乘法对两者之差进行了数学平滑化，即均方根误差(MSE)。回归任务中最常用的损失函数均方误差如式(11.4)所示，它的思想是使各个训练点到最优拟合线的距离最小，即平方和最小。

$$\text{MSE}(x)=\frac{1}{2N}\sum_{i=1}^{N}\mid \text{Label}-y_{\text{pred}}\mid^{2} \tag{11.4}$$

对于真实标签为0，不同的预测值[−10 000，10 000]的均方根误差损失变化图如图11.3所示。横轴是不同的预测值，纵轴是均方根误差损失，可以看到随着预测与真实值绝对误差的增加，均方差损失呈二次方增加。MSE曲线的特点是平滑连续、可导，便于使用梯度下降算法。除此之外，MSE随着误差的减小，梯度也在减小，这有利于函数的收敛，即使固定学习因子，函数也能较快地取得最小值。

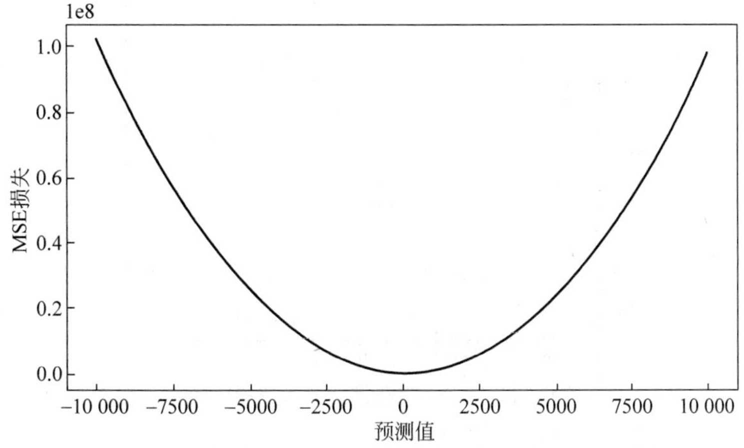

图11.3　均方根误差损失函数

由于平方项的引入，当真实标签与预测值的差值大于1时，会增大其误差；当其差值小于 1 时,则会减小其误差,这是由平方的特性决定的。换言之, MSE 会对误差较大(>1)的情况给予更大的惩罚,对误差较小(<1)的情况给予更小的惩罚。从训练的角度来看,模型会更加偏向于惩罚较大的点,赋予其更大的权重。这也造成了一个额外的问题,试想,如果样本中存在离群点,则 MSE 会给离群点赋予更高的权重,以牺牲其他正常数据点的预测效果为代价,最终会降低模型的整体性能。

和 MAE 类似,MSE 在假设模型预测值和真实值之间的误差时服从标准高斯分布($\mu=0,\sigma=1$),此时给定 x_i,模型输出真实值 y_i 的概率如式(11.5)所示。

$$p(y_i \mid x_i)=\frac{1}{\sqrt{2\pi}}\exp\left(-\frac{(y_i-\hat{y}_i)^2}{2}\right) \tag{11.5}$$

对数最大似然及转换为最小化的形式如式(11.6)所示。在模型输出与真实值的误差服从高斯分布的假设下,最小化均方差损失函数与最大似然估计本质上是一致的。

$$\begin{cases}L(x,y)=\prod_{i=1}^{N}\frac{1}{\sqrt{2\pi}}\exp\left(-\frac{(y_i-\hat{y}_i)^2}{2}\right)\\ \mathrm{LL}(x,y)=\log(L(x,y))=-\frac{N}{2}\log 2\pi-\frac{1}{2}\sum_{i=1}^{N}(y_i-\hat{y}_i)^2\\ \mathrm{NLL}(x,y)=\frac{1}{2}\sum_{i=1}^{N}(y_i-\hat{y}_i)^2\end{cases} \tag{11.6}$$

如图 11.4 与图 11.5 所示,拉普拉斯分布和高斯分布是非常常见的连续概率分布,因此在这个假设能被满足的场景中(例如回归),均方根误差损失是一个很好的损失函数选择;在这个假设不能被满足的场景中(例如分类),均方根误差损失不是一个好的选择。

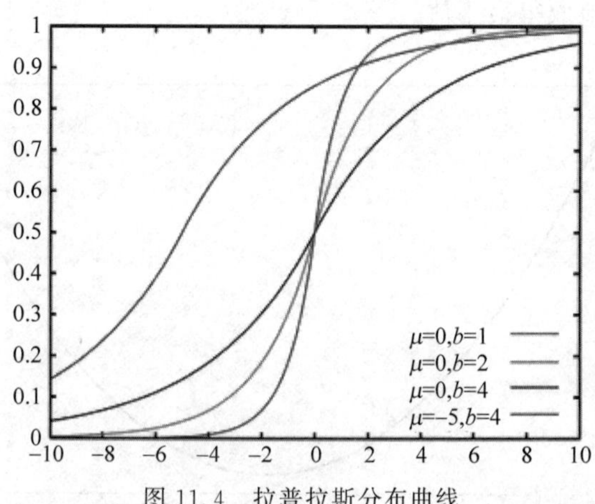

图 11.4 拉普拉斯分布曲线

当使用梯度下降算法时,MSE 损失的梯度为 $-\hat{y}_i$,而 MAE 损失梯度为 ±1,即 MSE 梯度的范围会随误差大小变化,而 MAE 梯度的范围则一直保持为 1,即便在绝对误差 $|y_i-\hat{y}_i|$ 很小的时候,MAE 的梯度也同样为 1,这实际上是非常不利于模型的训练的。当

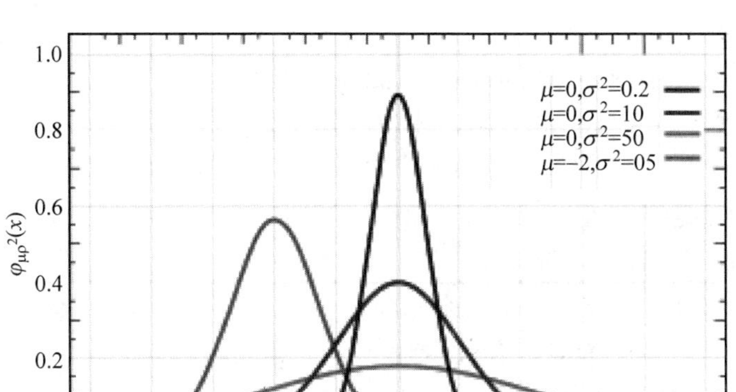

图 11.5 高斯分布曲线

然可以通过在训练过程中动态地调整学习率缓解这个问题，但是总体来讲，损失函数梯度之间的差异导致了 MSE 在大部分时候比 MAE 收敛得更快，这个也是 MSE 更为流行的原因。

当然，由于两种损失函数对不同误差表现的梯度不同，MAE 对所有预测情况的梯度一致，故对于数据标注异常的情况有更大的稳健性，但 MAE 存在一个严重的问题（特别是对于神经网络）：更新的梯度始终相同，也就是说，即使对于很小的损失值，梯度也很大，这样不利于模型的学习。为了解决这个缺陷，可以使用变化的学习率，在损失接近最小值时降低学习率，而 MSE 在这种情况下的表现就很好，即便使用固定的学习率也可以有效收敛。MSE 损失的梯度随着损失增大而增大，而损失趋于 0 时梯度则会减小。在训练结束时，使用 MSE 模型的结果会更精确。

在真实的应用场景中，如果异常点代表在数据中很重要的异常情况，并且需要被检测出来，则应选用 MSE 损失函数。相反，如果只把异常值当作受损数据，则应选用 MAE 损失函数。

和 MAE 损失相同，torch 也对均方根误差进行了封装，代码如下：

```
#chapter11/Example.py
#导入 torch
import torch
#实例化均方根误差
loss = torch.nn.MSELoss()
#随机初始化输入及输出数据
input = torch.randn(3, 5, requires_grad = True)
target = torch.randn(3, 5)
#使用 MSE 损失结合梯度下降的方法拟合输入与目标值的数据
output = loss(input, target)
output.backward()
```

3. Huber 损失

在某些情况下，上述两种损失函数都不能满足需求。例如，若数据中 90%的样本对应的目标值为 150，则剩下的 10%样本在 0～30。那么使用 MAE 作为损失函数的模型可能会忽视这 10%的异常点，对所有样本的预测值都为 150，这是因为模型会按中位数来预测。而使用 MSE 的模型则会给出很多介于 0～30 的预测值，因为模型会向异常点偏移。上述两种结果在真实的场景中都是不可取的。

使用 MAE 训练神经网络最大的一个问题是不变的大梯度，这可能导致在使用梯度下降快要结束时，错过了最小点，而对于 MSE，梯度会随着损失的减小而减小，使结果更加精确。

在这种情况下，Huber 损失就非常有用。它会由于梯度的减小而落在最小值附近。比起 MSE，它对异常点更加稳健，因此，Huber 损失结合了 MSE 和 MAE 的优点，但是，Huber 可能需要不断调整超参数 δ。

Huber 损失结合了 MSE 和 MAE 损失，在误差接近 0 时使用 MSE，使损失函数可导并且梯度更加稳定；在误差较大时使用 MAE 可以降低离群数据的影响，使训练对离群点来讲更加稳健，缺点是需要额外地设置一个超参数 δ。

如式(11.7)所示，Huber 损失不像平方损失对数据中的异常点敏感。本质上，Huber 损失是绝对误差，只是在误差很小时变为平方误差。误差降到多小时变为二次误差则由超参数 δ 来控制。即当 Huber 损失在$[0-\delta,0+\delta]$之间时，其等价为 MSE，而在$[-\infty,\delta]$和$[\delta,+\infty]$之间时为 MAE。

$$L_\delta(y,f(x))=\begin{cases}\frac{1}{2}(y-f(x))^2 & |y-f(x)|\leqslant\delta\\ \delta|y-f(x)|-\frac{1}{2}\delta^2 & \text{其他}\end{cases} \tag{11.7}$$

如图 11.6 所示，Huber 损失的超参数 δ 的选择非常重要，其中横轴表示真实值和预测值的差值，纵轴为损失。可以看出，δ 越小其曲线越趋近于 MSE；δ 越大则越趋近于 MAE。当残差大于 δ 时，应当采用 MAE(对较大的异常值不那么敏感)来最小化；当残差小于超参数时，则用 MSE 来最小化。

Huber 损失实现的代码如下：

```
#chapter11/Losses.py
#导入 torch
import torch
def smooth_l1_loss(input, target, sigma, reduce = True, normalizer = 1.0):
    beta = 1. / (sigma ** 2)
    diff = torch.abs(input - target)
    cond = diff < beta
    loss = torch.where(cond, 0.5 * diff ** 2 / beta, diff - 0.5 * beta)
    if reduce:
        return torch.sum(loss) / normalizer
    return torch.sum(loss, dim = 1) / normalizer
```

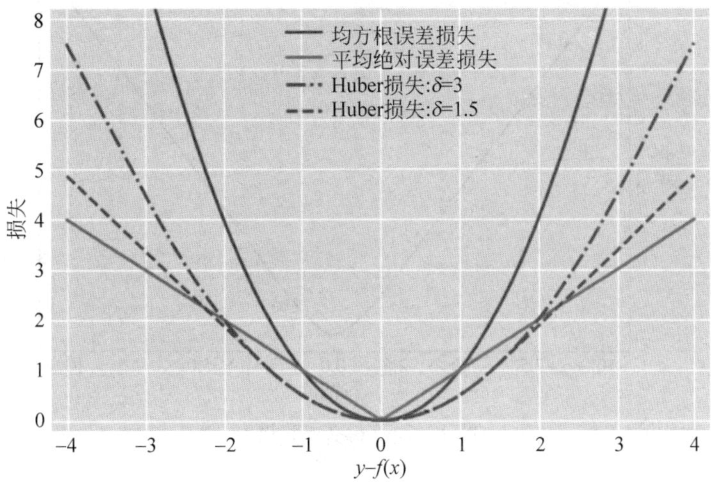

图 11.6 均方根误差损失、平均绝对误差损失及 Huber 损失对比

同时，torch 对 Huber 损失也进行了封装。Huber 损失在 torch 中封装的 API 为 SmoothL1Loss()，代码如下：

```
#chapter11/Example.py
#导入 torch
import torch
#实例化均方根误差
loss = torch.nn.SmoothL1Loss()
#随机初始化输入及输出数据
input = torch.randn(3, 5, requires_grad = True)
target = torch.randn(3, 5)
#使用 Huber 损失结合梯度下降的方法拟合输入与目标值的数据
output = loss(input, target)
output.backward()
```

4. Log-Cosh 损失

Log-Cosh 是应用于回归任务的另一种损失函数，如式(11.8)所示，与其名称相符，Log-Cosh 即真实标签与预测值之间的误差求双曲余弦取对数后的结果。与均方根误差相比，Log-Cosh 损失更平滑。

如图 11.7 所示，当真实标签为 0 时，预测值的范围为[−10～10]的 Log-Cosh 损失的值，在损失很小时曲线较为平滑，而在损失较大时趋近于线性。这是由于对于较小的 x 值，log (cosh(x))约等于 $x^2/2$；对于较大的 x 值，则约等于 abs(x)−log(2)。

$$L(y,y^p)=\sum_{i=1}^{n}\log(\cosh(y_i^p-y_i)) \tag{11.8}$$

如图 11.8 所示，横轴表示真实值和预测值的差值，纵轴为函数值。Log-Cosh 的工作原

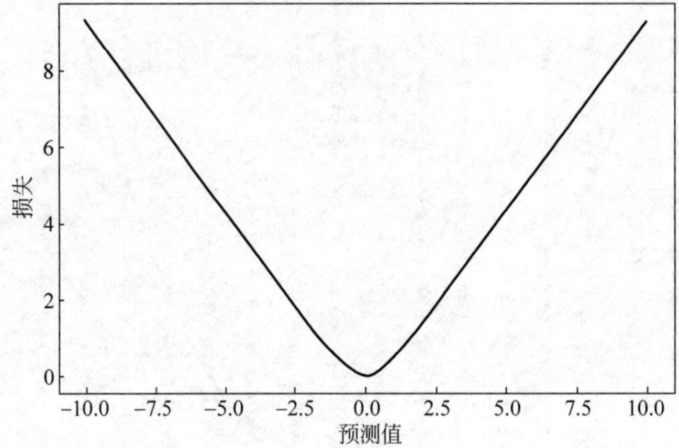

图 11.7　Log-Cosh 损失

理和均方根误差很像,错得离谱的预测值对它影响不会很大。它具备了 Huber 损失函数的所有优点,而且无须设置超参数。值得一提的是,相较于 Huber 损失,它在所有地方都二次可微。这对于一些机器学习模型非常有用,如 XGBoost 采用牛顿法来寻找最优点,而牛顿法就需要求解二阶导数(Hessian),因此对于诸如 XGBoost 这类机器学习框架,损失函数的二阶可微是很有必要的,但 Log-Cosh 损失也并非完美,仍存在某些问题。例如误差很大,一阶梯度和 Hessian 会变成定值,导致 XGBoost 出现缺少分裂点的情况。

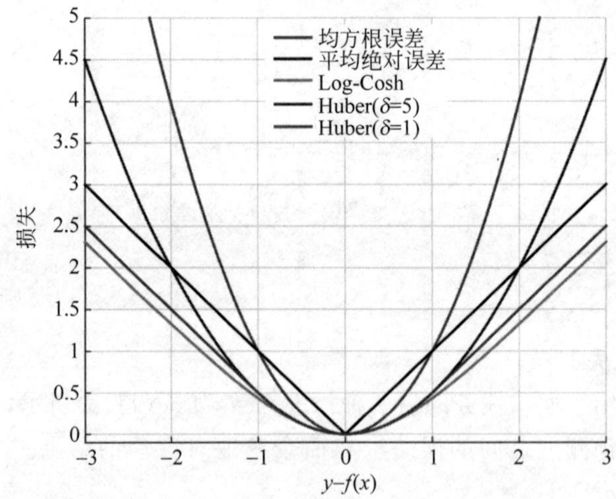

图 11.8　Log-Cosh 损失与其他损失对比

Log-Cosh 损失的代码如下:

```
#chapter11/Losses.py
#导入 torch
import torch
```

```
def LogCoshLoss(input, target):
    ey_t = input - target
    return torch.mean(torch.log(torch.cosh(ey_t + 1e-12)))
```

5. 分位数损失

回归算法通常是拟合训练数据的期望或者中位数，而使用分位数损失函数(Quantile Loss)可以通过给定不同的分位点，拟合训练数据的不同分位数，如图 11.9 所示。

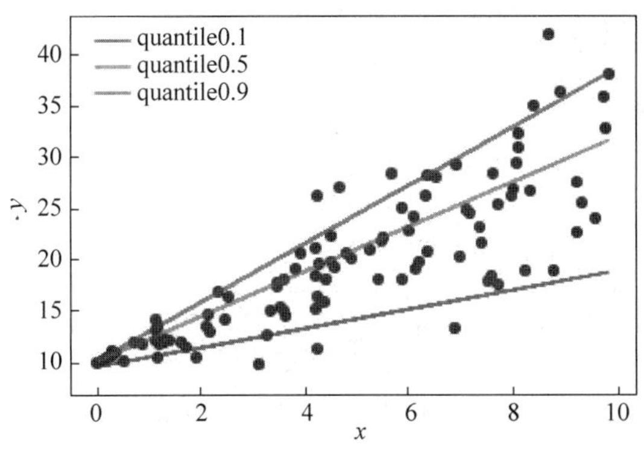

图 11.9 分位数损失拟合情况

设置不同的分位数可以拟合出不同的直线。分位数损失函数如式(11.9)所示。

$$L_{\text{quantile}}=\frac{1}{N}\sum_{i=1}^{N}I_{y>f(x)}(1-\gamma)\mid y-f(x)\mid+I_{y<f(x)}\gamma\mid y-f(x)\mid \tag{11.9}$$

该函数是一个分段函数，γ 为分位数系数，通过超参数 γ 调节损失对高估与低估的权重，从而关注特殊场景中的特定案例。y 为真实值，$f(x)$为预测值。根据预测值和真实值的大小，分两种情况考虑。$y>f(x)$ 为高估，预测值比真实值大；$y<f(x)$为低估，预测值比真实值小，使用不同的分位数系数控制高估和低估在整个损失值的权重。

特别地，当 $\gamma=0.5$ 时，分位数损失退化为平均绝对误差(MAE)，也可以将 MAE 看成分位数损失的一个特例，即中位数损失。图 11.10 所示的是取不同的中位点[0.25,0.5,0.7]得到不同的分位数损失函数的曲线，也可以看出当 $\gamma=0.5$ 时是 MAE。

在 torch 中，分位数损失的代码如下：

```
#chapter11/losses.py
#导入 torch
import torch
#实例化均方根误差
def QuantileLoss( preds, target,quantiles):
    assert not target.requires_grad
    assert preds.size(0) == target.size(0)
    losses = []
    for i, q in enumerate(quantiles):
```

```
        errors = target - preds[:, i]
        losses.append(torch.max((q - 1) * errors, q * errors).unsqueeze(1))
    loss = torch.mean(torch.sum(torch.cat(losses, dim = 1), dim = 1))
return loss
```

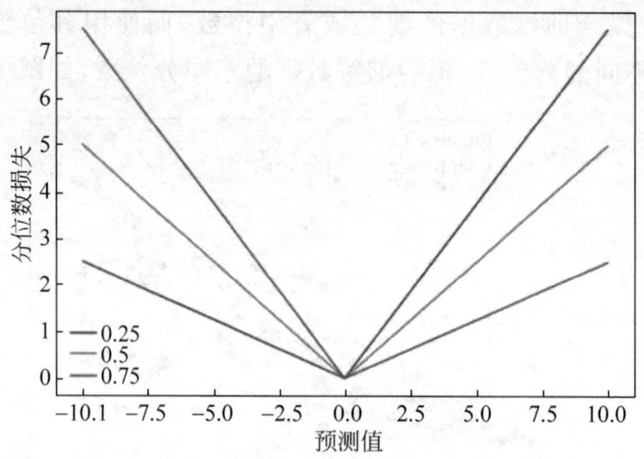

图 11.10　不同 γ 取值下分位数损失对比

11.2.2　分类

根据标签为离散或连续，机器学习任务被分为分类任务和回归任务。自然语言处理的下游任务几乎可以转换为分类任务。如 BERT 预训练的 MLM 任务为预测当前被掩盖的字符，为字典级别的多分类；NSP 任务为是否为上下句的二分类任务；文本情感分析、文本匹配、命名实体识别、机器阅读理解，甚至文本生成都可以看成文本分类任务。

1. 0-1 损失函数

0-1 损失函数是最简单，也是最容易直观理解的一种损失函数。对于二分类问题，如果预测类别 y_{pred} 与真实类别 label 不同(样本分类错误)，则 $L=1$(L 表示损失函数)；如果预测类别 y_{pred} 与真实类别 label 相同(样本分类正确)，则 $L=0$。0-1 损失函数的表达式如式(11.10)所示。

$$L(y,\text{label})=\begin{cases}0, & y_{\text{pred}}=\text{label}\\ 1, & y_{\text{pred}}\,!=\text{label}\end{cases} \tag{11.10}$$

0-1 损失函数非常容易理解，每个批次的数据损失为当前批次中预测错误的样本的个数，但其存在着以下缺陷：首先，0-1 损失函数对每个错分类点都施以相同的惩罚(损失为 1)，忽略了样本预测值之间的距离，对犯错比较大的点与接近训练样本的点都以相同的惩罚进行反向传播；其次，0-1 损失不连续、非凸且不可导，难以进行梯度优化，因此，在实际应用中，0-1 损失函数很少被使用。

2. 交叉熵损失函数

交叉熵损失函数(Cross Entropy Loss)是分类任务中最常见也是非常重要的损失函数，

同时也是应用最多的损失函数之一。交叉熵是信息论中的一个重要概念,主要用于度量两个概率分布间的差异性。在了解交叉熵之前,读者需要了解信息量、信息熵及相对熵。

香农认为"信息是用来消除随机不确定性的东西",也就是说衡量信息量的大小是看这个信息消除不确定性的程度。"明天有些股票会涨",这条信息并没有减少不确定性,因为肯定有些股票是会涨的,信息量几乎为0。

信息量的大小与信息发生的概率成反比。概率越大,信息量越小;概率越小;信息量越大。设某件事情发生的概率为 $P(x)$,其信息量如式(11.11)表示,其中 $I(x)$ 表示信息量,$-\log(x)$ 表示以e为底的自然对数。

$$I(x)=-\log(P(x)) \tag{11.11}$$

在明白信息量的概念后,理解信息熵会比较容易。信息熵也称为熵,用来表示所有信息量的期望。期望是试验中每次可能结果的概率乘以其结果的总和。以一个离散型随机变量为例。信息量的熵如式(11.12)所示。

$$H(X)=-\sum_{i=1}^{n}P(x_i)\log(P(x_i)) \quad (X=x_1,x_2,\cdots,x_n) \tag{11.12}$$

以明天的天气为例,如表11.1所示。

表11.1　明天天气的信息量

事　件	概　率	信　息　量
晴	0.4	$-\log 0.4$
雨	0.3	$-\log 0.3$
多云	0.3	$-\log 0.3$

则明天的天气信息熵为 $H(X)=-(0.4\times\log(0.4)+0.3\times\log(0.3)+0.3\times\log(0.3))$。

对于特殊的情况如0-1分布问题,其结果只有两种情况,是或不是。设某件事情发生的概率为 $p(x)$,则另一件事情发生的概率为 $1-p(x)$,所以对于0-1分布问题,计算熵的公式可以简化为式(11.13)。

$$\begin{aligned}H(X)&=-\sum_{n=1}^{n}P(x_i\log(P(x_i)))\\&=-[P(x)\log(P(x))+(1-P(x))\log(1-P(x))]\\&=-P(x)\log(P(x))-(1-P(x))\log(1-P(x))\end{aligned} \tag{11.13}$$

如果对于同一个随机变量 x,有两个单独的概率分布 $p(x)$ 和 $q(x)$,则可以使用KL散度来衡量,即使用相对熵来衡量这两个概率分布之间的差异,如式(11.14)所示。

$$D_{\mathrm{KL}}(p\parallel q)=\sum_{i=1}^{n}p(x_i)\log\left(\frac{p(x_i)}{q(x_i)}\right) \tag{11.14}$$

KL散度越小,表示 $p(x)$ 与 $q(x)$ 的分布越接近,而在分类任务中,目的是让预测的概率分布和真实的类别分布更加逼近,同时式(11.14)可以化简为式(11.15)。

$$
\begin{aligned}
D_{\mathrm{KL}}(p \| q) &= \sum_{i=1}^{n} p(x_i)\log(p(x_i)) - \sum_{i=1}^{n} p(x_i)\log(q(x_i)) \\
&= -H(p(x)) + \left[-\sum_{i=1}^{n} p(x_i)\log(q(x_i))\right]
\end{aligned}
\tag{11.15}
$$

式(11.15)经过化简后的第一项 $H(p(x))$表示 $p(x)$信息熵,后者为交叉熵,KL 散度(相对熵)=交叉熵－信息熵。

在机器学习任务训练网络时,输入的数据与标签往往已经确定,此时真实概率分布 $P(x)$也就确定下来了,所以式(11.15)的信息熵在这里是一个常量。由于 KL 散度的值表示真实概率分布 $p(x)$与预测概率分布 $q(x)$之间的差异,值越小表示预测的结果越好,所以需要最小化 KL 散度。在 $p(x)$的信息熵已定且为常量的情况下,最小化 KL 散度只需最优化后一项,即交叉熵,其公式如式(11.16)所示。

$$
H(p,q) = -\sum_{i=1}^{n} p(x_i)\log(q(x_i)) \tag{11.16}
$$

同时,从最大似然的角度也能完成对交叉熵的理论推导。设有一组训练样本 $X=\{x_1, x_2,\cdots,x_m\}$,该样本的分布为 $p(x)$。假设使用 θ 参数化模型得到 $q(x;\theta)$,现用这个模型来估计 X 的概率分布,得到似然函数如式(11.17)所示。

$$
L(\theta) = q(X;\theta) = \prod_{i}^{m} q(x_i;\theta) \tag{11.17}
$$

最大似然估计求出 θ,使 $L(\theta)$的值最大,如式(11.18)所示。

$$
\theta_{\mathrm{ML}} = \arg\max_{\theta} \prod_{i}^{m} q(x_i;\theta) \tag{11.18}
$$

在求导过程中,累乘求导往往比较复杂,为此对式(11.18)的两边同时取 log,等价优化 log 的最大似然估计,即 Log-Likelyhood,此时最大对数似然估计如式(11.19)所示,对式(11.8)的右边进行缩放并不会改变 argmax 的解,并且式(11.8)的右边除以样本的个数 m。

$$
\begin{cases}
\theta_{\mathrm{ML}} = \operatorname{argmax}_{\theta} \sum_{i}^{m} \log q(x_i;\theta) \\
\theta_{\mathrm{ML}} = \arg\max_{\theta} \dfrac{1}{m} \sum_{i}^{m} \log q(x_i;\theta)
\end{cases}
\tag{11.19}
$$

如式(11.20)所示,在多分类中使用 Softmax 函数将最后的输出映射为每个类别的概率,而在二分类中则通常使用 Sigmoid 将输出映射为正样本的概率。这是因为在二分类中,只有两个类别:{正样本,负样本},只需求得正样本的概率 q,则 $1-q$ 是负样本的概率,这也是多分类和二分类不同的地方。

$$S_i = \frac{e^{z_i}}{\sum_{i=1}^{n} e^{z_i}} \tag{11.20}$$

Sigmoid 函数的表达式如式(11.21)所示。

$$\sigma(z) = \frac{1}{1 + e^{-z}} \tag{11.21}$$

Sigmoid 的输入为 z，其输出为(0,1)，可以表示分类为正样本的概率。二分类的交叉熵可以看作交叉熵损失的一个特列，其表达式如式(11.22)所示。因为只有两个选择，所以有 $p(x_1)+p(x_2)=1, q(x_1)+q(x_2)=1$。假设训练样本中 x_1 的概率为 p，则 x_2 的概率为 $1-p$；x_1 的预测概率为 q，则 x_2 的预测概率为 $1-q$ 。

$$\begin{cases} \text{Cross\_Entropy}\ (p,q) = -\sum_{i}^{m} p(x_i)\log q(x_i) \\ \text{Cross\_Entropy}\ (p,q) = -(p(x_1)\log q(x_1) + p(x_2)\log q(x_2)) \\ \text{Cross\_Entropy}\ (p,q) = -(p\log q + (1-p)\log(1-q)) \end{cases} \tag{11.22}$$

以二分类任务的交叉熵为例，当标签为 0 和 1 时，如式(11.23)所示。此时根据预测输出绘制损失的曲线如图 11.11 所示，横坐标为预测输出，纵坐标是交叉熵损失函数 L。显然，预测输出越接近真实样本标签，损失函数 L 越小；反之，L 越大，因此，函数的变化趋势完全符合实际需要的情况。

$$L = \begin{cases} -\log(1-q), & p=0 \\ -\log q, & p=1 \end{cases} \tag{11.23}$$

另外，从图形中可以发现，预测输出与 y 差得越多，L 的值越大，对当前模型的"惩罚"就越大，而且是非线性增大，是一种类似指数增长的级别。这是由 log 函数本身的特性所决定的。这样的好处是模型会倾向于更接近真实样本标签 y 的样本。

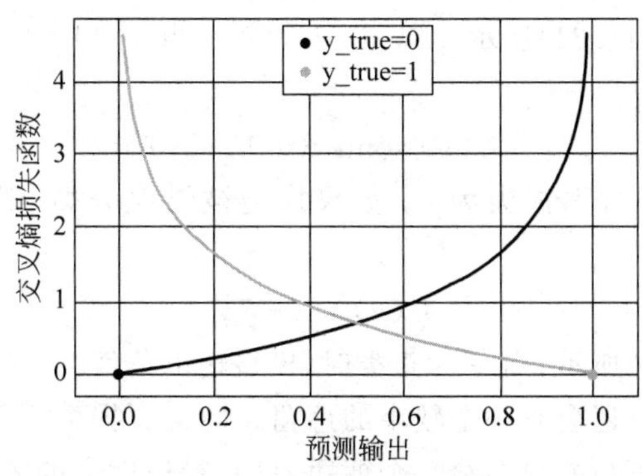

图 11.11 二分类交叉熵在标签为 0 和 1 时的损失曲线

在 torch 中，交叉熵以各种形式进行了封装，使用过程只需对相关 API 进行调用。PyTorch

中实现交叉熵损失的有 3 个函数：torch. nn. CrossEntropyLoss、torch. nn. LogSoftmax 及 torch. nn. NLLLoss，代码如下：

```
#chapter11/losses.py
#导入 torch
import torch
#输入为 n 维向量,指定要计算的维度 dim,输出为 log(Softmax(x))
torch.nn.functional.log_Softmax()
#input 也是 log_Softmax 的输出值,各个类别的对数概率
#target 为目标正确类别,weight 针对类别不平衡问题,可以为类别设置不同的权值
#ignore_index 为要忽略的类别,不参与 loss 的计算
#比较重要的是 reduction 的值,有 3 个取值:none 不做处理,输出的结果为向量;mean 将#none 结
#果求均值后输出;sum 将 none 结果求和后输出

torch.nn.functional.nll_loss(input, target, weight = None, size_average = None, ignore_index =
-100, reduce = None, reduction = 'mean')
torch.nn.CrossEntropyLoss()
torch.nn.nll_loss(log_Softmax(input))
```

3. 合页损失函数

合页损失函数(Hinge Loss)通常被用于最大间隔算法(Maximum-Margin)，而最大间隔算法又是支持向量机(SVM)用到的重要算法。

合页损失函数专用于二分类问题，标签值 $y=\pm 1$，预测值 $\hat{y}\in\mathbf{R}$。该二分类问题的目标函数的要求如下：

当 $\hat{y}\geqslant 1$ 或 $\hat{y}\leqslant -1$ 时，预测结果是分类器确定的分类结果，损失函数为 0；当预测值 $\hat{y}\in(-1,1)$，时，分类器对分类结果不确定，损失函数不为 0。显然，当 $\hat{y}=0$ 时，损失函数达到最大值。

合页损失函数如式(11.24)所示。以 $y=1$ 为例。当 $y\geqslant 1$ 时，损失函数为 0，否则损失函数线性增大。

$$L(y)=\max(0,1-\hat{y}y) \tag{11.24}$$

如果样本被正确分类，则损失为 0；如果模型被错误分类，则损失函数如式(11.25)所示。

$$L(y)=1-\hat{y}y \tag{11.25}$$

函数图像如图 11.12 所示，当 y 为正类时，模型输出负值会有较大的惩罚；当模型输出为正值且在(0,1)区间时，还会有一个较小的惩罚。即合页损失不仅惩罚预测错的，并且对于预测对的但是置信度不高的也会给一个惩罚，只有置信度高的才会有零损失。合页损失要找到一个决策边界，使所有数据点被这个边界正确地、高置信地分类。

对合页损失函数来讲，如果样本被正确分类，并且距离分类边界的距离超过了间隔，则损失标记为 0。因此，合页损失函数最小化的目标是让样本尽量都被正确分类，并且距离边

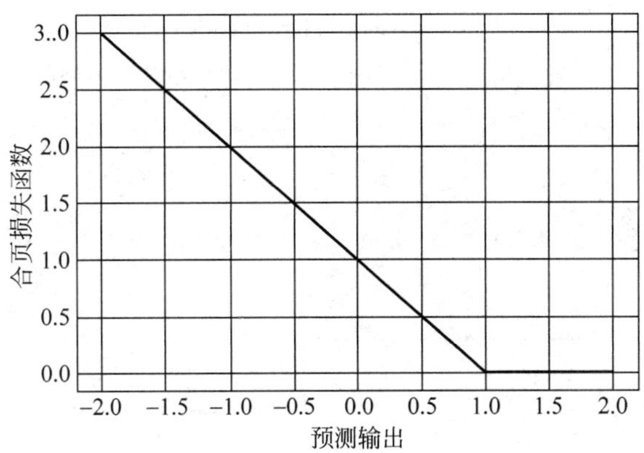

图 11.12 真实标签为 1 时合页损失函数的值

界足够远，使用合页损失直觉上理解是要找到一个决策边界，使所有数据点被这个边界正确地、高置信地分类。

按照公式构成，使用 torch 实现该损失函数的代码如下：

```
#chapter11/losses.py
#导入 torch
import torch
def Hinge_loss(outputs, labels):
    return torch.mean(torch.clamp(1 - outputs.t() * labels, min=0))
```

4. Modified Huber Loss

回归任务中，笔者介绍了 Huber Loss，它巧妙地结合了均方根误差(MSE)和平均绝对误差(MAE)的优点，当$|y-f(x)|$小于一个实现指定的 δ 时，变为均方根误差；当大于 δ 时，变为平均绝对误差，因此该损失函数更具稳健性，而 Huber Loss 除了能在回归问题中应用之外，也能应用于分类问题中，称为 Modified Huber Loss，其表达式如式(11.26)所示。

$$L(y,s)=\begin{cases}\max(0,1-ys)^2, & ys\geqslant -1\\ -4ys, & ys<-1\end{cases} \tag{11.26}$$

其中，s 为模型预测的未经过激活函数的线性结果，y 为数据的真实标签。根据式(11.26)的定义，模型的损失可以分为三段。即当 $ys\in(-\infty,-1)$时，模型的损失呈线性；当 $ys\in(-1,1)$时，模型的损失呈二次函数关系；当 $ys\in(1,\infty)$时，模型的损失为 0。

如图 11.13 所示，Modified Huber Loss 结合了 Hinge Loss 和交叉熵 Loss 的优点。一方面能在 ys>−1 时产生稀疏解来提高训练效率；另一方面对于 ys<−1 样本的惩罚以线性增加，这意味着受异常点的干扰较少。

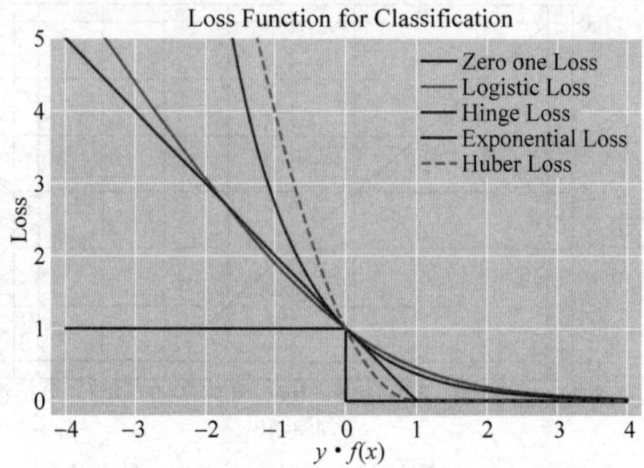

图 11.13　Modified Huber Loss 和 Hinge Loss 等损失函数的对比

代码如下：

```
#chapter11/losses.py
#导入 torch
import torch
def modified_huber_loss(y_pred, y,):
    margin = y * y_pred
    g = torch.where(margin >= 1, 0, torch.where(margin >= -1, y * 2 * (1 - margin), 4 *
y))
    return g
```

11.3　损失函数的进阶

真实应用场景中的数据往往存在着特定的问题，如样本不均衡、样本误标注等。针对此类问题，大量的学者也进行了深入研究。通过修改损失函数的方式，在有限的数据资源和已定的模型结构情况下，可以让模型在训练时更加关注于数据中特定的问题。

11.3.1　样本不均衡

在传统的分类任务中，训练数据的分布往往都受到了人工的均衡，即不同类别的样本数量无明显差异。一个均衡的数据集固然大大简化了对算法稳健性的要求，也在一定程度上保障了所得模型的可靠性，但随着关注类别的逐渐增加，维持各个类别之间均衡将带来采集成本呈指数增长。举个简单的例子，要做一个文本是否欺诈的分类任务，其中欺诈样本和非欺诈样本的比往往是极度不平衡的。此外，经典的序列标注任务中的类别也是严重不平衡的，例如在命名实体识别中，显然一句话里的实体比非实体要少得多，这是一个类别严重不平衡的情况。

在自然情况下，数据往往会呈现如下相同的长尾分布。这种趋势同样出现在从自然科学到社会科学的各个领域中，可参考二八定律。如果直接利用长尾数据来训练分类系统，模型往往会对头部数据过拟合，从而在预测时忽略尾部的类别。利用不均衡的长尾数据训练出均衡的分类器是所关心的问题。

11.3.2　Focal Loss

Focal Loss 损失函数常被用于解决目标检测样本不均衡的问题。在机器学习或深度学习模型的训练过程中，常常会遇到数据样本类别不均衡的情况，针对此问题，常用的方法包括样本加权、样本过采样、样本欠采样，然而这几种方法仅仅考虑了不同样本类别在数量上的差异，忽略了不同样本类别在分类上的难易程度。对于二分类问题，最基础的交叉熵损失函数计算公式如式(11.27)所示，其中 y 是样本的真实标签，p 是预测该样本标签为 1 的概率。

$$\mathrm{CE}(p,y)=\begin{cases}-\log(p), & y=1\\ -\log(1-p), & \text{其他}\end{cases} \tag{11.27}$$

为了方便描述，令

$$p_t=\begin{cases}p, & y=1\\ 1-p, & \text{其他}\end{cases} \tag{11.28}$$

则式(11.27)就可以写成式(11.29)：

$$\mathrm{CE}(p_t)=-\log(p_t) \tag{11.29}$$

为了让模型更加关注难以学习且没学明白的样本，可以对交叉熵的结果进行截断，即当预测概率大于 0.5 时，模型的损失变为 0，如式(11.30)所示。

$$\lambda(y,\hat{y})=\begin{cases}0, & (y=1\text{ 且 }\hat{y}>0.5)\text{ 或 }(y=0\text{ 且 }\hat{y}<0.5)\\ 1, & \text{其他}\end{cases} \tag{11.30}$$

正样本的预测值大于 0.5 或者负样本的预测值小于 0.5 都不更新了，把注意力集中在预测不准的那些样本上，当然这个阈值可以调整。这样做能部分地达到目的，但是所需要的迭代次数会大大增加。其原因如下：以正样本为例，我只告诉模型正样本的预测值大于 0.5 时就不更新了，却没有告诉它要“保持”大于 0.5，所以下一阶段，它的预测值就很有可能变回小于 0.5 了。当然，如果是这样，下一回合它又被更新了，这样反复迭代，理论上也能达到目的，但是迭代次数会大大增加，所以要想改进，重点是“不仅要告诉模型正样本的预测值大于 0.5 时就不更新了，还要告诉模型当其大于 0.5 后只需保持”。好比老师看到一个学生考试及格了就不管了，这显然是不行的。如果学生考试已经及格，则应该想办法让他保持目前这种状态甚至变得更好，而不是不管。

硬截断会出现不足，关键地方在于因子 $\lambda(y,\hat{y})$ 是不可导的，或者认为它的导数为 0，因此这一项不会对梯度有任何帮助，不能从它这里得到合理的反馈（也就是模型不知道“保持”意味着什么）。解决这个问题的一种方法是“软化”这个损失，也就是前文中所讲的平滑化。

Focal Loss 提出了用式(11.31)来软化此目标函数。

$$L_{\mathrm{FL}}=\begin{cases}-(1-\hat{y})^{\gamma}\log\hat{y}, & y=1\\ -\hat{y}^{\gamma}\log(1-\hat{y}), & y=0\end{cases}\tag{11.31}$$

Focal Loss 在式中增加了一个子项$(1-\hat{y})^{\gamma}$,通过这个子项,就可以达到降低容易分类样本权重的目的。举例来讲,样本 A 属于正样本的概率为 0.9,样本 B 属于正样本的概率为 0.6,因此样本 A 更有可能属于正样本。假设γ的值为 1,分别计算 A 样本和 B 样本的子项$(1-\hat{y})^{\gamma}$的值,分别为 0.1 和 0.4,不难看出此时难以分类的 B 样本的权重值更大。同时,笔者还发现对 Focal Loss 做个权重调整,结果会有微小提升,如式(11.32)所示。

$$L_{\mathrm{FL}}=\begin{cases}-\alpha(1-\hat{y})^{\gamma}\log\hat{y}, & y=1\\ -(1-\alpha)\hat{y}^{\gamma}\log(1-\hat{y}), & y=0\end{cases}\tag{11.32}$$

通过一系列调参,得到$\alpha=0.25$,$\gamma=2$(在笔者的模型上)的效果最好。注意在笔者的任务中,正样本属于少数样本,也就是说,本来正样本难以“匹敌”负样本,但经过$(1-\hat{y})^{\gamma}$和$\hat{y}^{\gamma}$的“操控”后,也许形势逆转了,还要对正样本降权。不过参数α的调整只是通过经验,理论上很难有一个指导方案来决定α的值,如果没有较大算力进行调参,倒不如直接让$\alpha=0.5$。

Focal Loss 推广到多分类的形式非常容易得到,多分类交叉熵可以写成式(11.33)的形式,其中p_y为模型预测目标类别的概率。

$$L_{\mathrm{FL}}=-(1-p_y)^{\gamma}\log p_y\tag{11.33}$$

同时,在 torch 实现 Focal Loss 的方式如下。

定义相关参数,代码如下:

```
#chapter9/losses.py
class FocalLoss(nn.Module):
    def __init__(self, gamma=2, alpha=1, size_average=True):
        super(FocalLoss, self).__init__()
        self.gamma = gamma
        self.alpha = alpha
        self.size_average = size_average
        self.elipson = 0.000001
```

计算 Focal Loss,代码如下:

```
#chapter9/losses.py

def forward(self, logits, labels):
        """
        cal culates loss
        logits: batch_size * labels_length * seq_length
        labels: batch_size * seq_length
        """
```

```
        if labels.dim() > 2:
            labels = labels.contiguous().view(labels.size(0), labels.size(1), -1)
            labels = labels.transpose(1, 2)
            labels = labels.contiguous().view(-1, labels.size(2)).squeeze()
        if logits.dim() > 3:
            logits = logits.contiguous().view(logits.size(0), logits.size(1), logits.size
(2), -1)
            logits = logits.transpose(2, 3)
            logits = logits.contiguous().view(-1, logits.size(1), logits.size(3)).squeeze()
        assert (logits.size(0) == labels.size(0))
        assert (logits.size(2) == labels.size(1))
        batch_size = logits.size(0)
        labels_length = logits.size(1)
        seq_length = logits.size(2)

        #将标签转换为独热编码
        new_label = labels.unsqueeze(1)
        label_onehot = torch.zeros([batch_size, labels_length, seq_length]).scatter_(1, new_
label, 1)
        #label_onehot = label_onehot.permute(0, 2, 1)          #transpose, batch_size * seq_
length * labels_length

        #计算前文所提及的-log p_y
        log_p = F.log_Softmax(logits)
        pt = label_onehot * log_p
        sub_pt = 1 - pt
        fl = -self.alpha * (sub_pt) ** self.gamma * log_p
        if self.size_average:
            return fl.mean()
        else:
            return fl.sum()
```

其使用的代码如下：

```
#chapter11/expamples.py

from losses import FocalLoss
#随机初始化一些数据
logits = torch.rand(3, 3, 3)
labels = torch.LongTensor([[0,1,1],[1, 2, 2],[2,0,1]])
#实例化 Focal Loss 并设定好超参数
fl = FocalLoss(gamma = 0, alpha = 1)
print(fl(logits, labels))
```

11.3.3 Dice Loss

Dice Loss 是专门用于解决 NLP 任务的损失函数。在多数情况下，对于各样本类别本身在数量上的不平衡，可以通过引入系数 α_t 进行调整，如式(11.34)所示。当标签值为 1 时，$\alpha_t=\alpha$；当标签值不为 1 时，$\alpha_t=1-\alpha$，其中，$\alpha\in(0,1)$。举例来讲，若标签为 1 的样本占多数，则标签为 0 的样本占少数，将 α 的值设为 0～0.5，以增大标签为 0 的样本权重，降低标签为 1 的样本权重。

$$w\mathrm{CE}(p_t)=-\alpha_t\log(p_t) \tag{11.34}$$

对于不同样本，可以设置不同的权重，从而控制模型在该样本上学习的程度，但是权重的选择又变得比较困难。因为目标是缓解数据集的不平衡问题从而提高基于 F1 评测指标的效果，算法人员希望有一种损失函数能够直接作用于 F1。

为此，可以直接使用一种现有的方法——Sorensen-Dice 系数（简称 DSC）去衡量 F1。DSC 是一种用于衡量两个集合之间相似度的指标，其表达式如式(11.35)所示。

$$\mathrm{DSC}\ (A,B)=\frac{2\mid A\cap B\mid}{\mid A\mid+\mid B\mid} \tag{11.35}$$

如果令 A 是所有模型预测为正样本的集合，令 B 为所有实际上为正类的样本集合，则 DSC 就可以重写为式(11.36)。其中，TP 是 True Positive，FN 是 False Negative，FP 是 False Positive，D 是数据集，f 是一个分类模型。于是，在这个意义上，DSC 是和 F1 等价的。

$$\mathrm{DSC}(D,f)=\frac{2\mathrm{TP}}{2\mathrm{TP}+\mathrm{FN}+\mathrm{FP}}=\mathrm{F1} \tag{11.36}$$

然而上述表达式是离散的。为此，需要把上述 DSC 表达式转换为连续的版本，从而视为一种平滑化的 F1。

于是对单个样本 x，可以直接定义它的 DSC：

$$\mathrm{DSC}(x,f)=\frac{2p_1y_1}{p_1+y_1} \tag{11.37}$$

以二分类为例，如果当前样本为负样本，则式(11.37)直接等于 0，不会对训练有贡献。为了让负样本也能有所贡献，需增加一个平滑项 ε。

$$\mathrm{DSC}_s(x,f)=\frac{2p_1y_1+\varepsilon}{p_1+y_1+\varepsilon} \tag{11.38}$$

但这样一来，又需要根据不同的数据集手动地调整平滑项，而且，当容易被识别的负样本很多时，即便使用平滑项，整个模型训练过程仍然会被它们主导。基于此，DSC 借鉴 Focal Loss 自调节的思路，使用一种“自调节”的 DSC，如式(9.45)所示。

$$\mathrm{DSC}(x,f)=\frac{2(1-p_1)p_1\cdot y_1+\varepsilon}{(1-p_1)p_1+y_1+\varepsilon} \tag{11.39}$$

比较 DSC_s 与 DSC，可以发现 $1-p_1$ 实际上充当了缩放系数，对于简单样本（p_1 趋于 1

或 0)，$1-p_1$ 使模型更少地关注它们。从导数上看，一旦模型正确分类当前样本，DSC 就会让模型更少关注它，而不是像交叉熵那样，鼓励模型追近 0 或 1 这两个端点，这样能有效地避免因简单样本过多导致模型训练受到简单样本的支配。

由于 DSC 是平滑化的 F1，故模型的损失为 1－DSC，即如式(11.40)所示。

$$\text{DL}=1-\text{DSC}(x,f)=1-\frac{2(1-p_1)p_1\cdot y_1+\varepsilon}{(1-p_1)p_1+y_1+\varepsilon} \tag{11.40}$$

定义独热编码函数，代码如下：

```
#chapter11/losses.py

def make_one_hot(input, num_classes):
    """Convert class index tensor to one hot encoding tensor.
    Args:
         input: A tensor of shape [N, 1, * ]
         num_classes: An int of number of class
    Returns:
        A tensor of shape [N, num_classes, * ]
    """
    shape = np.array(input.shape)
    shape[1] = num_classes
    shape = tuple(shape)
    result = torch.zeros(shape)
    result = result.scatter_(1, input.cpu(), 1)
return result
```

二分类 Dice Loss 代码如下：

```
#chapter11/losses.py

class BinaryDiceLoss(nn.Module):
    #超参数
    def __init__(self, smooth=1, p=2, reduction='mean'):
        super(BinaryDiceLoss, self).__init__()
        self.smooth = smooth
        self.p = p
        self.reduction = reduction

    def forward(self, predict, target):
        assert predict.shape[0] == target.shape[0], "predict & target batch size don't match"
        predict = predict.contiguous().view(predict.shape[0], -1)
        target = target.contiguous().view(target.shape[0], -1)

        num = torch.sum(torch.mul(predict, target), dim=1) + self.smooth
        den = torch.sum(predict.pow(self.p) + target.pow(self.p), dim=1) + self.smooth
```

```
        loss = 1 - num / den

        if self.reduction == 'mean':
            return loss.mean()
        elif self.reduction == 'sum':
            return loss.sum()
        elif self.reduction == 'none':
            return loss
        else:
            raise Exception('Unexpected reduction {}'.format(self.reduction))
```

多分类 Dice Loss 代码如下：

```
#chapter11/losses.py

class DiceLoss(nn.Module):
    """Dice loss, need one hot encode input
    Args:
        weight: An array of shape [num_classes,]
        ignore_index: class index to ignore
        predict: A tensor of shape [N, C, *]
        target: A tensor of same shape with predict
        other args pass to BinaryDiceLoss
    Return:
        same as BinaryDiceLoss
    """
    def __init__(self, weight=None, ignore_index=None, **kwargs):
        super(DiceLoss, self).__init__()
        self.kwargs = kwargs
        self.weight = weight
        self.ignore_index = ignore_index

    def forward(self, predict, target):
        assert predict.shape == target.shape, 'predict & target shape do not match'
        dice = BinaryDiceLoss(**self.kwargs)
        total_loss = 0
        predict = F.Softmax(predict, dim=1)

        for i in range(target.shape[1]):
            if i != self.ignore_index:
                dice_loss = dice(predict[:, i], target[:, i])
                if self.weight is not None:
                    assert self.weight.shape[0] == target.shape[1], \
                        'Expect weight shape [{}], get[{}]'.format(target.shape[1], self.weight.
shape[0])
```

```
                dice_loss * = self.weights[i]
            total_loss += dice_loss
        return total_loss/target.shape[1]
```

其使用的代码如下：

```
#chapter11/expamples.py

from losses import DiceLoss
#随机初始化数据
logits = torch.rand(3, 3, 3)
labels = torch.LongTensor([[0,1,1],[1, 2, 2],[2,0,1]])
#实例化 Dice Loss
DL = DiceLoss()
print(DL(logits, labels))
```

11.3.4 拒识

拒识主要在文本分类的场景中得以体现。在实际对话系统运作的过程中，经常会收到来自领域外的查询，对于意图识别，答案有可能不属于已定义意图中的任意一个(None-of-the-above)。例如智能音箱，用户可能会向其询问“你今年几岁”或者“你喜欢什么样的人”这样的领域外查询，此时对话系统就需要检测出这类来自领域外的查询并予以拒识或是一些预定义的动作反馈。

实现拒识任务通常有 3 种方法，第一种是 Softmax-Based，即训练好已定的模型后，根据模型的预测概率，进行阈值过滤，如类别输出概率低于 0.6 的样本直接转换为拒识类别；第二种是模型在训练的过程中设定 $N+1$ 个类别进行训练，最后修改训练的损失函数；第三种是在训练的过程中额外引入一个置信度。

世界上有很多问题有确切的答案，例如“6 乘 9 等于多少”也有很多问题没有确切的答案，例如“人的一生能走多远”所以对于已有的问题，答案都有不确定性。对于已知有解的问题，置信度为 1；对于没有解的问题，根据信息量的多少，置信度的大小也会发生变化。基于不确定性的 OOD 检测方法使用模型的置信度来衡量一个样本属于分布内(ID)还是分布外(OOD)，如图 11.14 所示，置信度低的数据更多地脱离于当前数据分布。

使用额外学习置信度的方法能在数据集中找到脱离数据分布的点，即在推理过程中完成拒识，如图 11.15 所示，其思想是在学习过程中额外学习一个置信度的参数，可学习的过程没有标签，该如何拟合这一参数呢？

笔者在原有的分类外再添加一个分支：置信度分支来预测一个置信度 c，如式(11.41)所示。

$$p, c = f(x, \Theta) p_i, \quad c \in [0,1], \quad \sum_{i=1}^{M} p_i = 1 \tag{11.41}$$

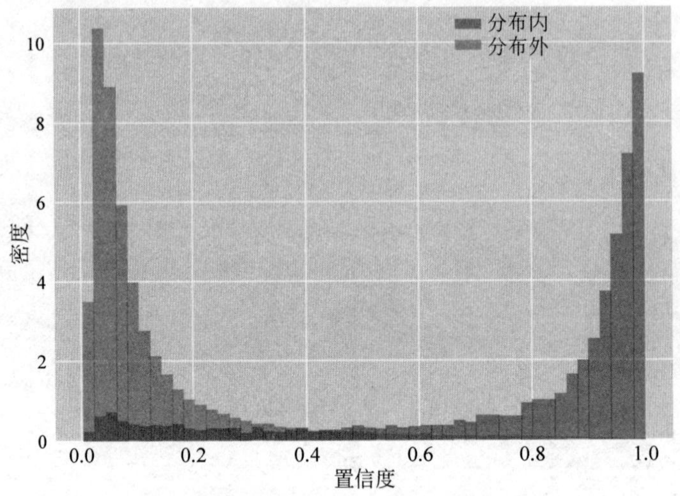

图 11.14　置信度和数据是否脱离已有分布的统计

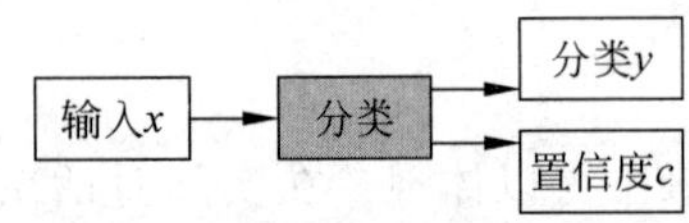

图 11.15　引入置信度的学习

为了在训练时给网络一些提示，实验使用置信度 c 来调整 Softmax 预测概率。

$$p'_i = c \cdot p_i + (1-c)y_i \tag{11.42}$$

此时模型的分类损失为

$$\mathcal{L}_t = -\sum_{i=1}^{M} \log(p'_i) y_i \tag{11.43}$$

为了阻止网络最小化，计算分类损失时选择添加一个对数惩罚项，即置信度损失。

$$\mathcal{L}_c = -\log(c) \tag{11.44}$$

模型的总损失如式(11.45)所示，在训练的过程中逐渐学习置信度的大小。

$$\mathcal{L} = \mathcal{L}_t + \lambda \mathcal{L}_c \tag{11.45}$$

同时，代码如下：

```
#chapter9/model.py
#输出一个全连接神经元以学习置信度
if self.params.confidence == True:
    #置信度组件
confidence = self.confidence(cls_output)          #batch_size * num_class
#batch_size * 1 映射成 0~1 的概率
self.conf = torch.sigmoid(confidence)
else:
self.conf = torch.sigmoid(classifier_logits)
```

置信度损失的代码如下：

```
#chapter9/model.py
if self.params.confidence:
    prob = torch.Softmax(logits, dim = -1)
    prob = self.conf * prob + (torch.ones_like(prob) - self.conf) * one_hot_labels
    #P融入置信度
    conf_loss = -torch.mean(torch.log(self.conf))
    cls_loss = -torch.mean(torch.sum(one_hot_labels * torch.log(prob), dim = -1))
    return cls_loss + self.params.conf_rate * conf_loss
else:
    return torch.mean(self.batch_loss)
```

11.3.5 带噪学习

在实际工作中，你是否遇到过这样一个问题或痛点：无论通过哪种方式获取的标注数据，数据的质量仍然存在一些问题，如数据标注的标准不统一等。特别是当错误样本反馈回来时，训练集标注的样本居然和错误样本一样，如图 11.16 所示。针对这一数据情况，研究人员设计了许多带噪学习的方法。

"I've had this for over a year and it works very well. I am very happy with this purchase."

Dataset: **Google Quickdraw!**
Given Label: **Mosquito**
Model: VGG

Dataset: **MNIST**
Given Label: **5**
Model: AlexNet

Dataset: **Amazon Reviews**
Given Label: **1 star review**
Model: SGD Classifier + TFIDF

图 11.16　误标注数据的情况

1. 标签平滑

标签平滑(Label Smoothing)是用更平滑的方式构造标签序列并代替常用的独热编码标签，让分类之间的聚类更加紧凑，增加类间距离，减少类内距离，避免当输入数据错误标注时，模型的梯度惩罚并不如之前使用独热编码标签大。

一般样本 x 的标签使用独热编码，如式(11.46)所示。

$$y = [0, \cdots, 0, 1, 0, \cdots, 0]^{\mathrm{T}} \tag{11.46}$$

这种标签可以看作硬标签。如果使用 Softmax 分类器与交叉熵损失函数，最小化损失函数则会使正确类和其他类的权重差异变得很大，根据 Softmax 的函数性质可知，如果要使某类的输出概率接近于 1，则其归一化的得分需要远大于其他类的得分，可能会导致某类的权重越来越大，并导致过拟合。此外，如果样本标签是错误的，则会导致更严重的过拟合现象。为了改善这种情况，可以引入一个噪声对标签进行平滑，即假设样本以 ε 的概率为其他类的概率，平滑后的标签如式(11.47)所示。

$$\tilde{y}=\left[\frac{\varepsilon}{K-1},\cdots,\frac{\varepsilon}{K-1},1-\varepsilon,\frac{\varepsilon}{K-1},\cdots,\frac{\varepsilon}{K-1}\right]^{\mathrm{T}} \tag{11.47}$$

其中，K 为标签数量，这种标签可以看作一种软标签，此类标签平滑，可以避免模型的输出过拟合到硬目标上，并且通常不会损害其分类能力。

代码如下：

```
#chapter11/model.py
label_smoothing_cross_entropy(self, logits, label, smoothing = 0.1):
    """
    平滑化标签,代替传统独热编码标签,无须优化目标类与非目标类的差距
    :param label:
    :param depth:
    :param p:
    :return:
    """
    prob = torch.Softmax(logits, dim = - 1)
    y = torch.nn.functional.one_hot(
        label, config.cls_num).float()              #batch_size,cls_num
    V = y.shape[ - 1]                               #number of class
    smoothing_label = ((1 - smoothing) * y) + (smoothing / V)
    return - torch.mean(torch.sum(smoothing_label * torch.log(prob), dim = - 1))
```

2. 动态转置矩阵

部分研究人员使用动态转置矩阵(Dynamic Transition Matrix)对基于远程监督的数据集中的噪声数据进行描述，并使用了一种课程学习(Curriculum Learning)的方式训练模型。

每个训练样本对应一个动态生成的转置矩阵(Transition Matrix)。这个矩阵的作用是对标签出错的概率进行描述及标示噪声模式，如图 11.17 所示。

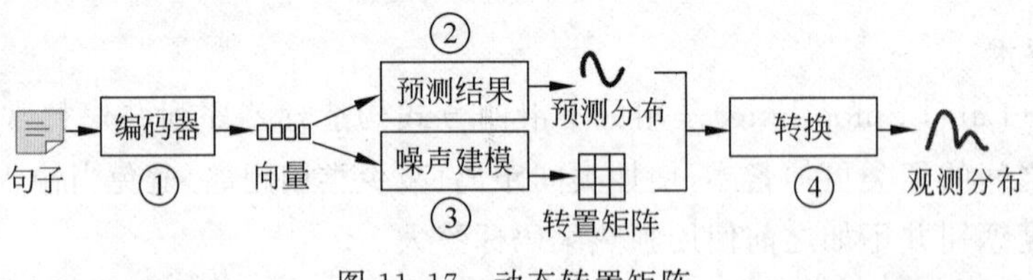

图 11.17 动态转置矩阵

在进行文本分类的任务过程中，在预测 Softmax 概率的同时，将 embedding 信息全连接后生成一个转置矩阵，此类转置矩阵的目的是将当前样本预测为类别 A，但错误标注为类别 C 的转移概率，然后将转置矩阵和预测概率进行交互计算整体的结构。其损失函数如式(11.48)所示。

$$L=\sum_{i=1}^{N}-((1-\alpha)\log(o_i y_i)+\alpha\log(p_i y_i))-\beta\operatorname{trace}(\boldsymbol{T}^i) \tag{11.48}$$

当噪声很少时，转置矩阵会比较接近单位矩阵(因为两个类别之间混淆性很小，同类之

间的转移概率很大，接近1，这样转置矩阵就会接近单位矩阵）。于是转置矩阵和单位矩阵的相似性就可以用 trace($\boldsymbol{T}$)来表示。trace($\boldsymbol{T}$)越大，表明 $\boldsymbol{T}$ 和单位矩阵越接近，也就是噪声越少。可靠的数据 trace($\boldsymbol{T}$)比较大，不可靠的数据 trace($\boldsymbol{T}$)比较小。

最终的训练损失由3部分组成，第一部分是 o 的 loss，第二部分是 p 的 loss，第三部分是 trace 的值。α 和 β 分别表示 o 和 p 的相对重要程度和 trace 的参数。一开始，α 为1，随着训练的进行，语句表征分支逐渐有了基本的预测能力，便逐渐减小 β，α 逐渐减小对于 trace 的限制，允许更小的 trace 学到更多噪声。

此时的单位矩阵相当于将输出概率进行不同维度的缩放，模型刚训练时引入矩阵的 trace 作为 loss 的正则项，让模型前 n 步的输出不受矩阵转移概率的影响，达到分段学习的作用。

另外，如果已经有了对于数据集的先验知识，算法人员可以利用这些知识进行课程学习。具体来讲是将数据集分成相对可靠和相对不可靠两部分，先用可靠的数据集训练几个迭代，再加入不可靠的数据集继续训练。对于可靠数据集，trace($\boldsymbol{T}$)可以适当地大一些；对于不可靠的数据集，则要让 trace($\boldsymbol{T}$)小一些，代码如下：

```
#chapter11/model.py
def get_trans_loss(self, logits, label):
    """
    通过噪声学习：利用动态转置矩阵加强远程有监督关系抽取
    获取 obverse loss and Trace(matrix)
    """

trans = self.cls_ob(torch.unsqueeze(logits, dim = -1))
#batch_size,cls_num,cls_num
trans_matrix = torch.Softmax(trans, dim = -1)
#batch_size * cls * cls
    trace_T = torch.mean(torch.diagonal(trans_matrix, dim1 = -2, dim2 = -1).sum(-1))
    prob = torch.Softmax(logits, dim = -1)          #batch_size,cls
    observed = torch.matmul(torch.transpose(trans_matrix, 2, 1), torch.unsqueeze(prob, dim =
-1))
    observed = torch.squeeze(observed)
    self.ob_logits = observed
    ob_loss = self.cross_entropy(observed, label)
    return ob_loss, trace_T
```

计算整体损失，代码如下：

```
#chapter11/model.py
elif self.params.loss == 'ob_loss':
    class_loss = self.cross_entropy(classifier_logits, cls_label)
    ob_loss, trace_T = self.get_trans_loss(classifier_logits,cls_label, )
    #beta 把概率设成和 loss 同一个量级
    alpha, beta = self.params.mat_parms
    self.loss = alpha * class_loss + (1 - alpha) * ob_loss - beta * trace_T
```

11.4 模型瘦身

当前常用的 BERT 模型具备 3.4 亿个参数，这个拥有 12 层神经网络的“多头怪”(这里指 BERT-Base,BERT-Large 模型有 24 层)，需要在 4 个 Cloud TPU 上训练 4 天(BERT-Large 需要 16 个 Cloud TPU)，如此高的训练成本让许多想尝试的读者望而却步，并且难以部署在小型智能设备上。与此同时，在工业界的许多要求及时响应的应用场景中，BERT 等预训练模型也难以满足其高效性的需求。于是，BERT 模型的瘦身研究就显得很有前瞻性。通常来讲模型瘦身有 6 种有效方法。

1. 网络剪枝

网络剪枝包括从模型中删除一部分不太重要的权重，从而产生稀疏的权重矩阵，或者直接去掉与注意力头相对应的矩阵等方法实现模型的剪枝，还有一些模型通过正则化方法实现剪枝。

2. 低秩分解

将原来大的权重矩阵分解为多个低秩的小矩阵，从而减少运算量。这种方法既可以用于词向量以节省内存，也可以用到前馈层或自注意力层的参数矩阵中以加快模型训练速度。

3. 知识蒸馏

通过引入教师网络用以引导学生网络的训练，实现知识迁移。教师网络拥有复杂的结构用以训练出推理性能优越的概率分布，把概率分布这部分精华从复杂结构中“蒸馏”出来，再用其指导精简的学生网络训练，从而实现模型压缩，即知识蒸馏。另外，从 BERT 模型中蒸馏出不同的网络结构，如 LSTM 等，以及对教师网络结构的进一步挖掘都有望实现知识蒸馏这一方法的不断优化。

4. 参数共享

ALBERT 模型是 BERT 模型的改进版，其改进之一是参数共享。全连接层与自注意力层都实现了参数共享，即共享了编码器中的所有参数，这样不仅减少了参数量，还提升了训练速度。

5. 量化

通过减少每个参数所需的比特数来压缩原始网络，可以显著降低对内存的需求。

6. 预训练和 Downstream

模型压缩可以在模型训练时进行，也可以在模型训练好之后进行。后期压缩使训练更快，通常不需要训练数据，而训练期间压缩可以保持更高的准确性并实现更高的压缩率。

本书将主要介绍目前有关 BERT 模型的知识蒸馏与网络剪枝，并对第 7 章生成的文本分类模型瘦身。

11.4.1 知识蒸馏

知识蒸馏使用的是老师-学生(Teacher-Student)模型，其中老师模型是“知识”的输出者，学生模型是“知识”的接受者。知识蒸馏的过程分为两个阶段。

1. 原始模型训练

老师模型(Net-T)的特点是模型相对复杂，也可以由多个分别训练的模型集成。算法人员对老师模型不作任何关于模型架构、参数量、是否集成方面的限制，唯一的要求是对于输入 X，其都能输出 Y。其中 Y 经过 Softmax 函数的映射，输出值对应相应类别的概率值。

2. 模型蒸馏

学生模型(Net-S)是参数量较小、模型结构相对简单的单模型。同样地，对于输入 X，其都能输出 Y，Y 经过 Softmax 函数映射输出对应的相应类别的概率值。

在知识蒸馏的论文中，作者将问题限定在分类问题下，或者其他本质上属于分类问题的问题，该类问题的共同点是模型最后会有一个 Softmax 函数，其输出值对应了相应类别的概率值。

回到机器学习最基础的理论，机器学习最根本的目的是训练出在某个问题上泛化能力强的模型。即在某个问题的所有数据上都能很好地反映输入和输出之间的关系，无论是训练数据，还是测试数据，还是任何属于该问题的未知数据。

而现实中，由于不可能收集到某问题的所有数据作为训练数据，并且新数据总是在源源不断地产生，因此只能退而求其次，训练目标变成在已有的训练数据集上建模输入和输出之间的关系。由于训练数据集是对真实数据分布情况的采样，训练数据集上的最优解往往会或多或少地偏离真正的最优解(这里的讨论不考虑模型容量)。

而在知识蒸馏时，由于已经有了一个泛化能力较强的 Net-T，在利用 Net-T 蒸馏训练 Net-S 时，可以直接让 Net-S 去学习 Net-T 的泛化能力。

一个很简单且高效的迁移泛化能力的方法是使用 Softmax 层输出的类别的概率来作为软标签(Soft Targets)。

如图 11.18 所示，传统机器学习模型在训练过程中拟合的标签为硬标签(Hard targets)，即对真实类别的标签取独热编码并求最大似然，而知识蒸馏的训练过程则使用软标签，用大模型的各个类别预测的概率作为软标签。

这是由于大模型 Softmax 层的输出，除了正例之外，负标签也带有大量的信息，例如某些负标签对应的概率远远大于其他负标签，而在传统的训练过程(Hard Target)中，所有负标签都被统一对待。也就是说，KD 的训练方式使每个样本给 Net-S 带来的信息量远远大于传统的训练方式，通过软标签的学习可以让大模型教会小模型如何去学习。

	cow	dog	cat	car
硬标签	0	1	0	0
软标签	10^{-6}	0.9	0.1	10^{-9}

图 11.18　硬标签与软标签的区别

而这个构造软标签的过程，涉及知识蒸馏一个非常经典的概念——蒸馏温度。在介绍蒸馏温度之前，回顾一下 Softmax 公式。

$$p_i = \frac{\exp(z_i)}{\sum_j \exp(z_j)} \tag{11.49}$$

如果直接使用 Softmax 层的输出值作为软标签，则会带来一个问题：当 Softmax 输出的概率分布熵相对较小时，负标签的值都很接近 0，对损失函数的贡献非常小，小到可以忽略不计，因此蒸馏温度这个变量就派上了用场，如式(11.50)所示。

$$p_i = \frac{\exp(z_i / T)}{\sum_j \exp(z_j / T)} \tag{11.50}$$

其中，T 为蒸馏温度。当 $T=1$ 时，该式为正常的 Softmax 公式。随着 T 变得越高，Softmax 的输出概率也会越趋于平滑，其分布的熵越大，负标签携带的信息越会被相对地放大，模型训练将能关注到负标签的信息。其中灰色柱为真实标签的类别概率，黑色柱为负标签的类别概率。

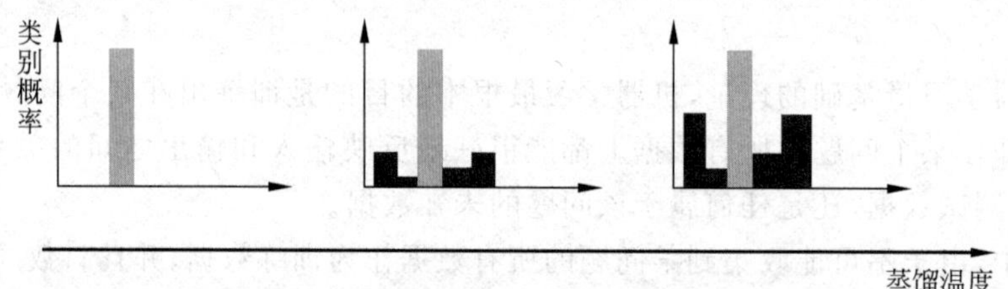

图 11.19　引入蒸馏温度软标签的变化

通用的知识蒸馏框架如图 11.20 所示。训练 Net-T 的过程即正常任务使用大模型完成当前的任务，下面详细讲解高温蒸馏的过程。高温蒸馏过程的目标函数由 Distill Loss(对应 Soft Target)和 Student Loss(对应 Hard Target)加权得到，其表达式如式(11.51)所示。

$$L = \alpha L_{\text{Soft}} + \beta L_{\text{Hard}} \tag{11.51}$$

其中，Net-T 和 Net-S 同时输入当前任务的训练集，此外 Net-T 利用蒸馏温度输出软标签，Net-S 在相同温度条件下的 Softmax 输出和软标签之间的交叉熵损失是 Loss 函数的第一

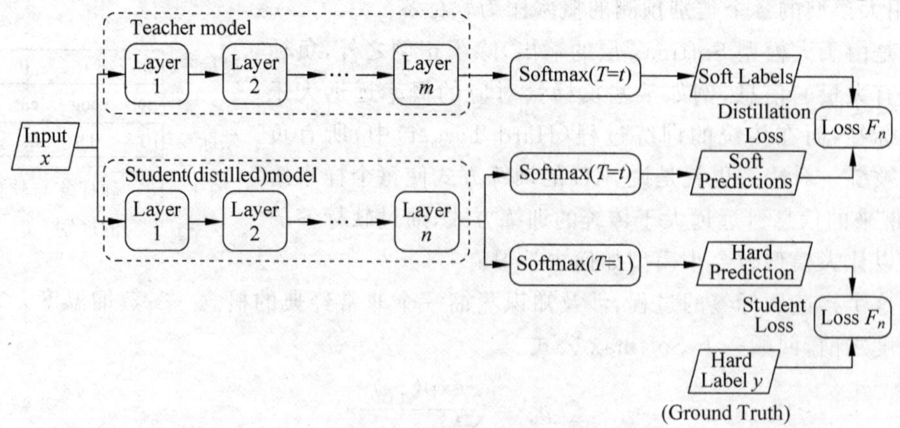

图 11.20　知识蒸馏通用框架

部分 L_{Soft}，即

$$L_{\text{Soft}} = -\sum_{j}^{N} p_j^T \log\left(q_j^T\right) \tag{11.52}$$

其中，p_j^T 为 Net-T 在温度=T 时 Softmax 输出在第 i 类上的值，q_j^T 为 Net-S 在温度=T 时 Softmax 输出在第 i 类上的值，其获得方式如式(11.53)所示。

$$\begin{cases} p_i^T = \dfrac{\exp\left(\dfrac{v_i}{T}\right)}{\sum_{k}^{N} \exp\left(\dfrac{v_k}{T}\right)} \\ q_i^T = \dfrac{\exp(z_i/T)}{\sum_{k}^{N} \exp\left(z_k/T\right)} \end{cases} \tag{11.53}$$

整体 Loss 函数的第二部分 L_{Hard} 为 Net-S 在 $T=1$ 的条件下 Softmax 输出和真实标签独热编码的交叉熵损失，其表达式如式(11.54)所示。

$$L_{\text{Hard}} = -\sum_{j}^{N} c_j \log\left(q_j^1\right) \tag{11.54}$$

为何第二部分 Loss 仍引入硬标签呢？这是因为 Net-T 也有一定的错误率，使用真实标签的独热编码可以有效地降低错误被传播给 Net-S 的可能。打个比方，虽然老师的学识远远超过学生，但仍然有出错的可能，而如果学生可以同时参考到标准答案，就可以有效地降低被老师偶尔的错误"带偏"的可能性。

此外在最近的一些工作里，小结构的学生网络在训练时通常会在结构相似的位置使用 KL 散度对齐教师网络，即学习教师网络是如何学习的。感兴趣的读者可以查阅相关文献。

算法使用了 12 层的 RoBERTa 训练了文本分类的任务并作为教师网络，同时使用一个 3 层的 RoBERTa 作为学生网络，以知识蒸馏的方式学习收敛好的蒸馏网络。模型参数在减少了四分之三的同时，模型的 F1 只降低了 5‰(从 96.5%降低至 96.0%)。当然，除了文本分类之外，NLP 所有下游任务都能使用蒸馏的方式进行瘦身。

构建教师网络和学生网络，代码如下：

```
#chapter11/distill.py
#导入知识蒸馏的相关依赖包
from textbrewer import GeneralDistiller
from textbrewer import TrainingConfig, DistillationConfig
#定义模型
def build_model():
    #正常 BERT 配置文件
bert_config = RobertaConfig.from_json_file(config.bert_config_file)
#蒸馏学生配置文件
    bert_config_T3 = RobertaConfig.from_json_file(
```

```
        'student_config/roberta_wwm_config/bert_config_L3.json')

    bert_config.output_hidden_states = True
    bert_config_T3.output_hidden_states = True
    bert_config.output_attentions = True        #获取每层的 attention
    bert_config_T3.output_attentions = True     #获取每层的 attention

    #加载收敛好的教师模型
    teacher_model = torch.load(config.teacher_model)
    if config.student_init:
        #加载 3 层预训练模型再蒸馏
        student_model = BertForCLS.from_pretrained(config = bert_config_T3, params = config,
pretrained_model_name_or_path = config.student_init)
    else:
        student_model = BertForCLS(bert_config_T3, params = config)
return teacher_model, student_model
```

初始化知识蒸馏配置，并进行知识蒸馏，代码如下：

```
#chapter11/distill.py
#初始化蒸馏参数

train_config = TrainingConfig(device = device)
distill_config = DistillationConfig(
    temperature = 8,                    #蒸馏温度
    hard_label_weight = 0,              #硬标签权重
    kd_loss_type = 'ce',

    intermediate_matches = [
        {'layer_T': 0, 'layer_S': 0, 'feature': 'hidden', 'loss': 'hidden_mse', 'weight': 1},
        {'layer_T': 8, 'layer_S': 2, 'feature': 'hidden', 'loss': 'hidden_mse', 'weight': 1},
        {'layer_T': [0, 0], 'layer_S': [0, 0], 'feature': 'hidden', 'loss': 'nst', 'weight': 1},
        {'layer_T': [8, 8], 'layer_S': [2, 2], 'feature': 'hidden', 'loss': 'nst', 'weight': 1}]
)
print("train_config:")
print(train_config)
print("distill_config:")
print(distill_config)
distiller = GeneralDistiller(
    train_config = train_config, distill_config = distill_config,
    model_T = teacher_model, model_S = student_model,
    adaptor_T = simple_adaptor, adaptor_S = simple_adaptor)

#开始蒸馏
with distiller:
    distiller.train(optimizer, dataloader, num_epochs = num_epochs,
                scheduler_class = scheduler_class, scheduler_args = scheduler_args, callback
= callback_fun)
```

11.4.2　模型剪枝

神经网络通常如图 11.21 所示，下层中的每个神经元与上一层有连接，但这意味着必须进行大量浮点相乘操作。完美情况下，只需将每个神经元与几个其他神经元连接起来，不用进行其他浮点相乘操作，叫作稀疏网络。稀疏网络更容易压缩，可以在推断期间跳过 zero，从而改善延迟情况。

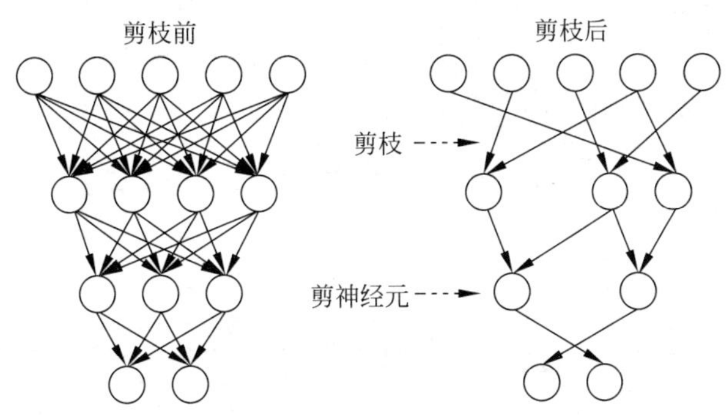

图 11.21　模型剪枝

如果可以根据网络中神经元的贡献对其进行排序，则可以将排序较低的神经元移除，得到规模更小且速度更快的网络。速度更快与规模更小的网络对于在移动设备上的部署非常重要。

如果根据神经元权重的 L1/L2 范数进行排序，则剪枝后模型的准确率会下降(如果排序做得好，则可能下降得稍微少一点)，网络通常需要经过训练—剪枝—训练—剪枝的迭代才能恢复。如果一次性修剪得太多，则网络可能严重受损，无法恢复。因此，在实践中，剪枝是一个迭代的过程，通常叫作迭代式剪枝(Iterative Pruning)：修剪—训练—重复。

在 BERT 模型剪枝中，常见的策略有两种，分别是训练中(Training)剪枝和训练后(Post-Traning)剪枝。Post-Traning 剪枝是指 predict 前直接剪枝，有点简单粗暴且无须再训练，但和笔者预料的一样，Post-Training 容易剪枝过度(关键节点被剪掉)，难复原原始效果，而 Training 剪枝是在训练时小步剪枝，模型即使剪掉重要的内容在后续训练过程中也有恢复的机会，是常用的剪枝策略。

同样，在本书开源的代码中，笔者分享了剪枝的代码，其核心代码如下：

```
#chapter11/prune.py
#加载模型
model = torch.load(model_path)
#选择要剪枝的层数
heads_to_prune = {0: [2, 9, 6, 4, 8, 5, 10, 3, 0, 11, 7, 1][:1],
                  1: [3, 1, 4, 10, 2, 5, 8, 9, 6, 7, 11, 0][:5],
                  2: [6, 4, 3, 5, 2, 9, 7, 10, 8, 11, 0, 1][:2],
                  3: [1, 2, 10, 5, 4, 7, 3, 9, 0, 11, 6, 8][:3],
```

```
            4: [2, 5, 1, 6, 11, 7, 4, 8, 3, 0, 9, 10][:5],
            5: [11, 8, 3, 4, 6, 0, 1, 2, 9, 7, 5, 10][:4],
            6: [11, 1, 3, 9, 8, 10, 6, 0, 2, 7, 5, 4][:3],
            7: [10, 1, 2, 6, 5, 9, 3, 0, 8, 11, 7, 4][:7],
            8: [4, 11, 1, 7, 2, 9, 10, 5, 0, 8, 3, 6][:4],
            9: [10, 8, 4, 7, 0, 11, 5, 9, 3, 6, 1, 2][:6],
            10: [5, 3, 1, 8, 4, 6, 0, 2, 10, 7, 9, 11][:8],
            11: [7, 1, 10, 8, 9, 6, 2, 5, 11, 3, 4, 0][:2],
            }
#剪枝40个头 0.9458 #370M #08:22
#剪枝50个头 0.9368 #360M #07:57

#剪枝60个头 0.94#350M #7:00
#剪枝95个头 0.936 #320M
print('Pruning! .....')
model.base_model._prune_heads(heads_to_prune)
model_to_save = model.module if hasattr(model, 'module') else model #Only save the model it-
self
output_model_file = '{}_prune'.format(model_path)
torch.save(model_to_save, output_model_file)
```

11.5 小结

本章介绍了机器学习分类任务和回归任务中常用的损失函数,并对自然语言处理任务中最常用的交叉熵损失函数进行了最大似然和信息论两个方面的推导。此外,针对真实场景中常见的异常数据,本章以损失函数改进的方式缓解数据噪声干扰的问题,最大化地挖掘数据的性能。与此同时,本章还对模型瘦身中常用且好用的知识蒸馏和模型剪枝方法进行了介绍。由于篇幅有限,本章对知识蒸馏和模型剪枝方法的介绍比较粗浅,并没有覆盖最新的研究,但在掌握知识蒸馏与模型剪枝的基本概念后,笔者相信读者在研读最新的模型瘦身的各种文章时定能事半功倍。

参考文献

图书推荐

书　　名	作　　者
深度探索 Vue.js——原理剖析与实战应用	张云鹏
剑指大前端全栈工程师	贾志杰、史广、赵东彦
Flink 原理深入与编程实战——Scala+Java(微课视频版)	辛立伟
Spark 原理深入与编程实战(微课视频版)	辛立伟、张帆、张会娟
PySpark 原理深入与编程实战(微课视频版)	辛立伟、辛雨桐
HarmonyOS 移动应用开发(ArkTS 版)	刘安战、余雨萍、陈争艳 等
HarmonyOS 应用开发实战(JavaScript 版)	徐礼文
HarmonyOS 原子化服务卡片原理与实战	李洋
鸿蒙操作系统开发入门经典	徐礼文
鸿蒙应用程序开发	董昱
鸿蒙操作系统应用开发实践	陈美汝、郑森文、武延军、吴敬征
HarmonyOS 移动应用开发	刘安战、余雨萍、李勇军 等
HarmonyOS App 开发从 0 到 1	张诏添、李凯杰
HarmonyOS 从入门到精通 40 例	戈帅
JavaScript 基础语法详解	张旭乾
华为方舟编译器之美——基于开源代码的架构分析与实现	史宁宁
Android Runtime 源码解析	史宁宁
鲲鹏架构入门与实战	张磊
鲲鹏开发套件应用快速入门	张磊
华为 HCIA 路由与交换技术实战	江礼教
华为 HCIP 路由与交换技术实战	江礼教
openEuler 操作系统管理入门	陈争艳、刘安战、贾玉祥 等
恶意代码逆向分析基础详解	刘晓阳
深度探索 Go 语言——对象模型与 runtime 的原理、特性及应用	封幼林
深入理解 Go 语言	刘丹冰
Spring Boot 3.0 开发实战	李西明、陈立为
深度探索 Flutter——企业应用开发实战	赵龙
Flutter 组件精讲与实战	赵龙
Flutter 组件详解与实战	[加]王浩然(Bradley Wang)
Flutter 跨平台移动开发实战	董运成
Dart 语言实战——基于 Flutter 框架的程序开发(第 2 版)	亢少军
Dart 语言实战——基于 Angular 框架的 Web 开发	刘仕文
IntelliJ IDEA 软件开发与应用	乔国辉
Vue+Spring Boot 前后端分离开发实战	贾志杰
Vue.js 快速入门与深入实战	杨世文
Vue.js 企业开发实战	千锋教育高教产品研发部
Python 从入门到全栈开发	钱超
Python 全栈开发——基础入门	夏正东
Python 全栈开发——高阶编程	夏正东
Python 全栈开发——数据分析	夏正东
Python 编程与科学计算(微课视频版)	李志远、黄化人、姚明菊 等
Python 游戏编程项目开发实战	李志远
量子人工智能	金贤敏、胡俊杰
Python 人工智能——原理、实践及应用	杨博雄 主编,于营、肖衡、潘玉霞、高华玲、梁志勇 副主编
Python 预测分析与机器学习	王沁晨

图书推荐

书名	作者
Python 数据分析实战——从 Excel 轻松入门 Pandas	曾贤志
Python 概率统计	李爽
Python 数据分析从 0 到 1	邓立文、俞心宇、牛瑶
FFmpeg 入门详解——音视频原理及应用	梅会东
FFmpeg 入门详解——SDK 二次开发与直播美颜原理及应用	梅会东
FFmpeg 入门详解——流媒体直播原理及应用	梅会东
FFmpeg 入门详解——命令行与音视频特效原理及应用	梅会东
Python Web 数据分析可视化——基于 Django 框架的开发实战	韩伟、赵盼
Python 玩转数学问题——轻松学习 NumPy、SciPy 和 Matplotlib	张骞
Pandas 通关实战	黄福星
深入浅出 Power Query M 语言	黄福星
深入浅出 DAX——Excel Power Pivot 和 Power BI 高效数据分析	黄福星
云原生开发实践	高尚衡
云计算管理配置与实战	杨昌家
虚拟化 KVM 极速入门	陈涛
虚拟化 KVM 进阶实践	陈涛
边缘计算	方娟、陆帅冰
物联网——嵌入式开发实战	连志安
动手学推荐系统——基于 PyTorch 的算法实现(微课视频版)	於方仁
人工智能算法——原理、技巧及应用	韩龙、张娜、汝洪芳
跟我一起学机器学习	王成、黄晓辉
深度强化学习理论与实践	龙强、章胜
5G 核心网原理与实践	易飞、何宇、刘子琦
TensorFlow 计算机视觉原理与实战	欧阳鹏程、任浩然
计算机视觉——基于 OpenCV 与 TensorFlow 的深度学习方法	余海林、翟中华
深度学习——理论、方法与 PyTorch 实践	翟中华、孟翔宇
HuggingFace 自然语言处理详解——基于 BERT 中文模型的任务实战	李福林
Java+OpenCV 高效入门	姚利民
AR Foundation 增强现实开发实战(ARKit 版)	汪祥春
AR Foundation 增强现实开发实战(ARCore 版)	汪祥春
ARKit 原生开发入门精粹——RealityKit + Swift + SwiftUI	汪祥春
HoloLens 2 开发入门精要——基于 Unity 和 MRTK	汪祥春
巧学易用单片机——从零基础入门到项目实战	王良升
Altium Designer 20 PCB 设计实战(视频微课版)	白军杰
Cadence 高速 PCB 设计——基于手机高阶板的案例分析与实现	李卫国、张彬、林超文
Octave 程序设计	于红博
Octave GUI 开发实战	于红博
ANSYS 19.0 实例详解	李大勇、周宝
ANSYS Workbench 结构有限元分析详解	汤晖
AutoCAD 2022 快速入门、进阶与精通	邵为龙
SolidWorks 2021 快速入门与深入实战	邵为龙
UG NX 1926 快速入门与深入实战	邵为龙
Autodesk Inventor 2022 快速入门与深入实战(微课视频版)	邵为龙
全栈 UI 自动化测试实战	胡胜强、单镜石、李睿
pytest 框架与自动化测试应用	房荔枝、梁丽丽